建筑工业化典型工程案例汇编

中国城市科学研究会绿色建筑与节能专业委员会

中国建筑工业出版社

图书在版编目(CIP)数据

建筑工业化典型工程案例汇编/中国城市科学研究会绿色建筑与节能专业委员会. —北京：中国建筑工业出版社，2015.3
ISBN 978-7-112-17819-3

Ⅰ.①建… Ⅱ.①中… Ⅲ.①建筑工业化-案例-汇编-中国 Ⅳ.①TU

中国版本图书馆CIP数据核字(2015)第035093号

本书由中国城市科学研究会绿色建筑与节能专业委员会组织编撰，共收录16个各有特点的建筑工业化典型工程案例，包括：沈阳万科春河里项目、香港启德1A公共房屋建设项目、新加坡环球影城项目等，针对这些工程中所采用的建筑工业化技术进行了介绍，并提供了大量施工图和现场照片，具有非常重要的借鉴意义和参考价值。

本书可供建设工程技术和管理人员参考使用，也可供大中专院校相关专业师生学习参考。

责任编辑：岳建光 万 李
责任设计：李志立
责任校对：李欣慰 关 健

建筑工业化典型工程案例汇编
中国城市科学研究会绿色建筑与节能专业委员会
*
中国建筑工业出版社出版、发行（北京西郊百万庄）
各地新华书店、建筑书店经销
北京科地亚盟排版公司制版
北京缤索印刷有限公司印刷
*
开本：787×1092毫米 1/16 印张：16½ 字数：410千字
2015年3月第一版 2015年3月第一次印刷
定价：**118.00**元
ISBN 978-7-112-17819-3
(27061)

本书编委会

序

建筑业是国民经济的支柱产业，在拉动经济增长、促进社会就业、提升居住品质等方面发挥了重要作用。但同时建筑业仍是劳动密集型的传统产业，企业生产方式和管理模式落后，科研投入和技术创新不足，一线操作人员素质偏低，能耗和污染严重等问题比较突出。实践证明，大力推进建筑产业现代化，是解决当前突出矛盾的重要途径。

住房城乡建设部已将推动建筑产业现代化作为今后一个时期的重点工作，正在从政策支持、技术指导、标准支撑、监管落实等方面予以推进。各地也高度重视，近30个省市印发了指导意见，推出一系列土地、金融、财税扶持政策，支持和鼓励建筑产业现代化的发展。相关企事业单位也积极投入，取得了很多很好的技术成果和实践经验，为建筑产业现代化的全面推进奠定了基础。

本书精选国内外16个典型项目，认真分析整理汇编而成，其中既包括住宅、办公楼、教学楼、老年公寓、保障性安居工程等民用建筑，又包括厂房等工业建筑；既介绍了项目的技术与施工特点，又梳理了工程技术人员的心得体会，是近年来建筑产业现代化工程实践成果的结晶，具有很好的借鉴和参考价值，我相信一定会对进一步开拓从业人员视野、推动我国建筑产业现代化发展发挥积极作用。

希望广大建设者牢牢把握建筑业改革发展的重要机遇，开拓创新，锐意进取，勇于实践，创造出更多更好的精品工程，努力实现我国建筑产业现代化的发展目标。

住房城乡建设部副部长 王宁

2015年3月13日

目　录

南京万科上坊保障房项目 6-05 栋

项目名称：南京万科上坊保障房项目 6-05 栋

项目地点：南京市江宁区杨庄东路，所属气候区：夏热冬冷地区

开发单位：南京万晖置业有限公司

设计单位：南京長江都市建筑设计股份有限公司

施工单位：中国建筑第二工程局有限公司

监理单位：扬州市建苑工程监理有限责任公司

项目功能：廉租住房

南京万科上坊保障房项目 6-05 栋为 15 层廉租住房。整栋建筑总建筑面积为 $10380.59m^2$，其中地下建筑面积为 $655.98m^2$，地上建筑面积为 $9724.61m^2$。建筑高度为 45m。地下一层为自行车库，底层为架空层，2～15 层为廉租房，共计 196 套。

本项目于 2012 年 12 月 26 日通过主体结构验收，2013 年 7 月 20 日正式完成整个项目并交付使用。

1 建筑、结构概况

该工程建筑总平面图、标准层平面图、立面图如图 1～图 4 所示。工程结构类型为全预制装配整体式钢筋混凝土框架加钢支撑结构。抗震设防烈度为 7 度。

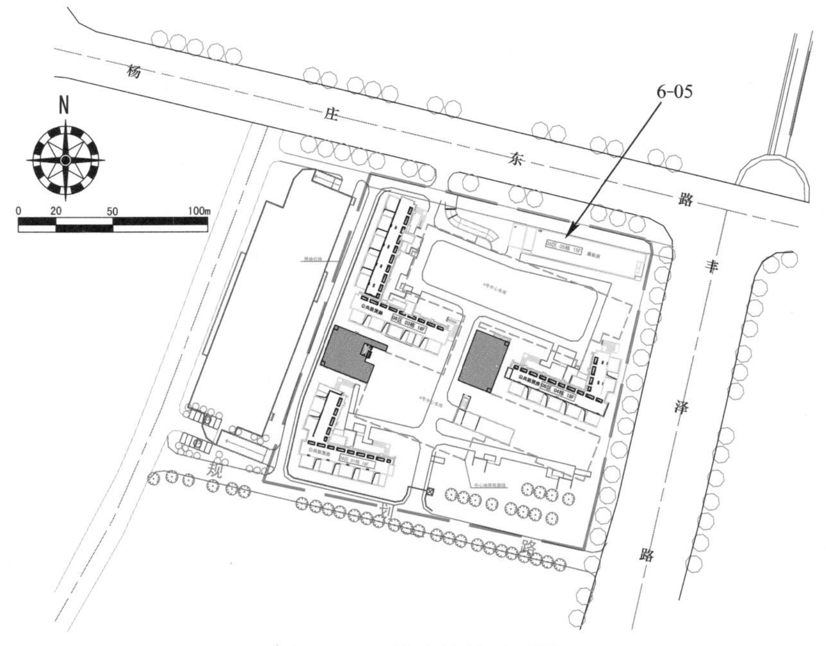

图 1 6-05 栋建筑总平面图

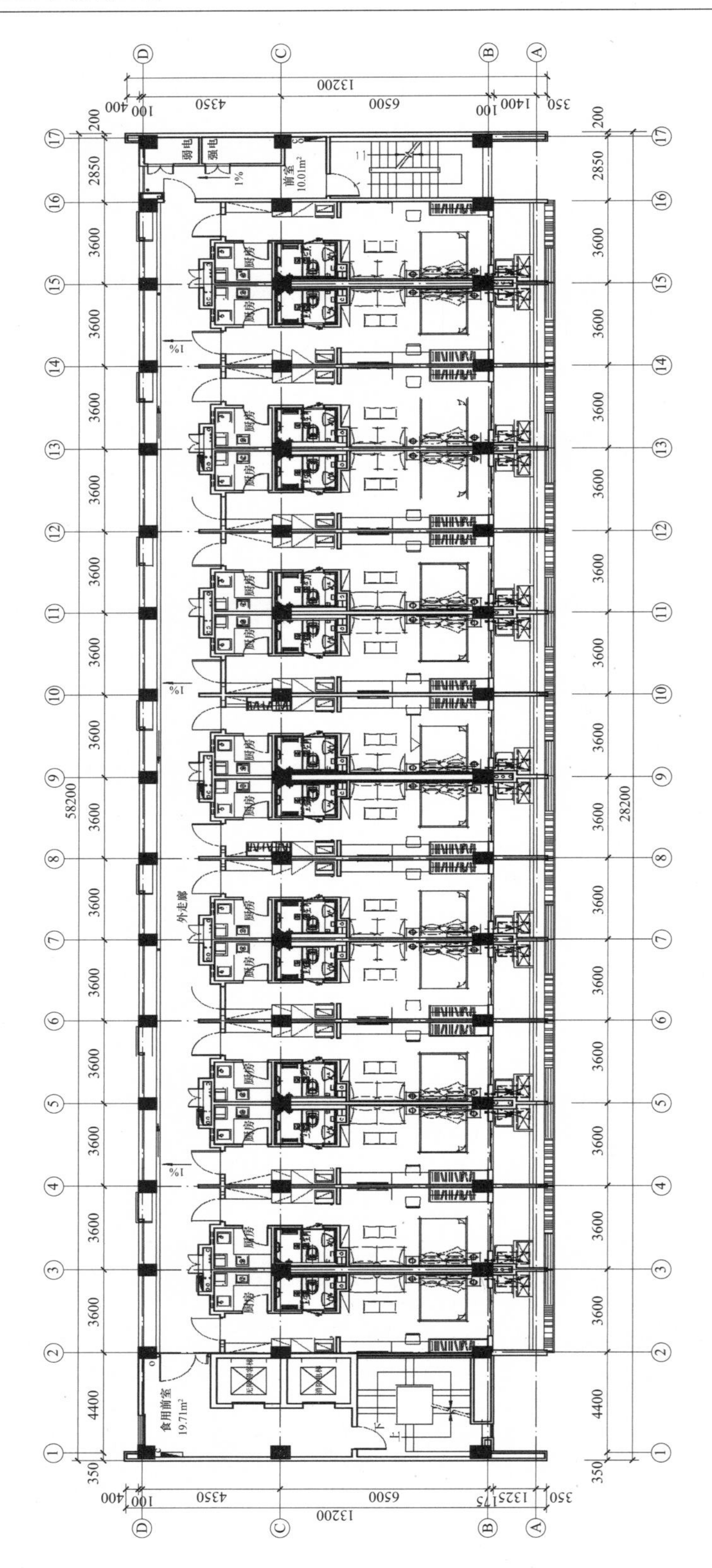

图 2 6-05栋标准层平面图

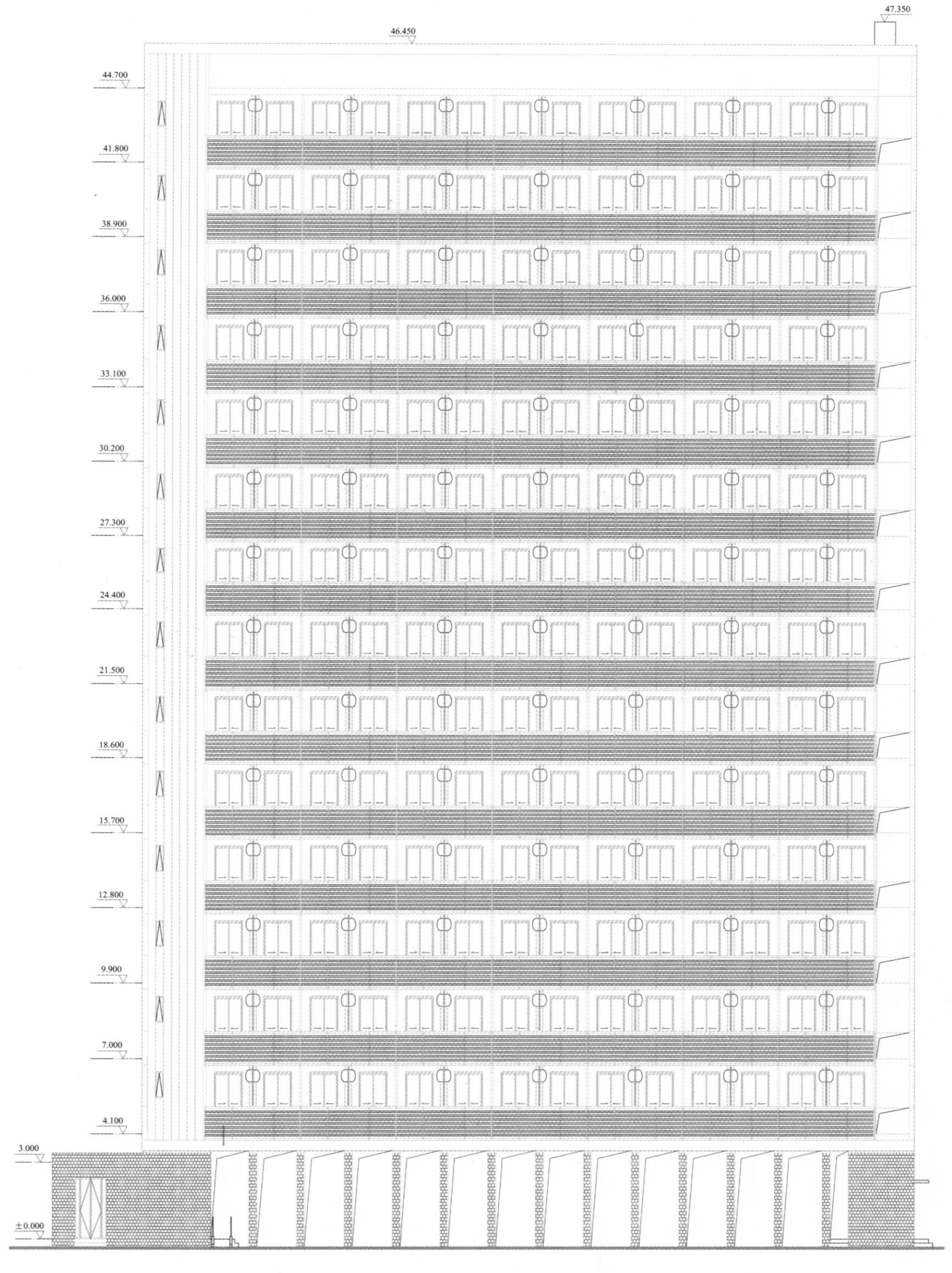
47.350
46.450
44.700
41.800
38.900
36.000
33.100
30.200
27.300
24.400
21.500
18.600
15.700
12.800
9.900
7.000
4.100
3.000
±0.000

图 3　立面图

图 4　立面照片

2　建筑工业化技术应用情况

2.1　具体措施（表 1）

建筑工业化技术应用具体措施　　**表 1**

结构构件	施工方法①		预制构件所处位置	构件体系（详细描述，可配图）	重量（或体积）	备注
	预制	现浇				
外墙	√		南北外墙及东西山墙	南北外墙采用 150mm 厚 NALC 自保温墙板，东西山墙采用 100mm 厚＋75mm 厚双层 NALC 墙板组合拼装	159.4m³	
内墙	√		分户墙及内隔墙	分户墙采用 150mmNALC 墙板，户内隔墙采用 100mm 厚 NALC 墙板		
楼板	√	√	楼板及屋面板	140 厚叠合板，预制层厚 60mm，叠合层厚 80mm（楼板） 200 厚叠合板，预制层厚 120mm，叠合层厚 80mm（屋面）	187.75m³	

续表

结构构件	施工方法①		预制构件所处位置	构件体系（详细描述，可配图）	重量（或体积）	备注
	预制	现浇				
楼梯	√		楼梯间	楼梯全预制，楼梯两头预留不短于500mm长的主筋	187.75m^3	
阳台	√		南立面阳台	150mm 预制叠合阳台板，预制层厚70mm，叠合层厚 80mm		
女儿墙	√		屋面四周	预制女儿墙		
梁	√	√	所有梁	预制叠合梁，梁截面：300×560×140，300×310×140，300×260×140，400×300×140，300×510×140，其中叠合层厚度 140mm		
柱	√		所有柱	预制混凝土柱，柱截面：600×600，600×500，550×550，550×500，单节柱长度2.88m		
建筑总重量（体积）				347.15m^3	预制构件总重量（体积）	282.26m^3
主体工程预制率②					81.3%	
其他	是否采用精装修：是 是否应用整体卫浴：是 列举其他工业化措施：预制阳台隔板、整体橱柜					

① 施工方法一栏请划√。

② 主体工程预制率＝预制构件总重量（体积）/建筑总重量（体积）。

2.2 两项指标计算结果

2.2.1 主体工程预制率

主体工程预制率见表 2，整体预制达 81.3%。

主体工程预制率 **表 2**

类型	预制构件体积（m^3）	预制与现浇的总体积（m^3）	预制率
柱	37.08	43.86	
楼板	31.69	66.95	
阳台板	8.68	24.72	
梁	29.35	35.62	
楼梯	4.61	5.15	
钢支撑（代替现浇剪力墙）	8.21	8.21	
阳台隔板	3.25	3.25	
合计	122.86	187.75	65.44%
NALC 板	159.40	159.40	
合计	282.26	347.15	81.31%

2.2.2 工业化产值率

工业化产值率＝工厂生产产值/建筑总造价

＝12470445.22/29667726.72

＝42.03%

2.3 成本增量分析

根据与同户型的按常规工艺施工的建筑成本对比，单方及分项成本比较如表 3、表 4 所示。

对 比 表 **表 3**

项目	6-05	8-02
面积（m^2）	10386	13686
总价（元）	20435742	18399315
单价（元/m^2）	1968	1344
差价（元/m^2）	624	

6-05 与 8-02 造价测算对比分析表 **表 4**

项目名称	面积（m^2）	合计（元）	单方造价（元/m^2）	差价
6-05NALC 板方案	10386	4898309.6	471.6	−93.3
8-02 传统砌筑＋粉刷＋保温	13686	7731886.2	565	
6-05 全预制结构	10386	13206144	1272	492.1
8-02 全现浇结构	13686	10667429	779.4	
6-05 每层设型钢支撑增加费用	10386	1835457.7	176.7	176.7
6-05 吊装用具及柱临时固定支撑增加费用	10386	495656.4	47.72	47.72
合计增加				623.2

2.4 设计、施工特点与图片

2.4.1 设计、施工特点

（1）采用预制装配整体式框架钢支撑结构体系。

项目建筑高度为 45m，达到《预制预应力混凝土装配整体式框架结构技术规程》JGJ 224 规定的预制框架结构最大高度，结构设计选择框架钢支撑体系，参数如表 5～表 7 所示，现场图片及该项目所取得的专利证书见图 5、图 6。

震型及周期 **表 5**

	周期（s）			平动系数（$X+Y$）		
振型	框架结构	框架剪力墙	框架钢支撑	框架结构	框架剪力墙	框架钢支撑
1	1.8284	1.5008	1.5770	0.00＋1.00	1.00＋0.00	1.00＋0.00
2	1.5692	1.4685	1.4800	0.65＋0.00	0.00＋1.00	0.00＋0.98
3	1.5427	1.2811	1.3112	0.00＋0.25	0.00＋0.02	0.00＋0.02

地震作用下位移 **表 6**

	位移			位移比		
振型	框架结构	框架剪力墙	框架钢支撑	框架结构	框架剪力墙	框架钢支撑
X 向	1/1350	1/1256	1/1335	1.06	1.05	1.06
Y 向	1/969	1/1197	1/1267	1.25	1.18	1.18

风荷载作用下位移 **表 7**

	位移			位移比		
振型	框架结构	框架剪力墙	框架钢支撑	框架结构	框架剪力墙	框架钢支撑
X 向	1/9999	1/9999	1/9999	1.11	1.11	1.12
Y 向	1/2024	1/3289	1/3359	1.15	1.05	1.06

图 5　现场钢支撑

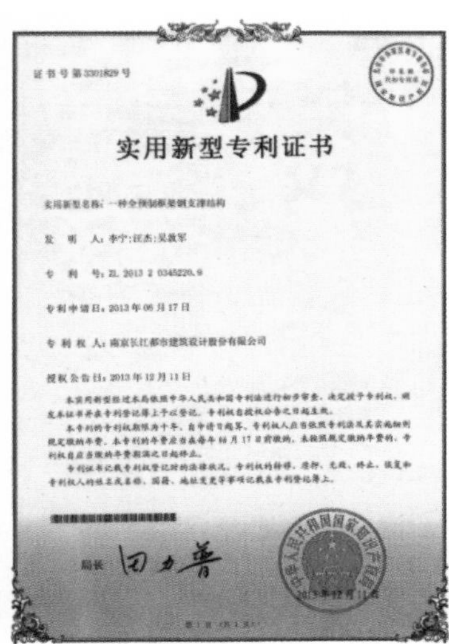

证书号第3301829号

实用新型专利证书

实用新型名称：一种全预制框架钢支撑结构

发　明　人：李宁；汪杰；吴敦军

专　利　号：ZL 2013 2 0345220.9

专利申请日：2013 年 06 月 17 日

专 利 权 人：南京长江都市建筑设计股份有限公司

授权公告日：2013 年 12 月 11 日

局长 田力普

图 6　专利证书

（2）预制装配体系中预制柱内钢筋采用直螺纹套筒连接技术，将预制柱间上下钢筋连接长度缩短为 $8d$。

将 PC 柱底的灌浆连接腔用高强水泥基坐浆材料进行密封（防止灌浆前异物进入腔内）；柱脚四周采用建茂 CGMJM-VI 专用灌浆料封边，形成密闭灌浆腔，保证在最大灌浆压力（约 1MPa）下密封有效；灌浆料的 28d 强度需大于 85MPa，24h 竖向膨胀率在 0.05%～0.5%，通过大量实验验证套筒灌浆连接技术是可靠的。

预制柱底钢套筒图片见图 7。

图 7　预制柱底钢套筒

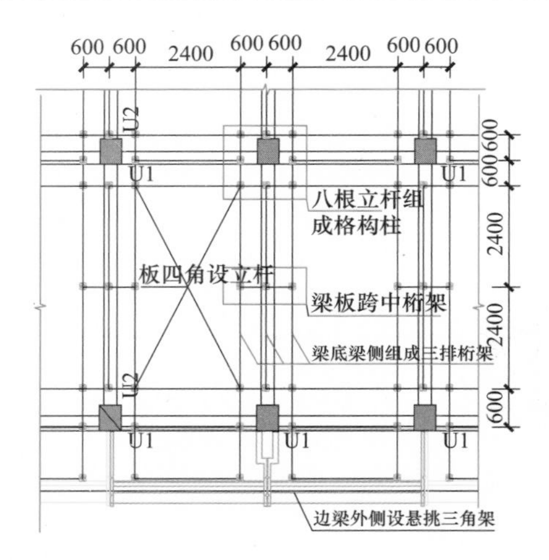

图 8 叠合梁板盘扣式钢管支撑架平面布置图

（3）为满足 PC 结构大块拼装，梁、板、柱等构件安装高精度且需要承重架高强度的要求，采用了承插型盘扣式钢管支撑架，见图 8、图 9。

（4）全 PC 结构集成外模，利用盘销承插工具式脚手架搭设悬挑三角架。

吊装边梁时，利用速接架搭设 0.6m 宽的悬挑防护架，架体高度 0.8m 进行防护，见图 10。

叠合板吊完后，楼层作业面进行临边防护，防护高度为 1.2m。

2.4.2 主要构件及节点设计图

（1）预制柱节点详图见图 11、图 12。

（2）预制梁节点详图见图 13。

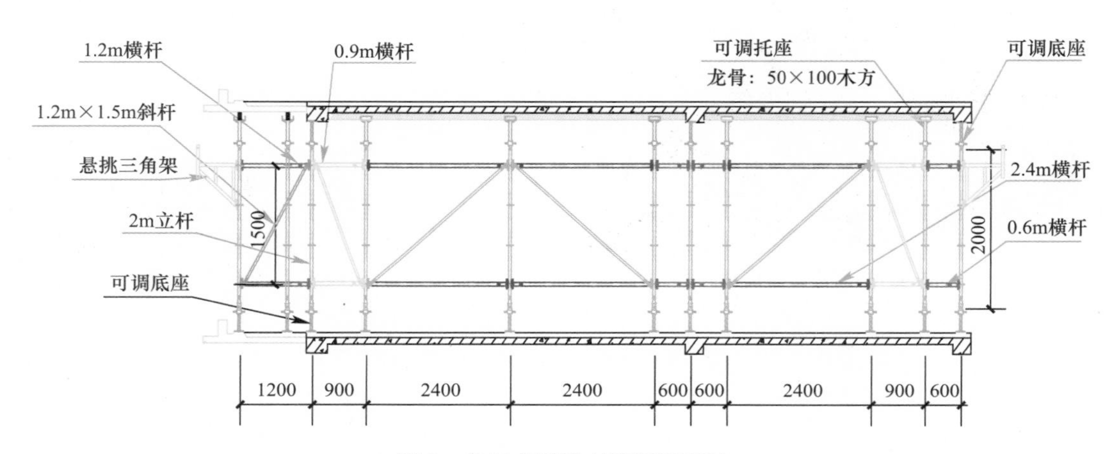

图 9 盘扣式钢管支撑架剖面图

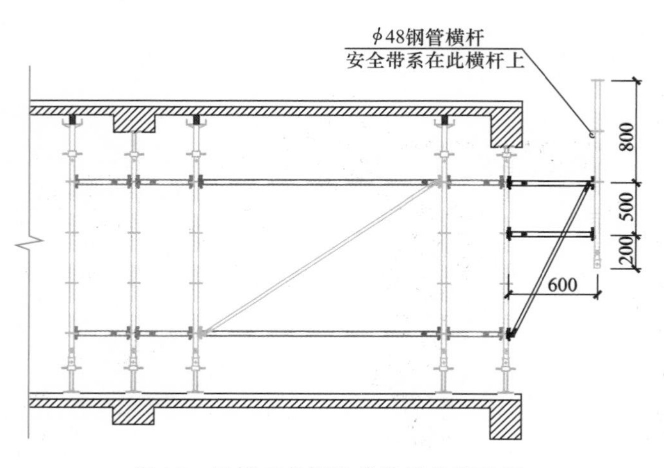

图 10 悬挑三角架取代传统外脚手架

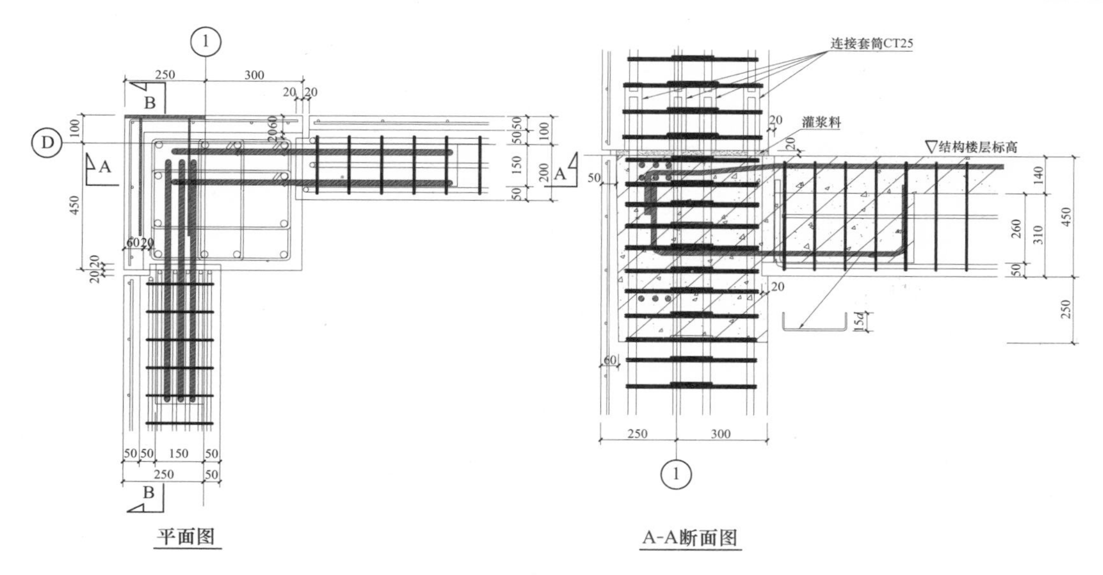

图 11　预制柱节点详图 1

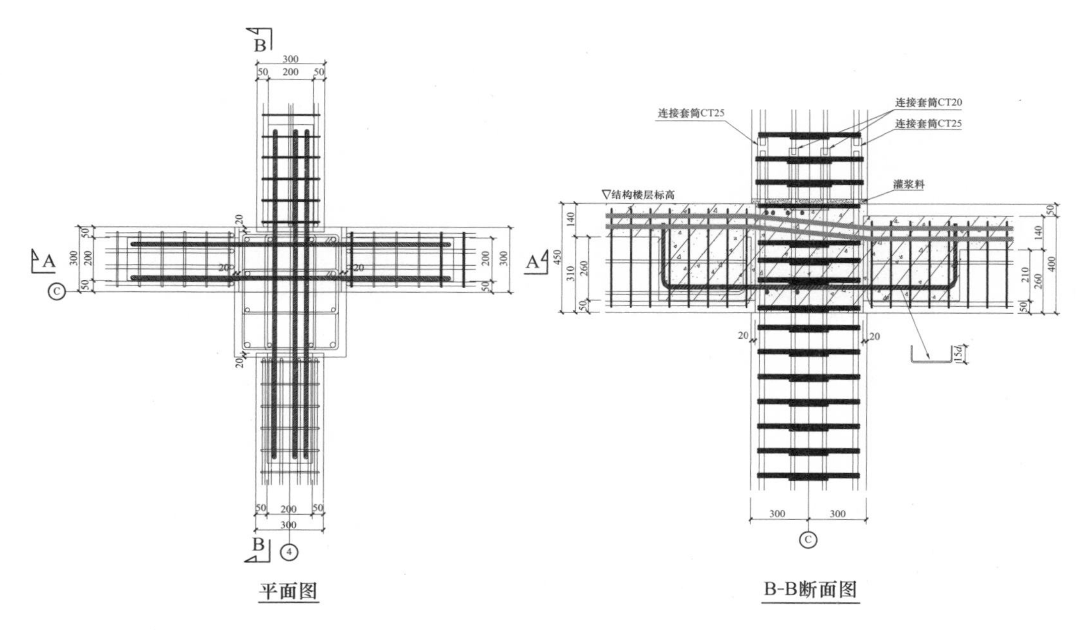

图 12　预制柱节点详图 2

(3) 预制楼板节点详图见图 14。

(4) 预制阳台及隔板节点详图见图 15。

(5) 预制女儿墙节点详图见图 16。

2.4.3　预制构件最大尺寸（长×宽×高）

预制柱：600mm×600mm×2880mm；预制梁：6740mm×300mm×560mm

预制板：3330mm×2500mm×60mm

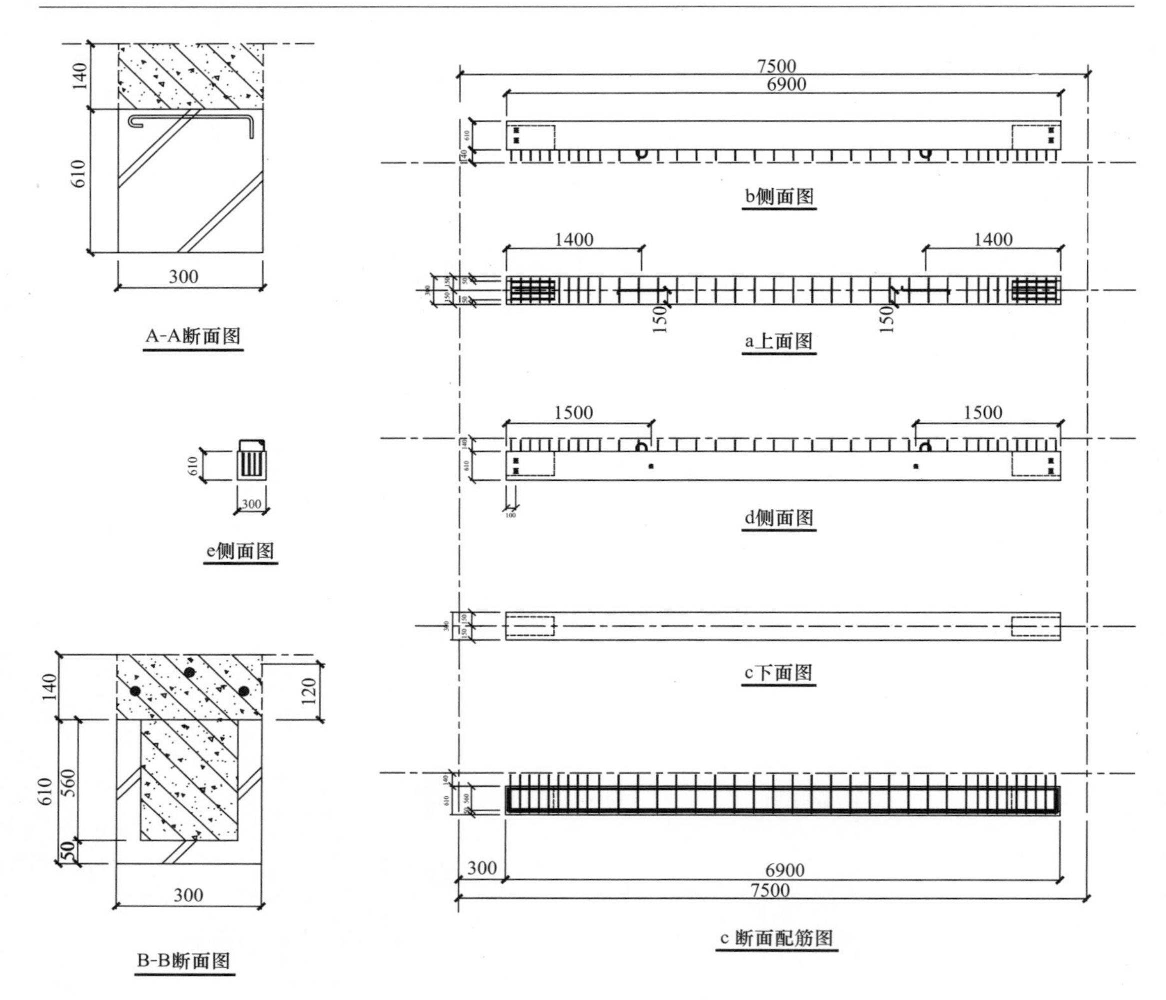

图 13　预制梁节点详图

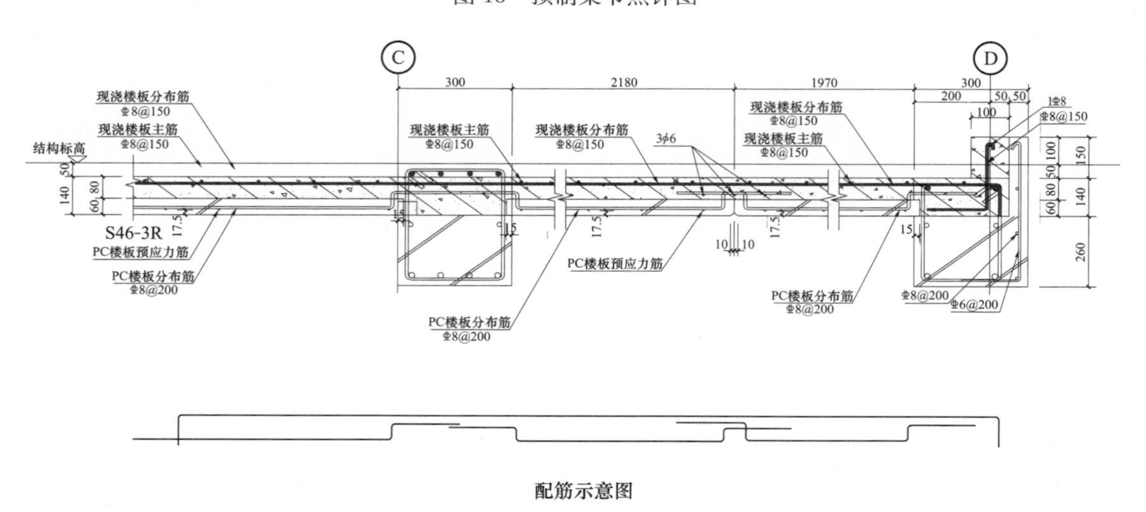

图 14　预制楼板节点详图

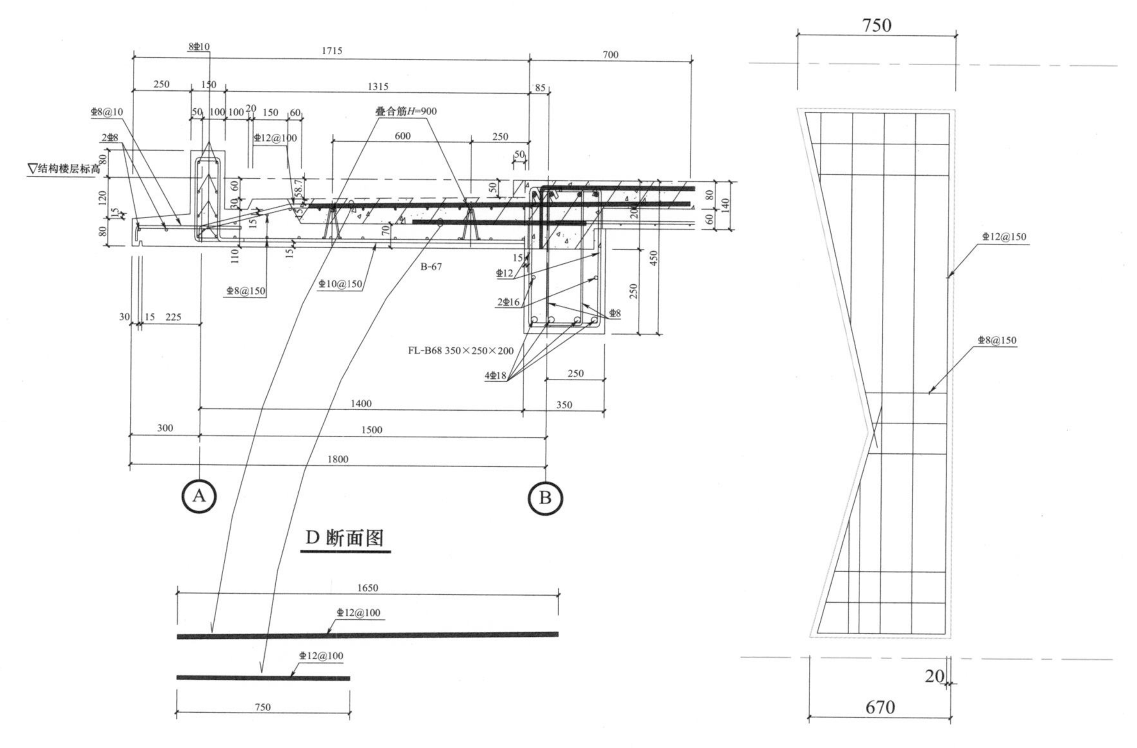

图 15　预制阳台及隔板节点详图

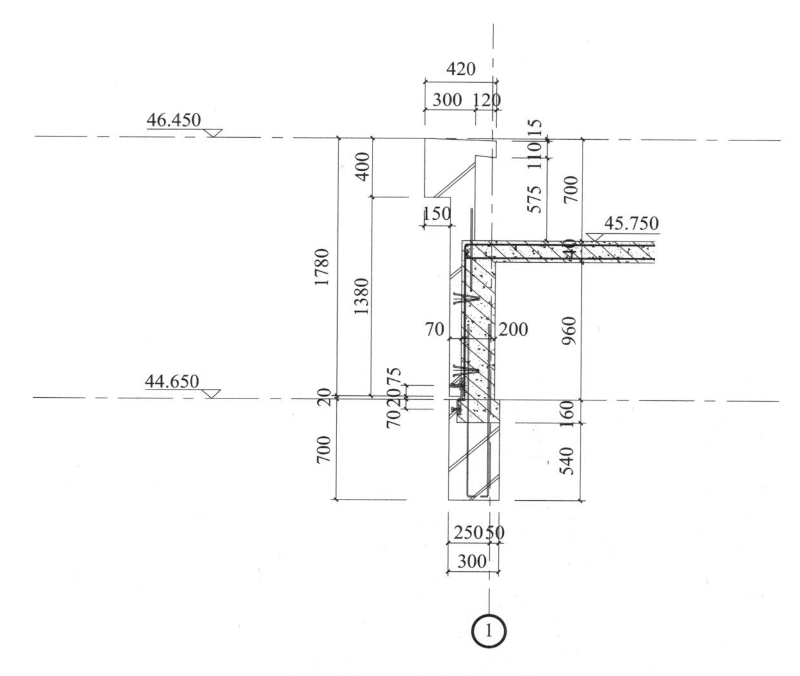

图 16　预制女儿墙节点详图

2.4.4　运输车辆参数、吊车参数

运输车辆参数：本工程构件运输使用 GNBG17.13 型平板拖车，参数见表 8。

运输车辆参数　　表 8

参数 \ 型号		半挂 GNBG17.13
配用牵引车头		解放
载重量（t）		10
外形尺寸（mm）	长	10800
	宽	2500
	高	2400
货台尺寸（mm）	长	7100
	宽	2300
	高	500
最高行驶速度（km/h）		70
爬坡能力（%）		18
最小转弯半径（m）		7.2

吊车参数：本工程选用一台 TC6015 型塔式起重机，起重臂长 50m，起升倍率为 2 倍。TC6015 参数见表 9。

50m 臂起重性能特性　　表 9

幅度（m）		2.5～14.76		15	16	17	18	20	22	24	26	27.07
起重量（t）	两倍率	5.00										
	四倍率	10		9.82	9.11	8.49	7.94	7.01	6.26	5.64	5.12	4.87
幅度（m）		28	30	32	35	38	40	42	45	48	50	
起重量（t）	两倍率	4.76	4.38	4.09	3.66	3.30	3.09	2.9	2.65	2.43	2.3	
	四倍率	4.63	4.25	3.95	3.53	3.17	2.96	2.77	2.52	2.3	2.17	

2.4.5 现场施工全景、构件吊装、节点施工照片等

现场施工图片见图 17、图 18，结构安装流程及工艺见图 19～图 29，节点施工照片见图 30～图 35。

图 17　6-05 栋 PC 结构施工过程仰视图

图 18　6-05 栋 PC 结构施工过程俯视图

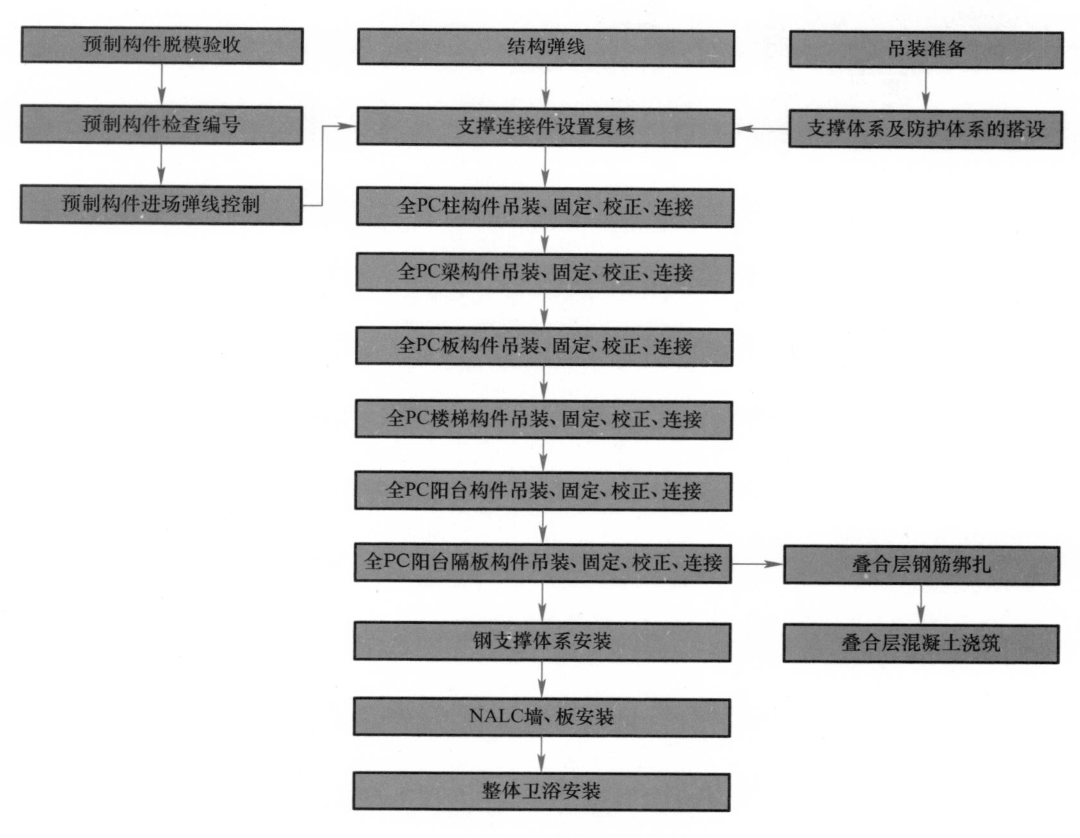

图 19　全预制结构安装工艺流程

①PC柱进场　②放线　③吊具安装

④PC柱起吊　⑤PC柱吊装　⑥引导筋对位

⑦水平调整、校正　⑧斜支撑固定　⑨摘钩

图 20　全 PC 柱安装工艺

①PC梁进场　②放线(梁搁柱头边线)　③搭设梁底支撑

④拉设安全绳　⑤PC梁吊装　⑥PC梁就位

⑦PC梁微调定位　⑧摘钩

图 21　全 PC 梁安装工艺

①PC板进场

②放线（板搁梁边线）

③搭设板底支撑

④PC板吊装

⑤PC板就位

⑥PC板微调定位

⑦摘钩

图 22　PC 板安装工艺

①PC楼梯进场

②放线

③PC楼梯吊装

④PC楼梯安装就位

⑤PC楼梯微调定位

⑥吊具拆除

图 23　PC 楼梯安装工艺

①PC阳台进场

②放线

③PC阳台吊具安装

④PC阳台吊装

⑤PC阳台安装就位

⑥PC阳台板微调定位

图 24　PC 阳台安装工艺（一）

⑦摘钩

图 24　PC 阳台安装工艺（二）

图 25　PC 阳台隔板安装工艺

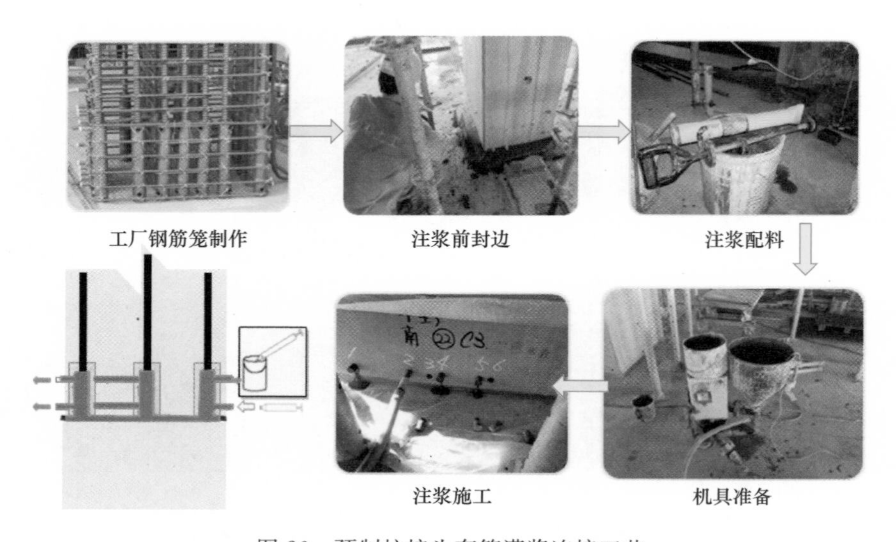

图 26　预制柱接头套筒灌浆连接工艺

①钢支撑吊装

②钢支撑除锈、拼接

③过程质量检测

④楼层内葫芦起吊

⑤钢支撑与预埋件焊接

⑥拆除吊装葫芦

⑦刷防锈漆、刷面漆

图 27　钢支撑体系安装工艺

①NALC板进场

②放线

③安装固定件

④安装NALC板

⑤灌浆

⑥粘贴网格布

⑦勾缝

⑧安装完毕

图 28　NALC 墙板安装工艺

图 29　整体卫浴安装工艺

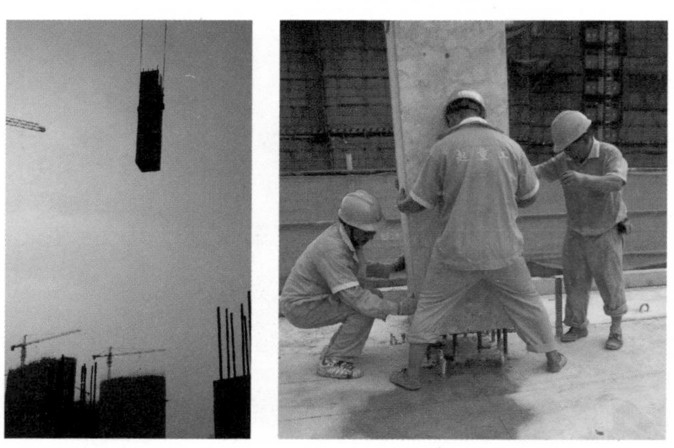

图 30　预制柱吊装及就位照片

图 31　梁柱节点采用键槽施工技术

图 32　端锚施工技术

图 33　6-05 栋叠合层钢筋绑扎及管线施工

图 34　叠合层混凝土浇筑

图 35　预制柱灌浆（注浆压力值 1MPa）

3　工程科技创新与新技术应用情况

3.1　工业化建筑集成设计创新 5 项

3.1.1　建筑标准化、模数化设计应用创新

工业化建筑首先是要求建筑设计标准化、模数化，实现预制构件的“少规格、多组合”，并依据装配式建造方式的特点实现立面的个性化和多样化。

方案设计阶段为最大限度地实现标准化，将不规则的公共区域布置于建筑的两端，中间采用标准的户型模块单元，建筑部品构件的标准化程度高，充分发挥工了业化建造建筑的优势，最大限度地提高效率降低成本，采用工业化建造建筑的经济性特点在这栋建筑得到较好的体现。图 36 中红框部分为标准户型拼装部分。

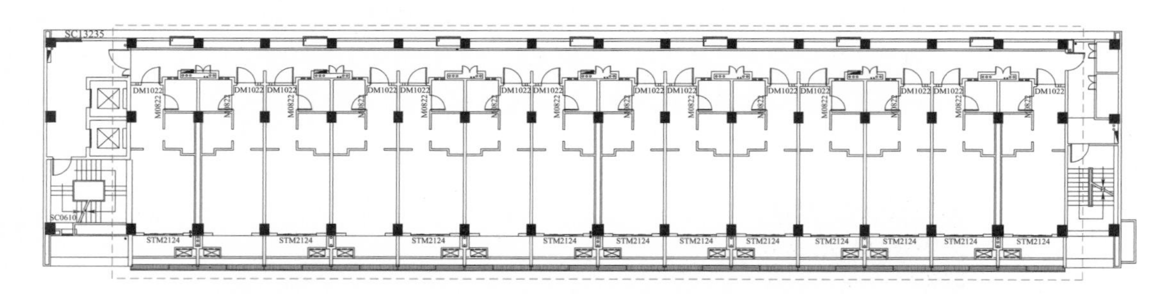

图 36　标准化/模数化户型设计

同时，南向立面结合太阳能集热器的需求，采用倾角为 15°的 K 形阳台板（图 37），北向采用黄色穿孔铝板（图 38），与灰色墙面相结合形成具有韵律和节奏的立面效果，既体现了工业化建筑的特点，又避免标准化带来的单调和呆板。

3.1.2　预制装配结构体系创新

（1）采用预制装配整体式框架钢支撑结构体系。

该项目建筑高度 45m，在满足抗震要求的前提下，创新性采用预制装配整体式框架—钢支撑的结构体系（图 39），提高了预制装配率，主体结构预制率达到 65.44%。同时建

37　结合太阳能热水器的 K 形阳台板

图 38　具有韵律的穿孔铝板立面效果

筑内外墙板、厨卫均采用工业化产品，整体预制率达到 81.31%，是目前全国已竣工的预制装配式框架结构中预制率最高、建筑部品集成度最高的工程。

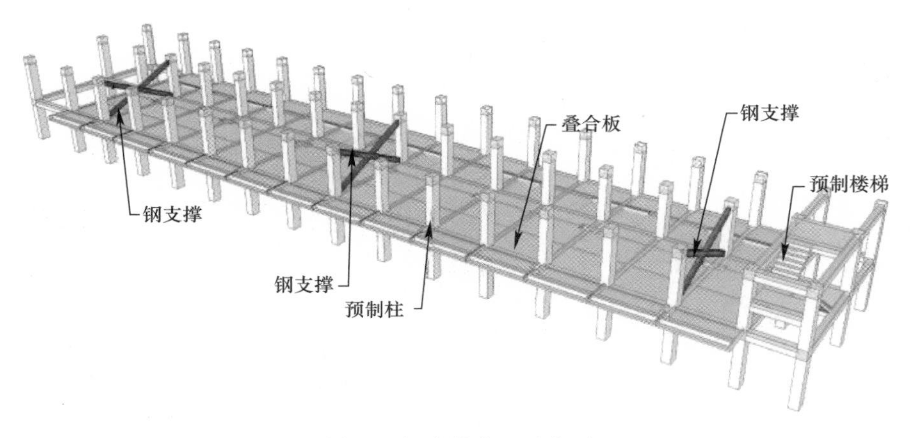

图 39　钢支撑位置示意图

（2）预制装配体系中预制柱内钢筋采用直螺纹套筒连接技术，将预制柱间上下钢筋连接长度缩短为 $8d$。

该项目预制柱内采用的套筒灌浆连接方式，预制柱内套筒钢筋的连接长度仅仅为 $8d$，现场预制柱吊装后采用专用的灌浆料压力灌注，灌浆料的 28d 强度需大于 85MPa，24h 竖向膨胀率为 0.05%～0.5%，通过大量实验验证套筒灌浆连接技术是可靠的，检验报告见图 40。在 2014 年 10 月 1 日起实施的《装配式混凝土结构技术规程》JGJ 1—2014 中规定套筒灌浆连接技术为首选连接方式。

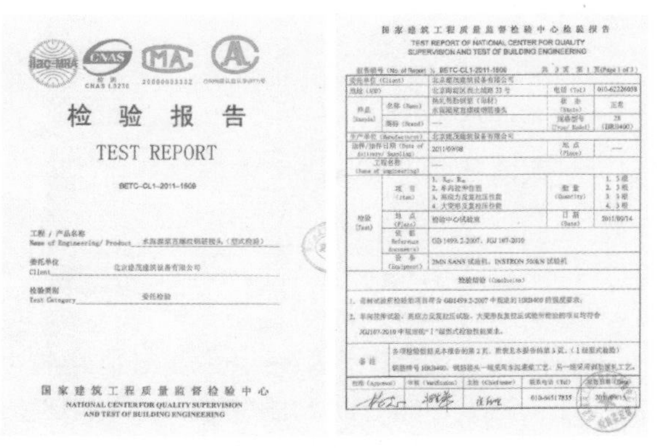

检　验　报　告

TEST REPORT

BETC-CL1-2011-1609

国家建筑工程质量监督检验中心

NATIONAL CENTER FOR QUALITY SUPERVISION AND TEST OF BUILDING ENGINEERING

图 40　水泥灌浆直螺纹钢筋接头检验报告

直螺纹套筒灌浆连接技术在该项目中的应用和实施，为今后全面推广应用直螺纹套筒灌浆连接技术积累了工程实际经验。

（3）预制柱由多节柱改为单节预制柱。

多节柱时主要存在如下问题：

1）多节柱的脱膜、运输、吊装、支撑都比较困难；

2）多节柱吊装过程中钢筋连接部位易变形，从而构件的垂直度难以控制；

3）多节柱梁柱节点区钢筋绑扎困难以及混凝土浇筑密实性难以控制。

经过研究并学习国内外先进的预制装配技术，认为多节预制柱应用于高层建筑中的垂直误差控制较难，施工累计误差会影响到结构的安全，同时节点抗震性能难以保证。所以在设计中决定将多节柱改为单节柱（图41），每层可以保证柱垂直度的控制调节，进而也使建筑的预制装配构件完全标准化，从制作、运输、吊装均采用标准化操作，简单，易行，保证质量控制。

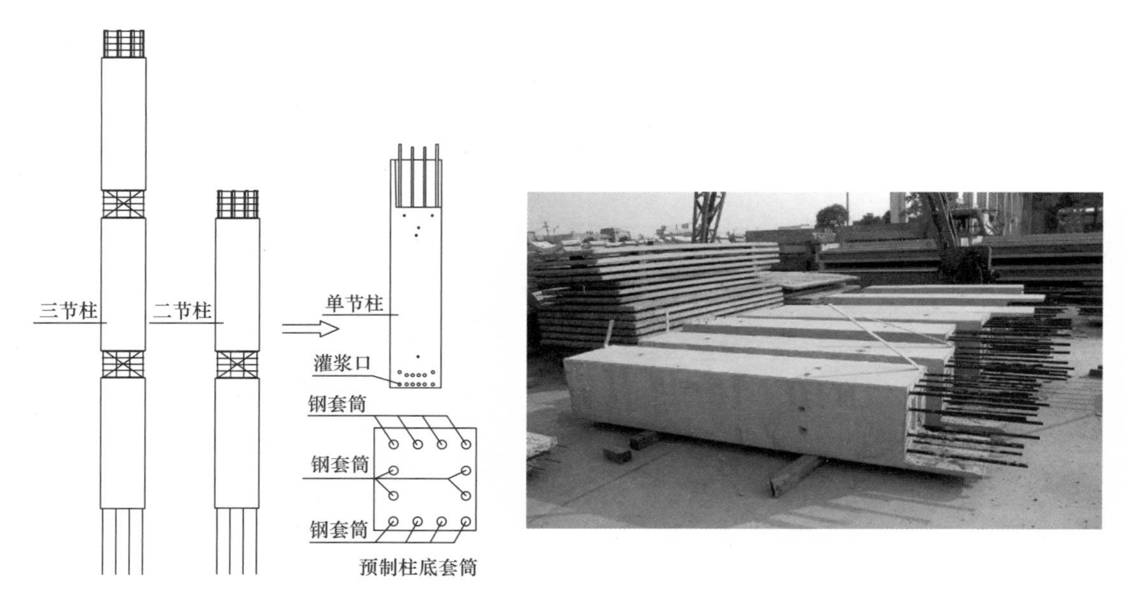

图41　单节预制柱

（4）外立面预制柱顶及预制外框架梁外侧增加预制混凝土（PC）模板，完全取消了外脚手架及外模板。

为了取消外脚手架、外围模板及外立面抹灰，实现绿色施工，本项目结合预制剪力墙板PCF（Precast Concrete Form）原理，在预制边柱及预制边梁外侧设计与构件一体的混凝土外模板，现场无需再支外模板，施工速度大大提高，体现了本项目集成设计创新的特点。

本项目在建筑外围框架柱顶及外围预制叠合梁外侧设置上翻的PCF混凝土外模板与预制构件预制为整体，此PCF混凝土外模板起到外模板的作用，现场无需再另外支撑外模板，故建筑外围无需设置外脚手架，见图42。

图 42　预制混凝土外模板

（5）楼板及屋面板大规模采用预应力混凝土叠合板技术。

本项目全部楼板采用预制预应力混凝土叠合板技术，传统的现浇楼板存在现场施工量大，湿作业多，材料浪费多，施工垃圾多，楼板容易出现裂缝等问题。预应力混凝土叠合板采取部分预制、部分现浇的方式，其中的预制板在工厂内预先生产，现场仅需安装，不需模板，施工现场钢筋及混凝土工程量较少，板底不需粉刷，预应力技术使得楼板结构含钢量减少，支撑系统脚手架工程量为现浇板的 31％左右，现场钢筋工程量为现浇板的 30％左右，现场混凝土浇筑量为现浇板的 57％左右，与现浇板相比，所有施工工序均有明显的工期优势，一般可节约工期 30％以上，见图 43。

图 43　预制预应力混凝土叠合板

3.1.3　预制构件连接节点设计创新

（1）梁柱节点创新

结构主体梁、板、柱均采用预制构件，预制柱及预制框架梁在梁柱节点处连接，预制楼板搁置于预制梁上，现场仅需绑扎梁上部钢筋及板面钢筋。同时外围构件上设置了混凝土外模板后，外脚手架完全取消，内部仅在梁柱交接处设计少量模板，现场模板支撑及钢筋绑扎的工作量大大减少，施工快捷，该节点做法已获得国家新型实用专利，见图 44。

（2）预制柱底钢筋套筒连接头位置设置了定位装置

由于预制装配框架柱钢筋的连接采用套筒连接，钢筋被浇筑在柱子内，配筋情况不易观察。在现场施工拼装时，由于现场工人的技术因素等原因，可能会发生框架柱钢筋 X 向与 Y 向对接定位错误的情况。若要正确判定预制框架柱的对接方位，一是要求现场施工人员技术素质提高，二是要花费较长的时间对照图纸进行判断，而且此段时间是占用吊车的工作时间，因而会影响施工机械的使用效率。

图 44　预制构件连接节点

本工程在预制装配框架柱的钢筋接头处设置了定位钢筋和定位套筒，可以使现场施工人员迅速准确地确定预制柱的接头方位，有效地解决了上述问题，见图 45。节点做法已获得国家新型实用专利。

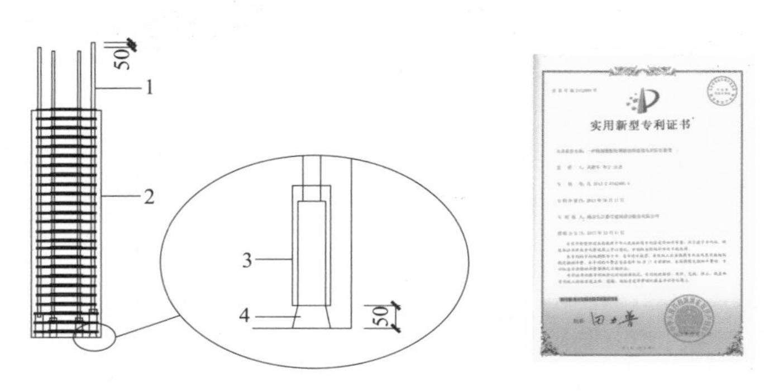

图 45　钢筋接头处的定位钢筋和定位套筒

1—柱顶定位钢筋；2—预制柱；3—钢套筒；4—预留喇叭口

（3）预应力叠合板非支承边的钢筋拉结

由于施工工艺的特点，预应力叠合板均为单向板，而楼板尺寸大多为双向板。因此楼板一般是由单向板拼成。由于单向板分支承边与非支撑边，所以仅支撑边留有与其他构件连接的钢筋，而非支承边则无预留连接钢筋。这样会造成下列问题：①楼板与竖向构件的连接在非支撑边仅有一半的楼板厚度，使楼板水平力的传递受到影响。②楼板下部存在几条拼缝，使楼板的刚度受到影响，楼板的整体性削弱，与结构分析采用的计算模型有误差。

在工程预应力叠合板的非支撑边利用原预制板内分布筋外伸作为连接钢筋，实现了非支撑边与竖向构件的可靠连接以及单向板非支撑边的相互可靠连接，见图 46、图 47。

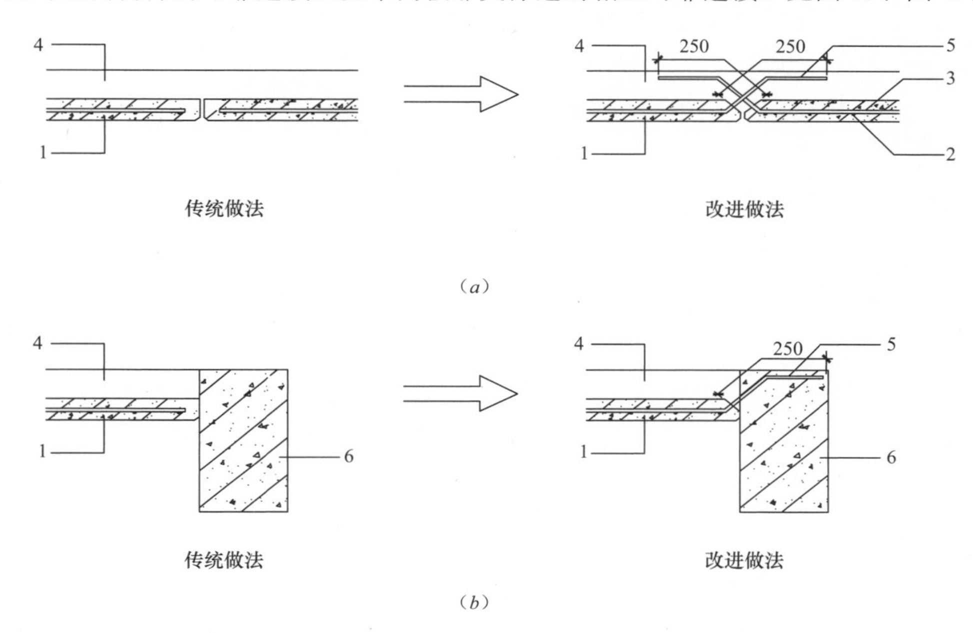

图 46 拼缝处的钢筋做法

（a）楼板拼缝处；（b）楼板与梁拼缝处

1—预应力混凝土叠合板；2—预应力钢筋；3—分布筋；4—现浇叠合层；5—分布钢拼缝处弯起；6—楼面梁

图 47 工程实例中叠合板外支撑边的连接方式

（4）预制叠合阳台板底部与主体梁的钢筋拉结

预制叠合阳台板是预制装配式住宅经常采用的构件。阳台板上部的受力钢筋设在叠合板的现浇层，并伸入主体结构叠合楼板的现浇层锚固，达到承受阳台荷载连接主体结构的功能。预制叠合阳台板与现浇的阳台板相比，仅有上层钢筋与主体相连。叠合阳台板的下部与主体梁并无钢筋连接。这样存在下列问题：

1）预制叠合阳台板与主体梁仅有上面一层钢筋连接，其支座处的刚度与结构设计分析有差距。

2）阳台与主体连接的整体性比现浇板差。

3）当外挑度较大时，在垂直地震力作用下可能会有安全隐患。

4）目前有的预制叠合板式阳台是通过采用下部筋预留，插入主体结构梁钢筋骨架来解决预制叠合阳台板与主体的连接问题。但预留板下部筋在构件的制作、运输、板吊装就位等程序上非常麻烦，施工误差大且机械利用效率低。

本工程在预制叠合阳台板现浇层底部加设了与主体梁的连接钢筋，解决了上述问题，该做法已获得国家新型实用专利，见图 48、图 49。

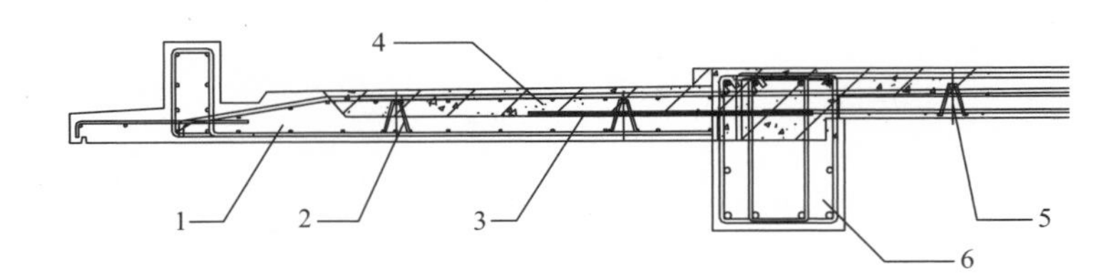

图 48　预制叠合阳台板底部与主体梁的钢筋拉结

1—预制阳台板；2—阳台板中钢筋桁架；3—阳台板底部附加与主体梁的拉结筋；4—阳台现浇叠合层；5—预应力板中的桁架筋；6—预制框架梁

图 49　工程中预制阳台板底附加拉筋及专利证书

（5）预制女儿墙钢筋连接

预制女儿墙是预制装配建筑中常用的构件，由于女儿墙属于装饰构件，不参与主结构的受力，故预制女儿墙的连接方式较结构受力构件可以适当简化。

但女儿墙位于房屋顶部又需要承受较大的风荷载和房屋顶部水平地震荷载，其连接还应满足自身的强度要求。

预制女儿墙和现浇女儿墙相比，简化了预制女儿墙的钢筋连接方式，既满足强度要求，又便于预制装配施工，节省材料，方便施工、缩短工期，该做法已获得国家新型实用专利，见图 50。

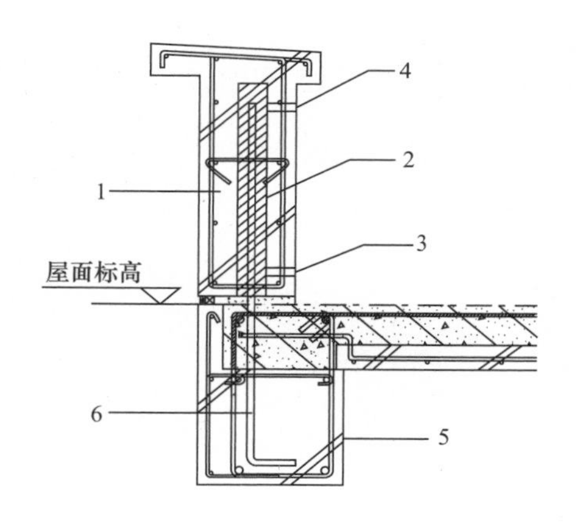

实用新型专利证书

图 50　预制女儿墙钢筋连接

1—预制女儿墙；2—波纹管；3—灌浆口；4—出浆口；5—预制梁；6—连接钢筋

3.1.4　预制装配式技术与绿色建筑技术集成创新

本项目建筑设计充分考虑建筑工业化技术与绿色技术的集成应用，将绿色建筑的理念贯穿于整个设计、施工的全过程，通过采用自然通风采光优化技术、预制自保温内外墙板技术、装修与建筑一体化设计技术、阳台挂壁式太阳能热水技术和整体式卫生间技术，建筑节能率 65%，达到了三星级绿色建筑标准（图 51）。

绿色建筑设计标识
GREEN BUILDING DESIGN LABEL

三星级绿色建筑设计标识证书
CERTIFICATE OF GREEN BUILDING DESIGN LABEL

居住建筑　NO.RD31025

建筑名称：万晖南京上坊保障房6区01～05号住宅楼

建筑面积：8.07万 m^2

完成单位：南京万晖置业有限公司、江苏丰彩节能科技有限公司

评价指标	设计值
建筑节能率	50.00%
可再生能源利用率	100%的住户采用太阳能热水系统
非传统水源利用率	10.14%
住区绿地率	48.54%
可再循环建筑材料用量比	—
室内空气污染物浓度	设计阶段不参评
物业管理	设计阶段不参评

说明：

1. 评价依据《绿色建筑评价标准》（GB/T50378-2006）；
2. 此证只证明建筑的规划和设计达到《绿色建筑评价标准》（GB/T50378-2006）三星级水平；
3. "评价指标"值为代表性绿色建筑评价指标值，整体评价查阅《绿色建筑设计标识评审意见》。

有效期限：2014年05月06日-2015年05月05日　签发日期：2014年05月06日

图 51　三星级绿色建筑设计标识证书

3.1.5　BIM 技术实现设计流程及模式创新

项目的设计、施工全过程采用以 BIM 技术为代表的三维数字化技术，改变传统工程设计模式，在实施全过程采用三维可视化数字技术，优化预制构件设计，提高了建筑精细化程度和构件的精细度，并进行计算机模拟施工，实现设计模式创新和设计精细化，实现预制装配可视化、三维设计可视化、管线综合、碰撞检查，为工业化建筑设计模式和流程的优化提供了借鉴（图 52、图 53）。

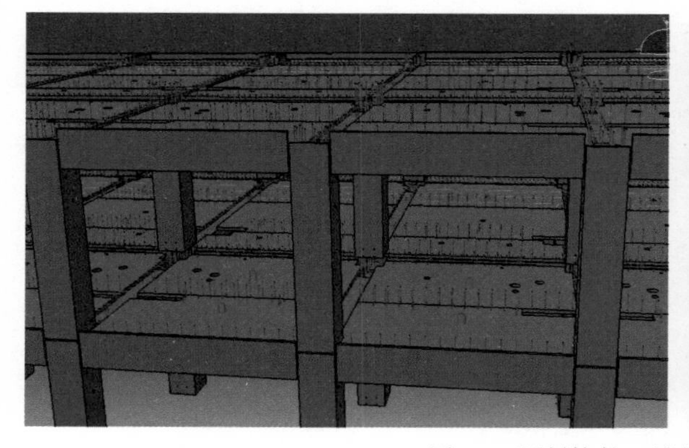

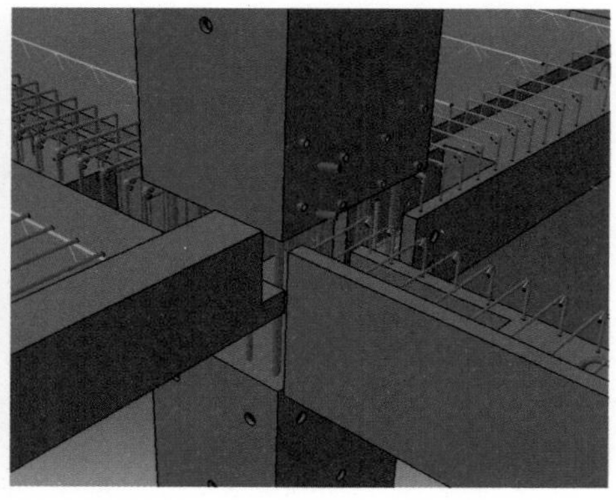

图 52　预制构件三维精细化设计

图 53　三维数字化设计与实际施工比较

3.2　工业化住宅施工技术创新

3.2.1　梁柱节点接头键槽浇筑技术

梁柱连接节点采用键槽节点施工工法（图 54），边柱及角柱位置的梁柱节点钢筋连接采用端锚新技术（图 55），提高了 PC 结构安装进度，解决了梁柱节点钢筋绑扎、混凝土浇筑等施工难题。现场图片见图 31、图 32。

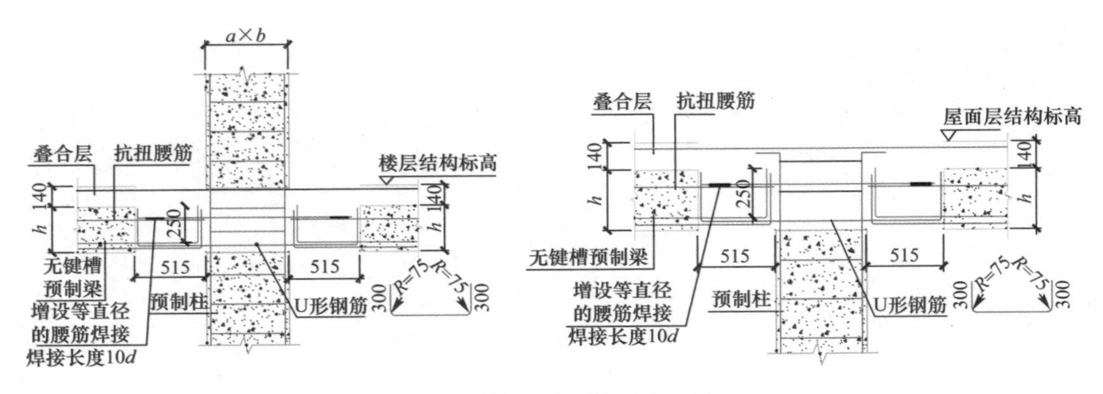

图 54　梁柱连接节点键槽工艺

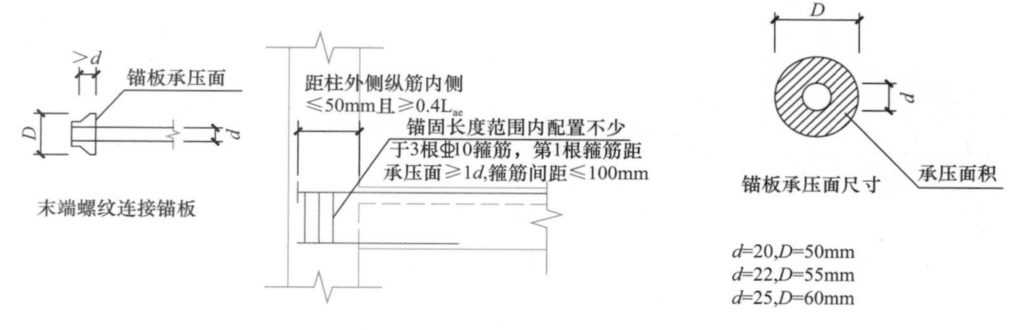

图 55　边柱及角柱位置的梁顶支座钢筋锚固方式—端锚工艺

注：锚板厚度为 d，承压面积大于锚固钢筋截面积的 4.5 倍。

3.2.2　竖向柱钢筋套筒连接灌浆施工技术

预制柱间上下钢筋的连接由规范的浆锚套筒连接改为 JM 钢筋直螺纹灌浆套筒连接，强度高达 C85，该技术解决了预制柱上下层钢筋连接的难题，保证了 PC 结构安全（图 26）。

3.2.3　预制构件支撑精确定位调整技术

采用工具式脚手架较好地解决了 PC 结构楼板大块拼装及梁、板、柱等构件安装精度高且承重架强度高的技术难题，具有架体搭设速度快，材料损耗率低，质量可控度高的优点（图 56、图 57）。

图 56　支撑体系采用盘销承插工具式脚手架

图 57　盘销式脚手架节点

3.2.4　整体卫浴干作业施工技术

采用一体化防水底盘或浴缸和防水底盘组合、墙板、顶板构成的整体框架，配上各种功能洁具形成的独立卫生单元；利用 PVC 管件直埋技术直接排水，该技术成功地解决了传统卫生间多种工序穿插施工、周期长、渗漏隐患大的施工难题，取消了湿作业，提高了住宅装配化水平（图 58）。

3.2.5　取消了传统的外脚手架体系

综合利用 PC 结构集成外模的特性，临边防护采用盘销承插工具式悬挑三角架，安全、经济，见图 59。

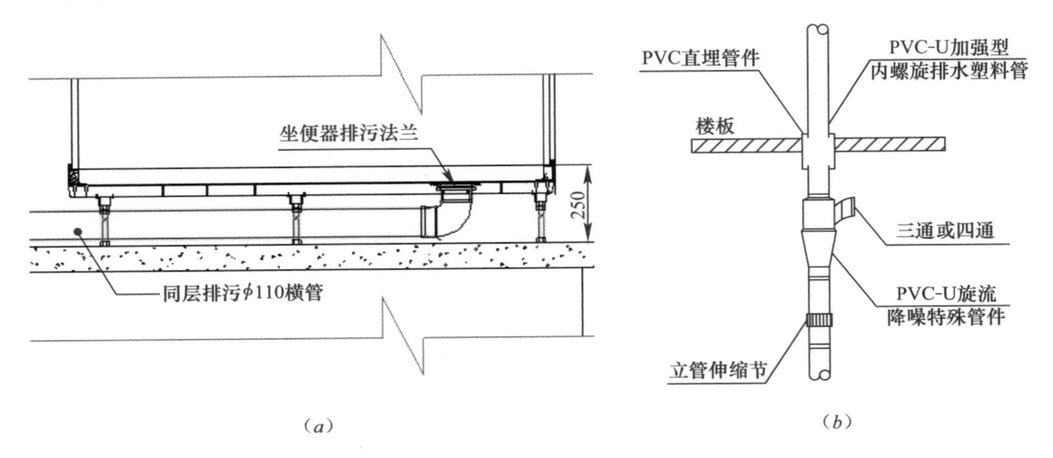

图 58　整体卫浴干作业施工技术

(a) 同层排污设计；(b) PVC 管件直埋实现楼层无渗漏

(a)　　(b)

图 59　悬挂三角架

(a) 悬挑三角架安全防护照片；(b) 悬挑三角架取代传统外脚手架

4　工程获奖情况

在项目实践研究基础上，中建二局完成“产业化全预制装配结构综合技术”课题研究，总结了全预制装配式建筑施工 7 项创新技术，并获得江苏省省级工法、中建总公司工法各一项，获得实用新型专利 2 项，申请发明专利 1 项。

该项目被评为“江苏省建筑业新技术应用示范工程”、“2014 年度南京市优秀工程勘察设计一等奖”。

5　工业化应用体会

5.1　设计体会

随着我国国民经济的快速发展，我国住宅产业正处在一个重要的转折点。建造模式正由传统的手工建造模式向工业化集成生产建造的模式转变，这个转变过程需要大量示范工程的实施作为转型的探索。本项目的实施为后续建筑工业化的发展积累了丰富的经验。

本项目为全预制装配整体式框架钢支撑结构，该项目中的预制构件形式、连接节点、构件的制作安装等技术可应用于装配整体式框架结构、装配整体式框架现浇剪力墙结构、装配整体式框架现浇核心筒结构体系中，为多种预制装配体系的全面推广提供了成熟的技术支撑。

在推广应用中需要不断地改进和创新结构体系，框架钢支撑体系中的钢支撑可以采用屈曲耗能支撑，屈曲耗能支撑一方面可以避免普通支撑存在拉压承载力差异显著的缺陷，另一方面具有金属阻尼器的耗能能力，可以在结构中充当“保险丝”，使得主体结构基本处于弹性范围内。因此，屈曲耗能支撑的应用，可以全面提高传统支撑框架在中震和大震下的抗震性能。

现有规范规定预制装配技术仅能使用在设防烈度为 8 度以下的地区，如通过隔震等措施，减弱地震对上部结构主体的作用，通过此措施可以在高烈度地区建造预制装配建筑，为预制装配技术的全面推广实施创造可靠的条件。

预制装配构件连接节点需要不断完善，以保证可靠的抗震性能，本示范项目采用的梁柱连接节点是按《预制预应力混凝土装配整体式框架结构技术规程》JGJ 224—2010（简称世构体系）要求设计的，预制梁底筋不伸入框架柱内，现场在键槽内加设附加 U 形筋，为了减少钢筋用量、方便现场施工以及提高节点的抗震性能，需要将预制梁底筋伸入柱内，我们近期设计的海门龙信老年公寓（装配整体式框架剪力墙结构）及南京万科南站单身公寓项目（装配整体式框架及装配整体式框架剪力墙结构），采用了此优化措施，根据计算及构造需要将梁底筋伸入柱内使节点的抗震性能更可靠，见图 60。

图 60　预制装配构件连接节点

要加强框架结构的外维护墙板的研究，预制外墙板是装配式建筑中的重要构件，兼具装饰、围护、保温、防水、防火等多项功能，是一项跨越多专业的绿色技术集成产品。目前，国内对此类具有多功能的装配式外墙板的研究尚属空白，需由产、学、研、施工等单位协同合作开展创新研究。

后续工作中要制定和完善工业化建筑各流程中的相关条例及标准，为我国建筑产业现代化的快速发展奠定可靠的技术基础。

5.2 施工体会

（1）强有力的团队整合：预制装配式住宅属于新兴产业，从无到有再到建立相应的产业群和技术体系，需要强有力的团队进行推动整合，形成专业的管理人员和操作工人。建立总承包协调，各相关单位协同推进的组织架构，并明确了各环节的实施单位。为快速推进 PC 项目进度，及时发现工程推进中的问题，定期召开 PC 项目工作推进会，重点把控关键节点，各相关单位参加，组织讨论推进工作中需要协调解决的各种问题。

（2）方案策划、图纸深化至关重要：施工中所使用的安装措施必须事先考虑清楚并细化到方案交底中，场地布置、无外架楼层防护、支撑定位、速接架搭设、吊装顺序等必须由项目部进行前期深化设计。

（3）推行样板引路制度：全预制装配结构节点复杂，通过三维模型试拼，并在现场建立样板区可以有效提高了安装质量和吊装效率。

（4）全装配结构梁板柱节点连接既要保证结构安全，又要方便现场全预制装配施工操作，节点连接需创新。

项目部与东南大学的专业团队利用模型试验多次进行结构抗震等研究。为了解决全预制结构中叠浇层的梁与柱节点处空隙小，难以绑扎钢筋等问题，发明了凹槽、端锚工艺，在接头处实现咬合之后再进行整体浇筑；为克服预制柱上下层之间钢筋连接的难题，把规范的浆锚套筒连接改为 JM 钢筋直螺纹灌浆套筒连接。

（5）全预制装配结构的质量控制：主要包括预制构件成型质量控制和预制构件安装质量控制等。

（6）工期及成本方面：开始三层相对探索时间比较长，构件厂与施工现场的配合很关键，构件种类、编号、规格等必须与现场进度相吻合，才能保证工期。4 层以上的部分平均 6 天一层，主体施工阶段与传统方式相差不大。但是在施工阶段后期，二次结构的施工所体现的工程量和成本减少非常明显。这是因为装配式施工的吊装完毕后，即获得里里外外均平整的面板，由保温材料加工而成的 NALC 墙板，自安装完成后无需再进行抹灰保温等湿作业施工，减少了施工工艺，大大节约了后期施工时间，减少了成本。

供稿单位：中国建筑第二工程局有限公司
南京長江都市建筑设计股份有限公司

北京房山区长阳镇水碾屯村改造一期项目 21 地块

项目名称：北京房山区长阳镇水碾屯村改造一期项目 21 地块
项目地点：北京市房山区长阳镇水碾屯村，所属气候区：寒冷地区
开发单位：北京京投万科房地产开发有限公司
设计单位：北京市建筑设计研究院
施工单位：中兴建设有限公司
监理单位：北京市帕克国际工程咨询有限公司
项目功能：居住

房山区长阳镇水碾屯村改造一期项目 21 地块总建筑面积总用地面积 40603m²，总建筑面积 104566m²。共由 21-1～8 号住宅楼，21-PT1～3 楼和 21-C 地下车库组成，其中 21-1、2、4、5、7、8 号楼为装配式剪力墙结构，其建筑面积见表 1。

装配式剪力墙结构建筑面积统计表　　表 1

楼号	地下层数（层）	地上层数（层）	建筑面积（m²）
21-1	1	9～13	9198
21-2	1	12	10028
21-4	1	12	10028
21-5	1	12	10028
21-7	1	15	12426
21-8	1	15	12426

21-2、5 号楼从首层开始为装配式剪力墙结构，预制构件包括：预制外墙板、预制内墙板、预制内隔墙、预制叠合楼板、预制楼梯、预制阳台、预制防火板、预制装饰板、预制女儿墙、PCF 板、轻集料混凝土空心条板。预制化率约 65%。

21-1、4、7、8 号楼二层以下为现浇钢筋混凝土剪力墙结构，从三层开始为装配式剪力墙结构，预制构件包括：预制外墙板、预制内隔墙、预制叠合楼板、预制楼梯、预制阳台、预制防火板、预制装饰板、预制女儿墙、PCF 板、轻集料混凝土空心条板。预制化率约 55%。

工程竣工时间预计为 2015 年 8 月 30 日，运营时间预计为 2015 年 9 月 30 日。

图 1　总平面布置图

1　建筑、结构概况

建筑总平面图、标准层平面图、立面图见图 1～图 3。

本项目结构类型为装配式剪力墙结构，抗震设防等级为二级。

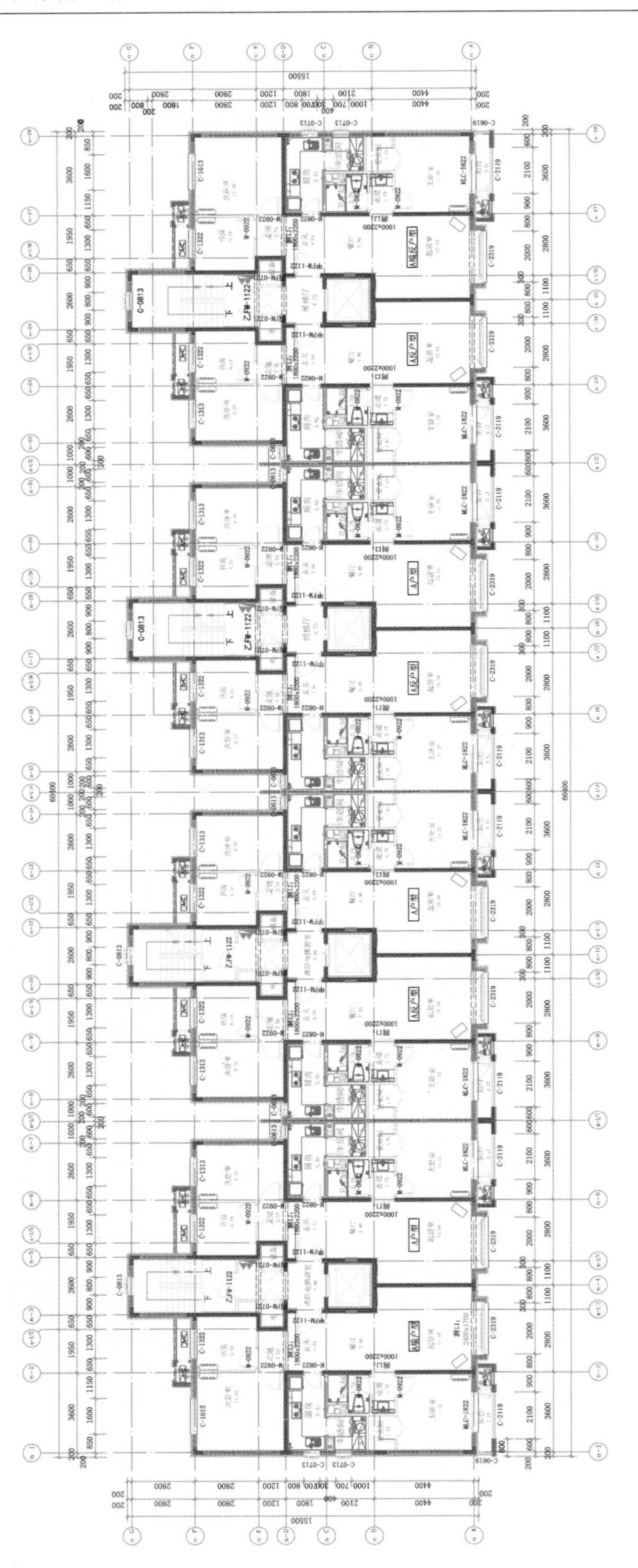

图2 标准层平面图

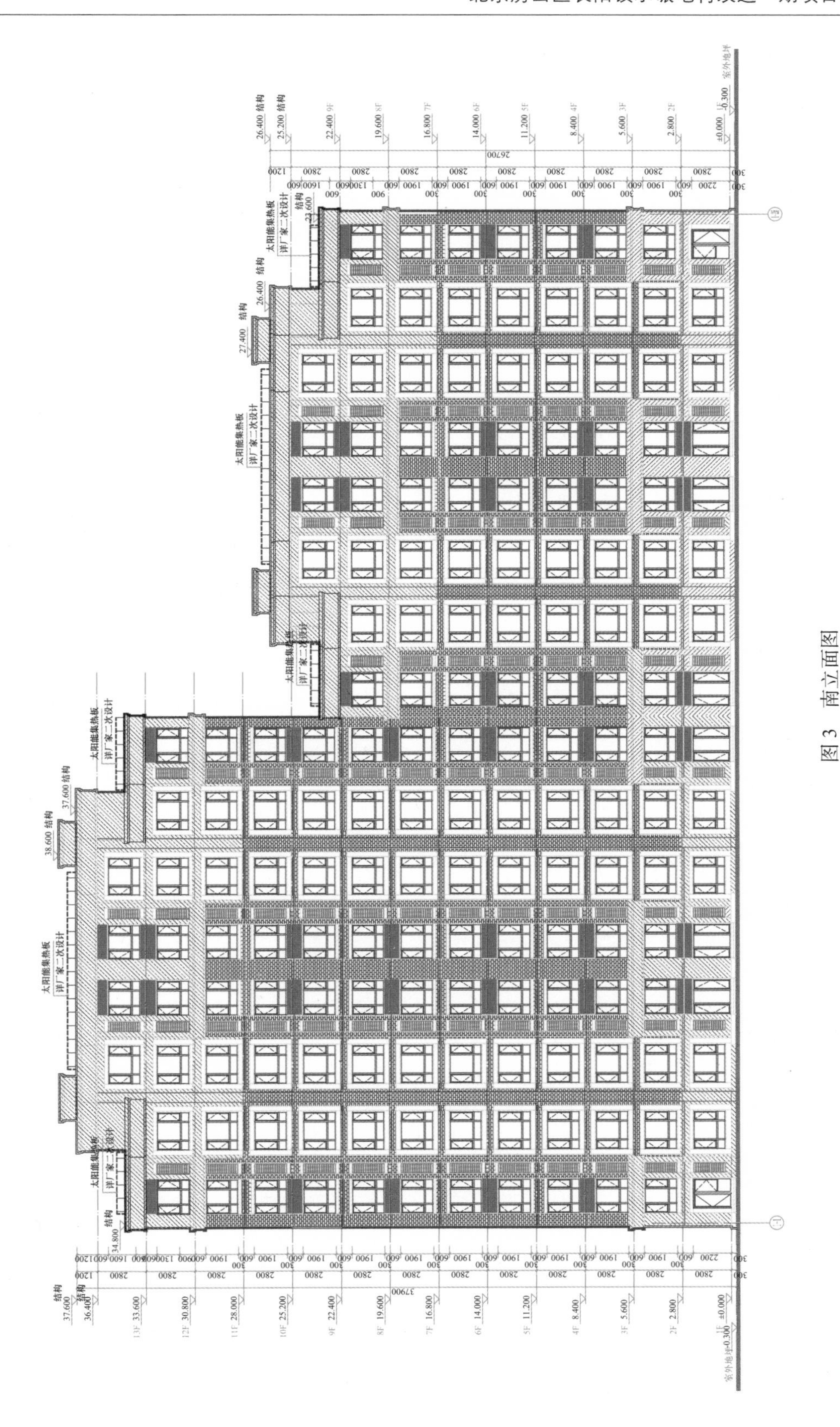

图3 南立面图

2 建筑工业化技术应用情况

2.1 具体措施

项目中建筑工业化的具体措施见表 2、图 4、图 5。

建筑工业化技术应用具体措施 表 2

结构构件	施工方法①		预制构件所处位置	构件体系（详细描述，可配图）	重量（或体积）	备注
	预制	现浇				
外墙	√		所有外墙	采用三层夹心保温做法：外饰面（50mm）+保温（50mm）+结构层（200mm）	7338.762m³	图 4
内墙	√	√	部分内墙和隔墙	200mm 厚	1799m³	
楼板	√		水平叠合板		2609.71m³	图 5
楼梯	√		楼梯间		433.4m³	
阳台	√		阳台		976.8m³	
女儿墙	√		女儿墙		含在外墙内	
梁		—				
柱	—	—				
装饰板	√		阳台		74m³	
建筑总重量（体积）				29395.17m³	预制构件总重量（体积）	14921.273m³
主体工程预制率②					51%	
其他	是否采用精装修（是/否）：是 是否应用整体卫浴（是/否）：否 列举其他工业化措施：室内隔墙采用预制混凝土条板、工具式脚手架、工具式顶板支撑					

① 施工方法一栏请划√。

② 主体工程预制率=预制构件总重量（体积）/建筑总重量（体积）。

2.2 两项指标计算结果

2.2.1 主体工程预制率

主体工程预制率=预制构件总重量（体积）/建筑总重量（体积）

=14921/29395=51%

2.2.2 工业化产值率

工业化产值率=工厂生产产值/建筑总造价

=4804.5 万元/12455.5 万元

=38.5%

2.3 成本增量分析

（1）构件费用：共计 14921.73m³，造价为 4804.5 万元，单方造价为 768.64 元/m²。

（2）工业化内现浇结构及工业化增加措施费，单方造价为 810 元/m^2，上述合计工业化楼号造价为 1578.64 元/m^2。

（3）根据以往类似结构形式的现浇结构造价为 975 元/m^2；工业化楼号比传统现浇结构增加费用为 1574.64－975＝622.64 元/m^2。

2.4 设计、施工特点与图片

2.4.1 主要构件及节点设计图

（1）墙体：预制墙体主要包括外墙、内墙、内隔墙、阳台挂板等；外墙板采用三层夹心保温做法：外饰面（50mm）＋保温（50mm）＋结构层（200mm）；预制剪力墙竖向钢筋采用机械连接接头，接头采用水泥灌浆套筒和钢筋连接套筒。见图 6、图 7。

（2）预制楼梯：本项目的预制楼梯包括了预制休息平台和楼梯梯段，详见图 8。

（3）叠合板：叠合板厚度分别为 60mm 和 70mm，详见图 9。

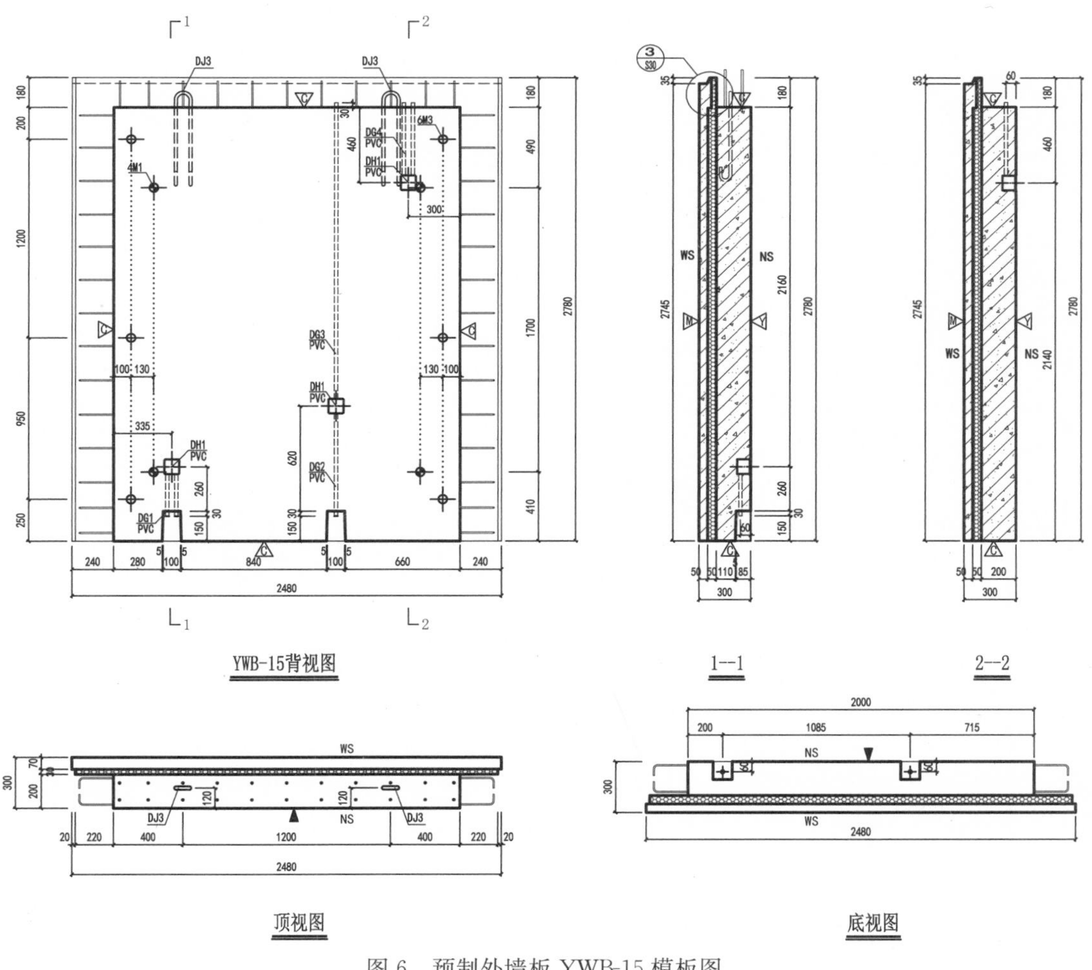

图 6　预制外墙板 YWB-15 模板图

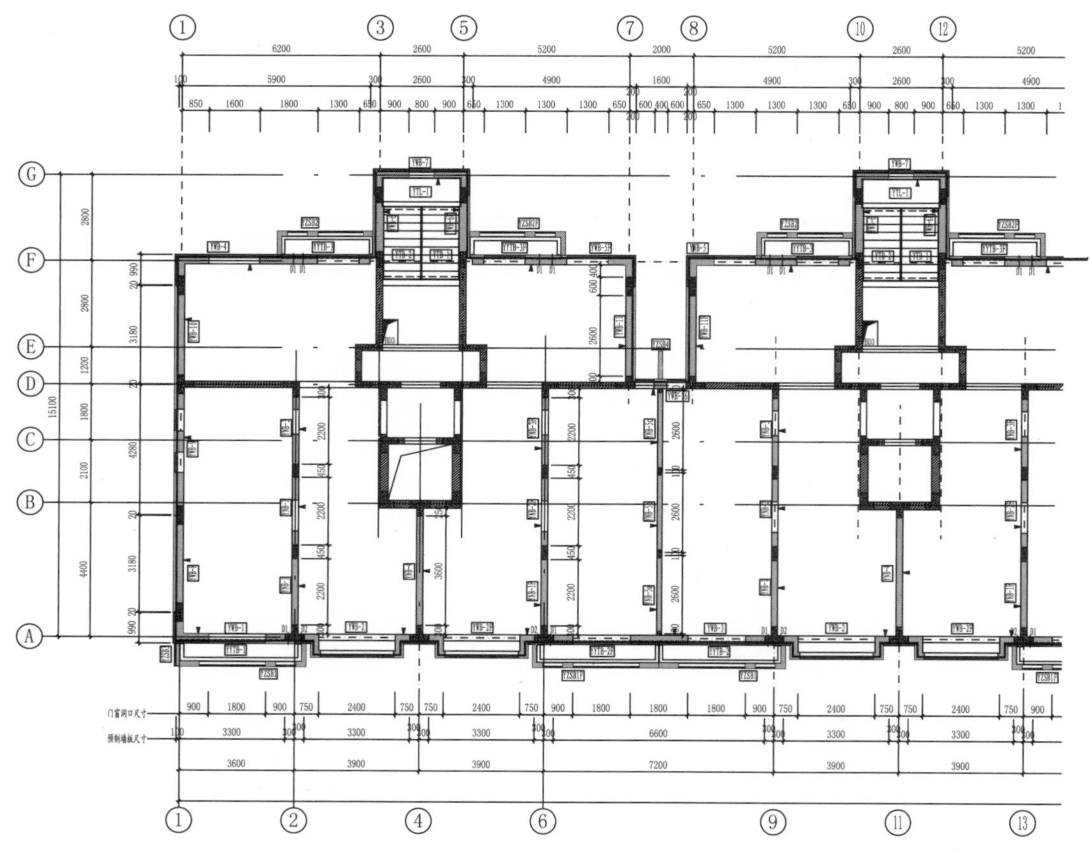

图 4 2～5 层预制

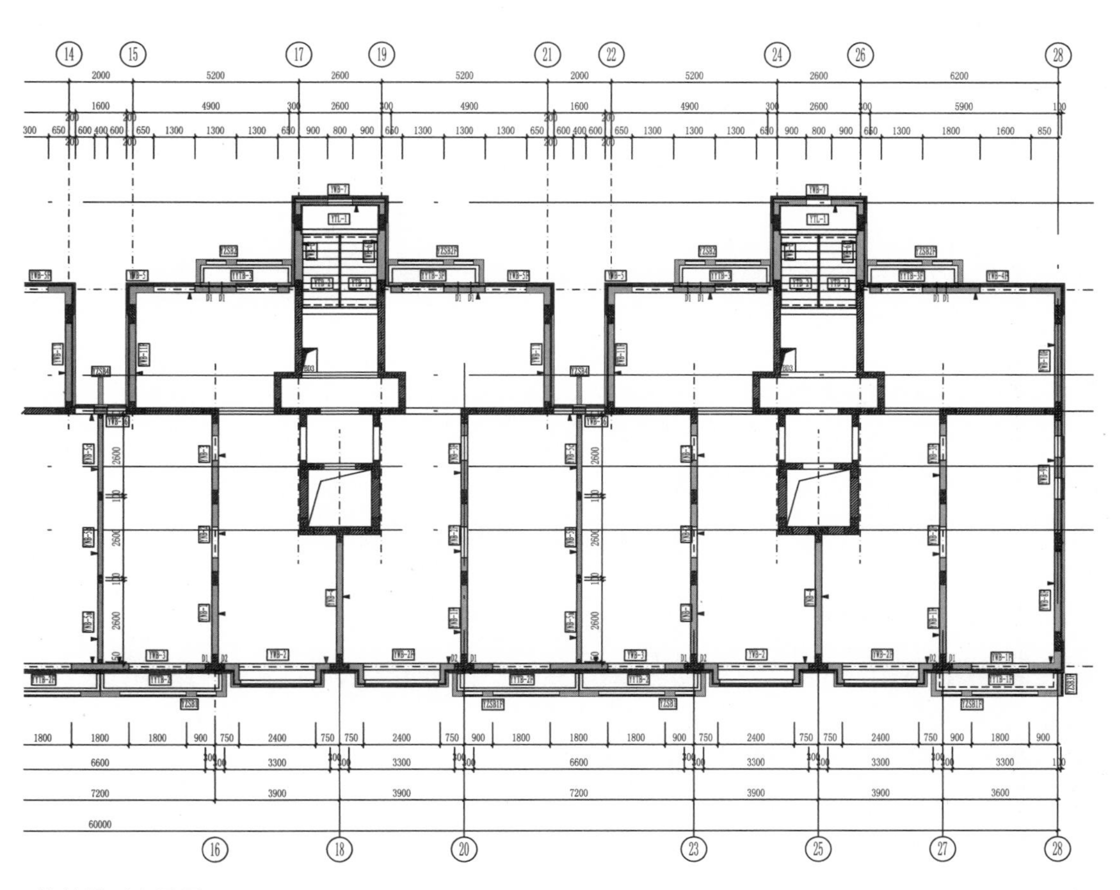

构件平面布置图

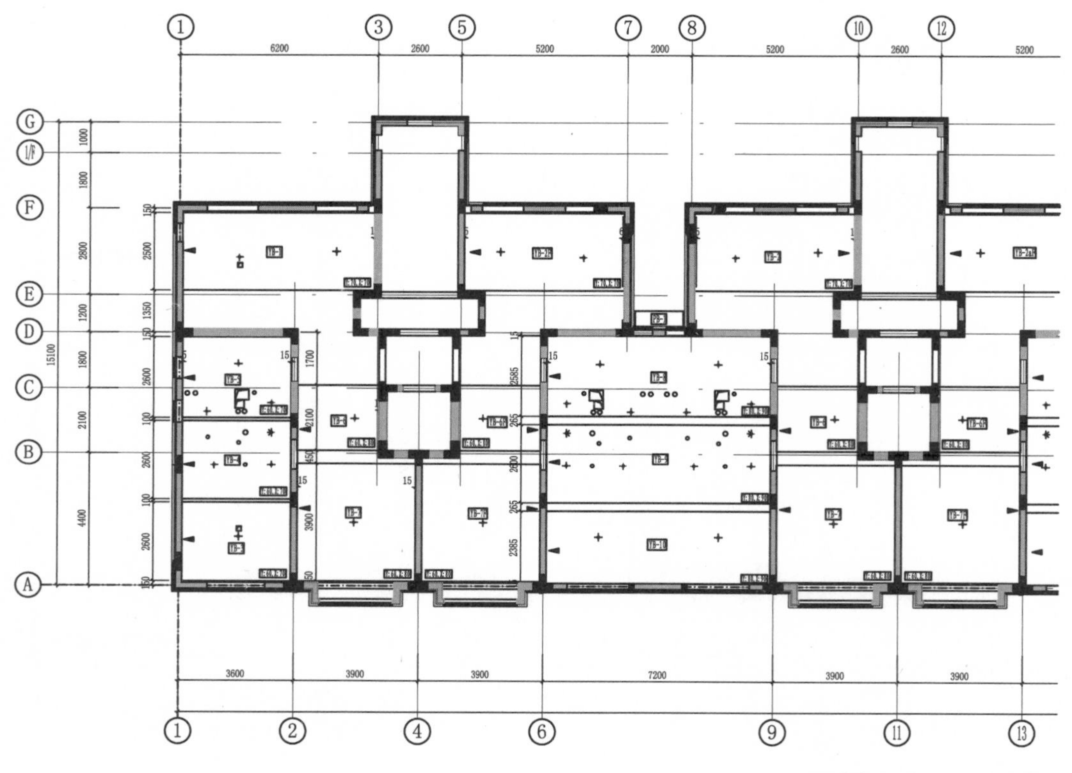

图 5　2～10 层叠合

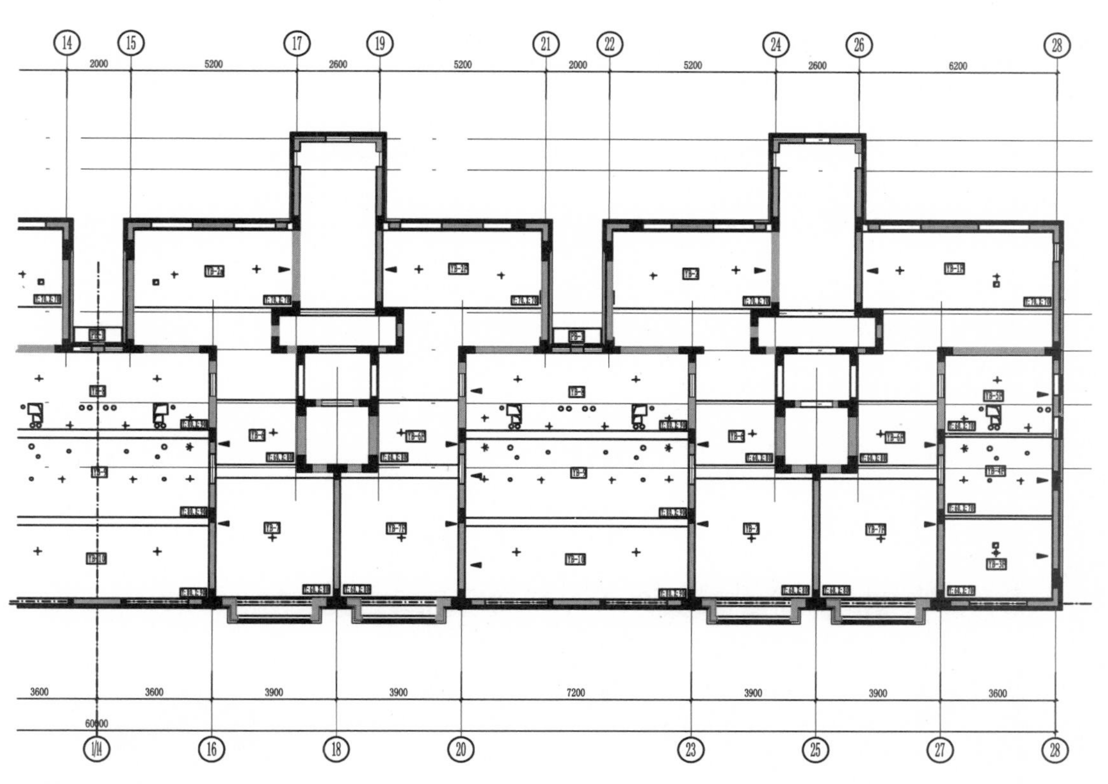
14
15
17
19
21
22
24
26
28
2000
5200
2600
5200
2000
5200
2600
6200
3600
3600
3900
3900
7200
3900
3900
3600
60000
1/14
16
18
20
23
25
27
28

板平面布置图

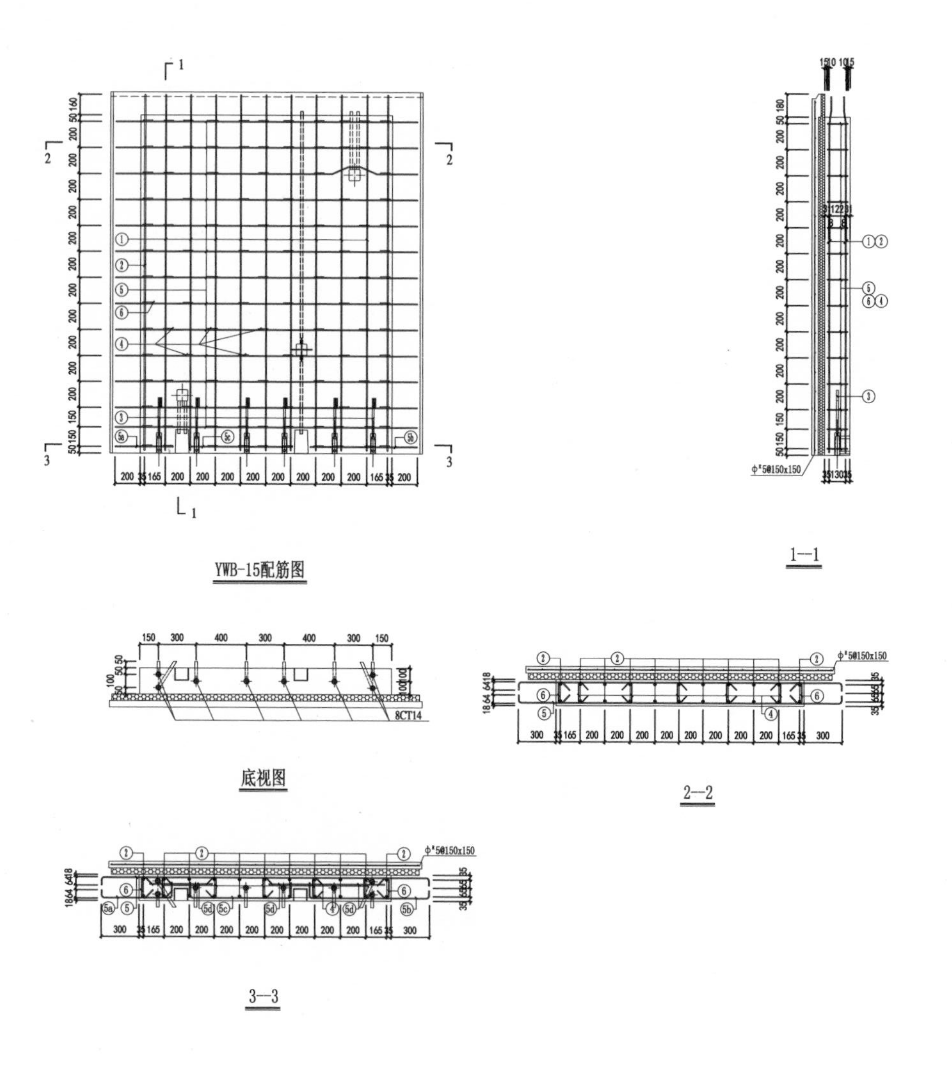

钢筋明细表					
编号	数量	规格	钢筋加工尺寸(mm)	单根重量(kg)	备 注
①	18	⌀8	50 2230 101 250 160	1.10	竖向分布筋1
②	4	⌀10	50 2560 50	1.64	竖向分布筋2
③	8	⌀14	290 70	0.44	连接纵筋1 下端22mm套丝
④	81	⌀6	170	0.06	拉筋1
⑤	27	⌀8	40 200 2000 200 40	0.98	水平分布筋1
⑤a	1	⌀8	40 200 265 125	0.25	水平分布筋2
⑤b	1	⌀8	125 645 200 40	0.40	水平分布筋3
⑤c	1	⌀8	125 810 125	0.42	水平分布筋4
⑤d	2	⌀8	500	0.19	水平分布筋5
⑥	28	⌀8	170	0.11	拉筋2

图7 预制外墙板YWB-15配筋图

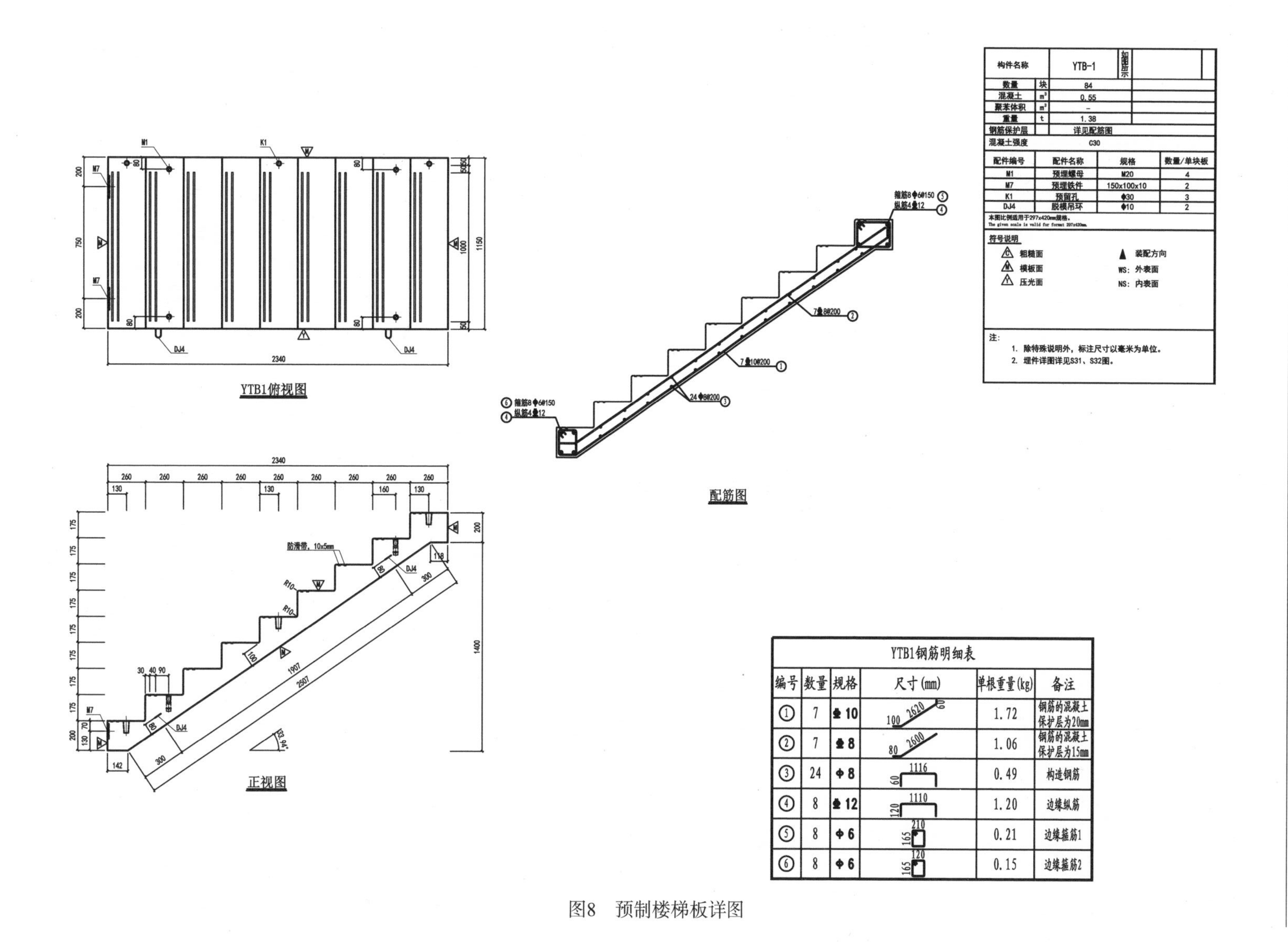

构件名称		YTB-1	如图所示
数量	块	84	
混凝土	m³	0.55	
聚苯体积	m³	-	
重量	t	1.38	
钢筋保护层		详见配筋图	
混凝土强度		C30	

配件编号	配件名称	规格	数量/单块板
M1	预埋螺母	M20	4
M7	预埋铁件	150x100x10	2
K1	预留孔	ф30	3
DJ4	脱模吊环	ф10	2

YTB1钢筋明细表

编号	数量	规格	尺寸(mm)	单根重量(kg)	备注
①	7	⌀10	100 2620 60	1.72	钢筋的混凝土保护层为20mm
②	7	⌀8	80 2600	1.06	钢筋的混凝土保护层为15mm
③	24	ф8	60 1116	0.49	构造钢筋
④	8	⌀12	120 1110	1.20	边缘纵筋
⑤	8	ф6	165 210	0.21	边缘箍筋1
⑥	8	ф6	165 120	0.15	边缘箍筋2

图8　预制楼梯板详图

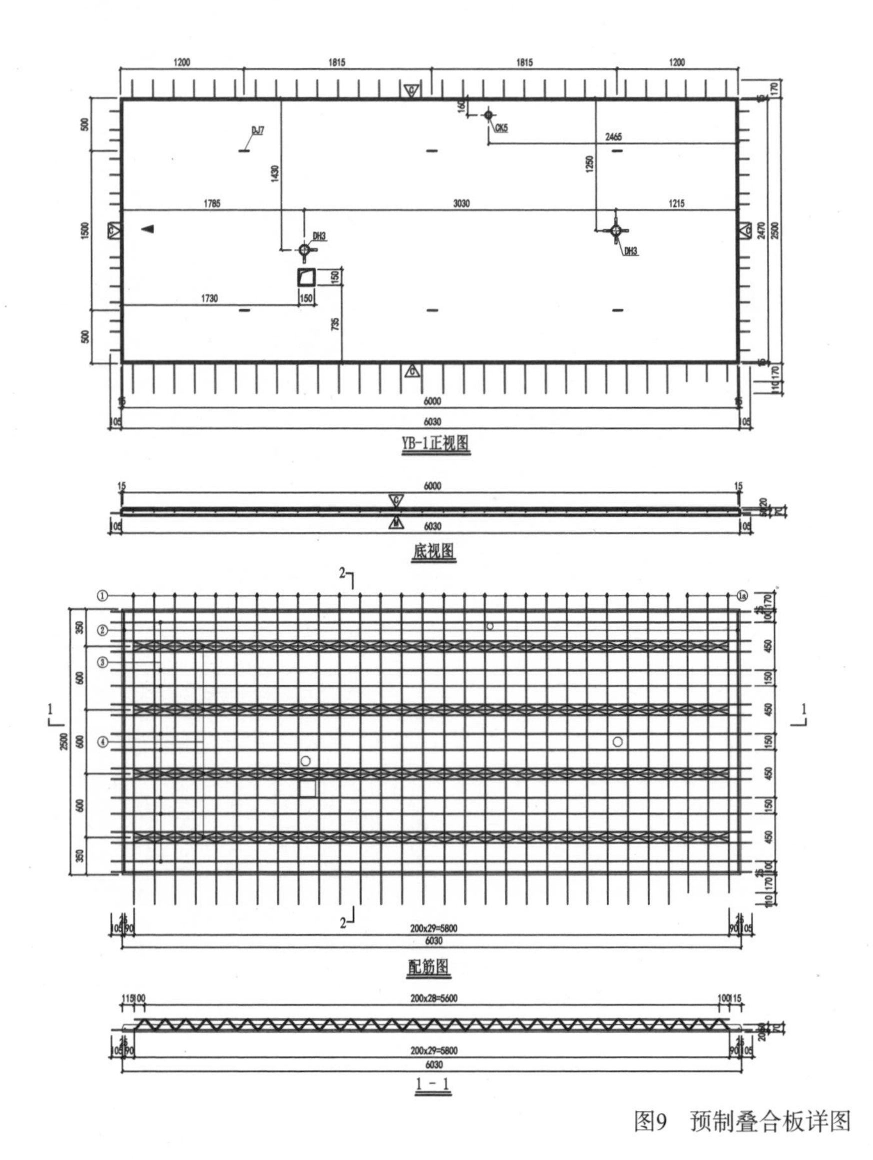

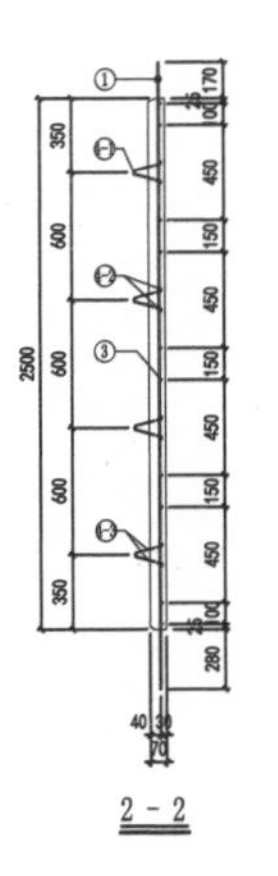

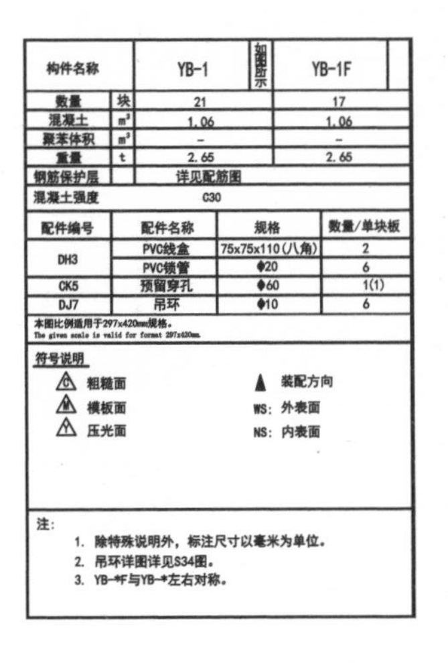

构件名称		YB-1	如图所示	YB-1F
数量	块	21		17
混凝土	m³	1.06		1.06
聚苯体积	m³	-		-
重量	t	2.65		2.65
钢筋保护层		详见配筋图		
混凝土强度		C30		

配件编号	配件名称	规格	数量/单块板
DH3	PVC线盒	75x75x110(八角)	2
	PVC锁管	Φ20	6
CK5	预留穿孔	Φ60	1(1)
DJ7	吊环	Φ10	6

本图比例适用于297x420mm规格。
The given scale is valid for format 297x420mm.

符号说明

- 粗糙面
- 模板面
- 压光面
- ▲ 装配方向
- WS: 外表面
- NS: 内表面

注:

1. 除特殊说明外，标注尺寸以毫米为单位。
2. 吊环详图详见S34图。
3. YB-*F与YB-*左右对称。

桁架细部详图

YB-1钢筋明细表

编号	数量	规格	钢筋加工尺寸(mm)	单根重量(kg)	备注
①	27	⌀8	170 2500 280	1.17	板边短向钢筋
①a	3	⌀8	170 2500 170	1.12	板边短向钢筋
②	2	⌀8	2470	0.98	板边短向钢筋
③	10	⌀12	105 6030 105	5.54	板边长向钢筋
⑤-1	4	⌀12	5800	5.15	桁架上弦钢筋
⑤-2	8	⌀10	105 6030 105	3.85	桁架下弦钢筋
⑤-3	8	Φ6	29个节间，间距200mm	1.87	桁架腹杆钢筋

图9　预制叠合板详图

2.4.2 预制构件最大尺寸（长×宽×高）

预制墙体构件最大尺寸为7180mm×300mm×2700mm；预制叠合板最大尺寸为7200mm×2600mm×70mm。

2.4.3 运输车辆参数、吊车参数

运输车辆根据现场的施工进度对构件的需求以及车辆的运输能力和运距确定为每天4辆墙体构件运输车和3辆叠合板构件运输车各运输两次。

现场塔吊的选择根据构件的重量选择的型号确定为TC7025A，实际使用50m臂长，端头最小起重量为5t。

2.4.4 现场施工全景、构件吊装、节点施工照片等

（1）施工全景照片

施工全景照片见图10。

图10 施工全景照片

（2）构件吊装

1）墙体吊装工艺

工艺流程为：测量放线→根部找平→钢筋调整→墙体吊装→墙体校正，见图11。

（*a*）

（*b*）

图11 墙体吊装工艺流程（一）

（*a*）墙体根部找平；（*b*）墙体钢筋位置校正

（c）

（d）

图 11　墙体吊装工艺流程（二）

（c）墙体构件吊装；（d）墙体校正

2）墙体灌浆施工工艺

工艺流程为：墙体下口堵缝→拌制灌浆料→灌浆机灌浆，见图 12。

（a）

（b）

图 12　墙体灌浆施工工艺流流程（一）

（a）堵缝；（b）灌浆料搅拌

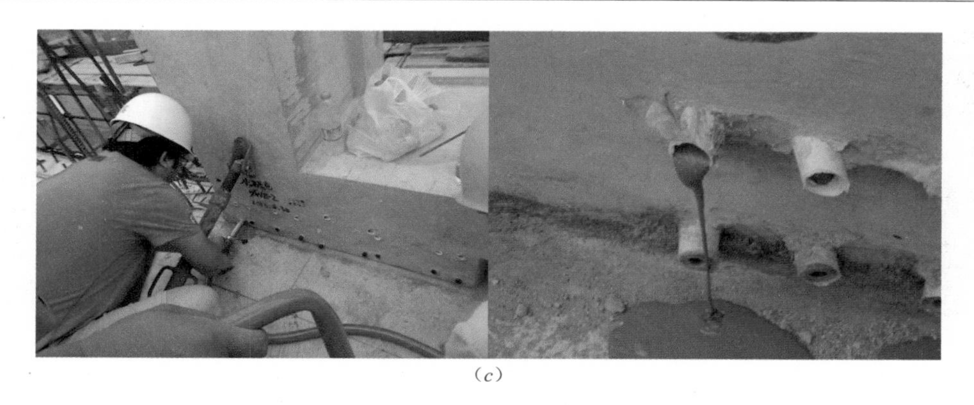

(c)

图 12　墙体灌浆施工工艺流流程（二）

(c) 灌浆

3) 叠合板吊装工艺

工艺流程为：支架安装→叠合板吊装、校正→钢筋绑扎→混凝土浇筑，见图 13。

(a) (b) (c) (d)

图 13　叠合板吊装工艺流程

(a) 支架安装；(b) 叠合板吊装；(c) 钢筋绑扎；(d) 混凝土浇筑

4) 楼梯吊装施工工艺

工艺流程为：梁底灌浆料找平→预制楼梯吊装→校正→成品保护，见图 14。

5) 节点施工照片

工业化施工最关键的工序是钢筋的定位和墙体吊装钢筋对孔，见图 15。

(*a*)　(*b*)

(*c*)　(*d*)

图 14　楼梯吊装施工工艺流程

(*a*) 梁底找平；(*b*) 预制楼梯吊装；(*c*) 楼梯校正；(*d*) 成品保护

(*a*)　(*b*)

图 15　节点施工照片

(*a*) 楼板混凝土浇筑前钢筋定位；(*b*) 用镜子检查钢筋对孔

3　工程科技创新与新技术应用情况

结合项目工业化的特点，我们创新使用了顶板独立支撑加铝合金钢梁技术、工具式脚手架技术，使各项施工技术与建筑工业化的技术要求更加匹配。

(1) 顶板支撑技术。改变了传统的碗扣钢管支架和木方龙骨的技术，施工简易方便，而且减少了对塔吊的依赖，见图 16。

图 16　顶板支撑技术

（2）工具式脚手架技术。脚手架在地面的构件堆放区进行组装，跟随构件一起吊装，施工方便快捷，安全性较高，见图 17。

图 17　工具式脚手架技术

4　工程获奖情况

本项目为北京市建委建筑工业化的试点项目，而且工业化率比较高。项目从施工初期就受到了各方的高度关注，得到了全国人大，住房城乡建设部，各地方政府、开发商等多部门、多单位的莅临指导，也迎来了芬兰议会、日本同行等国际团体的观摩。

5　工业化应用体会

建筑工业化施工像造汽车一样造房子，通过新里程项目的施工我们切身体验到了像组装零部件一样的搭建房子，同时也对工业化建筑的施工有了更深的认识：

（1）建筑工业化的施工，有效减少了质量通病（如混凝土的蜂窝、麻面等）、延长了建筑物的使用寿命；如外墙构件保温外侧 50mm 的混凝土的保护层，有效的延长保温的使用寿命，同时也减少了保温施工过程中的安全隐患。

（2）建筑工业化的施工，大大降低了现场建筑垃圾的发生量，有效推动了建筑的绿色施工。

（3）建筑工业化的施工，降低了施工人员的劳动强度，加大了机械化作业的程度，有效推动了建筑工人由农民工向产业化工人的转变。

（4）建筑工业化的施工同时也给建筑施工总承包企业提出了更高的要求：

1）建筑工业化的技术虽然经历了多年的沉淀，但技术尚未完全成熟；熟练的技术工和管理人员需要通过培训和项目的进展进行培养。

2）建筑工业化的施工前期需要进行缜密的策划，从构件的堆放区到塔吊的选择以及流水段的划分都要进行多次的研讨定案。

3）建筑工业化的施工对项目管理的水平提出了更高的要求；工业化建筑除保留了原有现浇结构的所有工序以外增加了工业化施工的若干工序，工序之间的衔接紧密需要精心的组织协调；同时还要协调构件供应商构件的供应。任何一个环节均必须精确到位，否则将会成为施工进度的阻碍。

供稿单位：北京京投万科房地产开发有限公司

上海浦东新区惠南新市镇 17-11-05，17-11-08 地块项目 23 号楼

项目名称：上海浦东新区惠南新市镇 17-11-05，17-11-08 地块项目 23 号楼
项目地点：西至西乐路，北至六灶港，东至听潮路，南至宣黄公路
开发单位：上海宝筑房地产开发有限公司
设计单位：上海现代建筑设计（集团）有限公司
施工单位：浙江宝业建设集团有限公司
监理单位：上海创众工程监理有限公司

上海市浦东新区惠南新市镇 17-11-05、17-11-08 地块 23 号楼作为工业化住宅的示范楼，建筑面积为 9755.24m^2，地面 13 层，地下 1 层，总建筑高度 37.7m，建筑立面采用 Arco-deco 风格。

1 工程概况

本次设计为对原有设计进行工业化设计，采用双层叠合板式混凝土剪力墙结构体系，楼板采用叠合楼板，预制率达到 30%，从设计理念到设计方法，都是基于工业化的可变房型住宅设计。

项目创新性地采用大开间设计手法，通过结构优化将剪力墙全部布置在建筑外围，内部空间无任何剪力墙与结构柱，用户可根据不同需求对室内空间进行灵活分割。整个项目流程以 BIM 信息化技术为平台，通过模型数据的无缝传递，链接设计与制造环节，提高质量和效率。同时结合环境性能分析软件，对建筑物周围环境进行综合考虑，为用户提供舒适的居住环境。

项目相关图片见图 1～图 3。

图 1　惠南新市镇 17-11-05，17-11-08 地块项目 23 号楼鸟瞰图

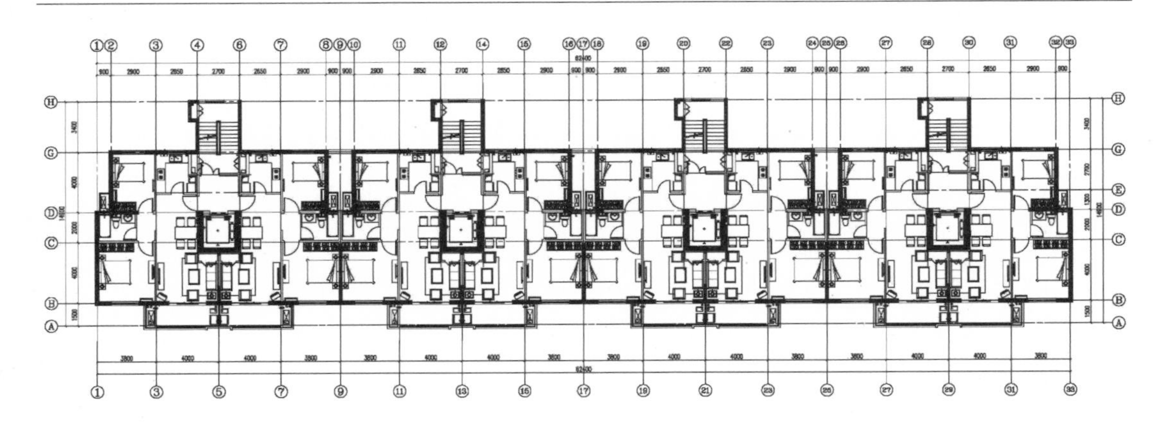

图 2　惠南新市镇 17-11-05，17-11-08 地块项目 23 号楼标准层平面

图 3　惠南新市镇 17-11-05，17-11-08 地块项目 23 号楼

2　建筑工业化技术应用情况

2.1　具体措施

建筑工业化技术应用具体措施见图 4 及表 1～表 7。

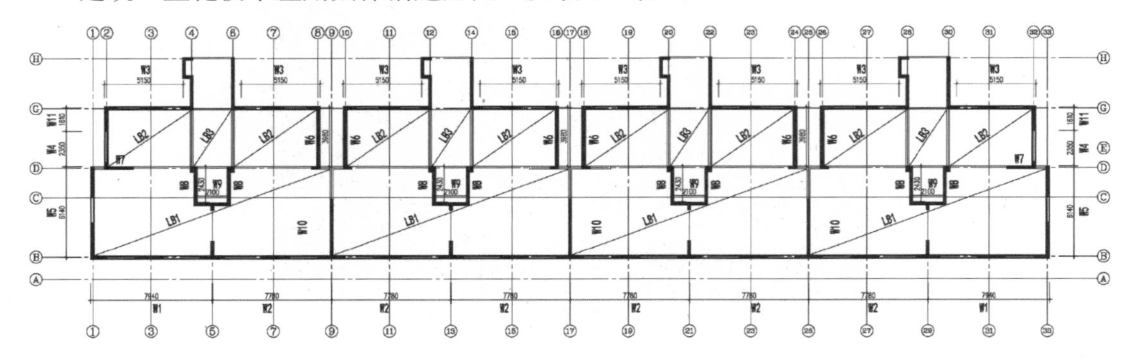

图 4　墙体、楼板位置图

全楼预制总量统计 **表1**

序号	部件位置	单层（m^3）	全楼累计（m^3）	构件类型占比	预制总量占比	单项构件占总混凝土量
1	外墙	27.34	355.40	21.20%	35.80%	10.96%
2	内墙	8.68	112.82	6.73%	11.36%	3.48%
3	楼梯休息平台	0.65	7.80	41.67%	0.79%	0.24%
4	楼梯	6.72	87.36	100.00%	8.80%	2.69%
5	阳台	5.82	75.66	53.59%	7.62%	2.33%
6	屋顶	0	0.00	0.00%	0.00%	0.00%
7	女儿墙	0	0.00	0.00%	0.00%	0.00%
8	梁	0.2038	2.65	57.90%	0.27%	0.08%
9	楼板	27.006	351.08	30.54%	35.36%	10.82%
合计		76.42	992.76			

全楼混凝土总量统计 **表2**

序号	部件位置	单层体积（m^3）	层数	全楼累计（m^3）
1	墙体	128.97	13	1676.56
2	楼板	88.424	13	1149.51
3	楼梯休息平台	1.56	12	18.72
4	楼梯	6.72	13	87.36
5	阳台	10.86	13	141.18
6	屋顶	79.9872	1	79.99
7	女儿墙	85.80	1	85.80
8	梁	0.35	13	4.58
合计		236.88		3243.69

注：屋顶、女儿墙单层不计入。

全楼预制率统计 **表3**

序号	统计层数	统计百分比
1	各层预制率	32.26%
2	全楼预制率	30.61%

全楼预制墙体统计 **表 4**

构件类型	序号	预制件编号	预制件合计(体积,m³)	序号	墙			洞 1			洞 2			洞 3			单构件体积(m³)	单层数量	单层合计(m³)	层数	全楼累计(m³)
					长(m)	宽(m)	高(m)	长(m)	宽(m)	高(m)	长(m)	宽(m)	高(m)	长(m)	宽(m)	高(m)					
外墙	1	W1	1.12	A	7.94	0.05	2.85	4.69	0.05	0.15	1.8	0.05	1.5	2.4	0.05	2.4	0.67	2	2.24	13	29.07
				B	6.5	0.05	2.67	1.8	0.05	1.5	2.4	0.05	2.4				0.44				
	2	W2	1.10	A	7.78	0.05	2.85	4.69	0.05	0.15	1.8	0.05	1.5	2.4	0.05	2.4	0.65	6	6.57	13	85.43
				B	6.5	0.05	2.67	1.8	0.05	1.5	2.4	0.05	2.4				0.44				
	3	W3	0.96	A	5.15	0.05	2.85	1.05	0.05	1.5	1.5	0.05	1.5				0.54	8	7.69	13	99.96
				B	4.5	0.05	2.71	1.05	0.05	1.5	1.5	0.05	1.5				0.42				
	4	W4	0.55	A	2.35	0.05	2.85	1.2	0.05	0.1							0.33	2	1.11	13	14.41
				B	2.05	0.05	2.2										0.23				
	5	W5	1.61	A	6.14	0.05	2.85										0.87	2	3.23	13	41.97
				B	5.66	0.55	2.67	0.38	0.05	0.42	0.2	0.05	0.29	0.38	0.05	0.29	0.74				
	6	W6	0.98	A	3.98	0.05	2.85	1.2	0.05	0.1							0.56	6	5.89	13	76.53
				B	3.1	0.05	2.71										0.42				
	7	W11	0.31	A	1.16	0.05	2.85										0.17	2	0.62	13	8.03
				B	1.13	0.05	2.71	0.38	0.05	0.51							0.14				
内墙	8	W7	0.26	A	0.95	0.05	2.71										0.13	2	0.51	13	6.64
				B	0.95	0.05	2.67										0.13				
	9	W8	0.54	A	2.43	0.05	2.85	0.2	0.05	0.4							0.34	8	4.29	13	55.73
				B	1.45	0.05	2.67										0.19				
	10	W9	0.38	A	2.1	0.05	2.85										0.30	4	1.52	13	19.73
				B	0.6	0.05	2.67										0.08				
	11	W10	0.79	A	2.95	0.05	2.67										0.39	3	2.36	13	30.72
				B	2.95	0.05	2.67										0.39				
合计																			36.03		468.22

预制楼梯、预制楼梯休息平台及预制楼板统计 **表 5**

预制楼梯	截面（m²）	梯段宽（m）	体积（m³）	单层数量	单层总量（m³）	层数	全楼累计（m³）
LT	0.7	1.20	0.84	8	6.72	13	87.36
合计					6.72		87.36
预制楼梯休息平台	板面积（m²）	板厚（m）	体积（m³）	单层数量	单层总量（m³）	层数	全楼累计（m³）
	3.25	0.05	0.16	4	0.65	12	7.80
					0.65		7.80
预制楼板	面积（m²）	厚（m）	体积（m³）	单层数量	单层总量（m³）	层数	全楼累计（m³）
LB1	84.82	0.05	4.24	4	16.964	13	220.53
LB2	20.33	0.05	1.02	8	8.132	13	105.72
LB3	9.55	0.05	0.48	4	1.91	13	24.83
合计					27.006		351.08

预制阳台统计 **表 6**

预制阳台	阳台板面积（m²）	板厚（m）	翻口长度（m）	翻口宽（m）	翻口高（m）	体积（m³）	单层数量	单层总量（m³）	层数	全楼累计（m³）
YT	6.3	0.05	7.5	0.1	0.55	0.73	8	5.82	13	75.66
合计								5.82		75.66

预制梁统计 表7

预制梁	梁			体积 (m^3)	单层数量	单层总量 (m^3)	层数	全楼累计 (m^3)
	长（m）	宽（m）	高（m）					
DHL1	0.2	0.2	0.22	0.0088	2	0.0176	13	0.23
DHL2	0.2	0.2	0.26	0.0112	4	0.0448	13	0.58
DHL3	0.2	0.2	0.22	0.0088	6	0.0528	13	0.69
DHL4	0.2	0.2	0.12	0.0048	3	0.0144	13	0.19
DHL5	0.25	0.2	0.26	0.013	3	0.039	13	0.51
DHL6	0.2	0.2	0.22	0.0088	4	0.0352	13	0.46
合计						0.2038		2.65

2.2 设计、施工特点与图片

2.2.1 外墙一体化设计

外墙是建筑围护的重要组成部分，外墙一体化保证了建筑防水、防火、保温、安全及美观等一系列环节的施工质量。设计中尝试采用外保温的形式，一并预制完成，现场只做最外层的面层粉刷，将外窗预制集成在外墙板中，并在窗下口增设防水措施，见图5、图6。外墙一体化设计杜绝了长期以来保温板施工的各种缺陷。

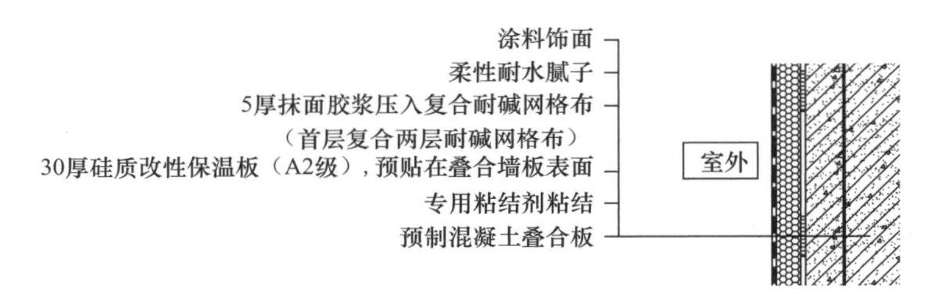

图5 外墙一体化

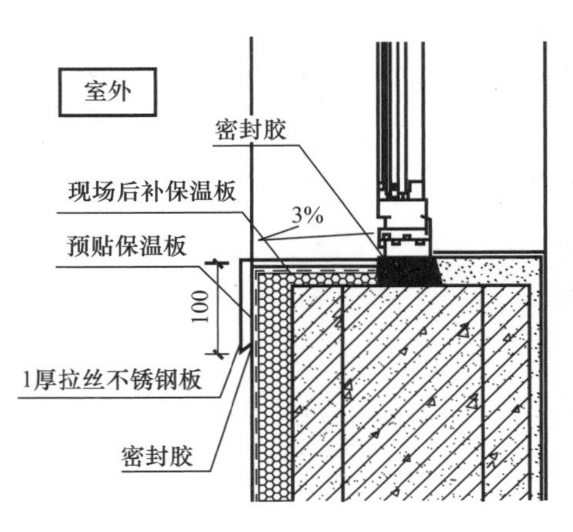

图6 外墙一体化

2.2.2 管线集中布置，空间变化灵活

厨卫垂直管线集中布置，有利于厨房、卫生间的隔墙调整，避免由于管井的问题影响

室内空间，见图 7。

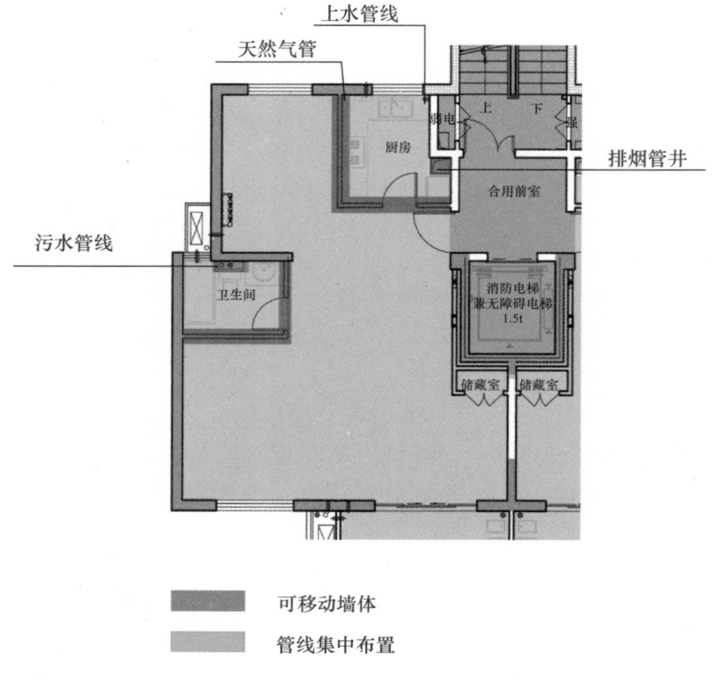

图 7　厨卫管线布置

2.2.3　管线洞口预留

利用信息化技术，在设计阶段将管线位置精确预留，直接指导生产，见图 8。

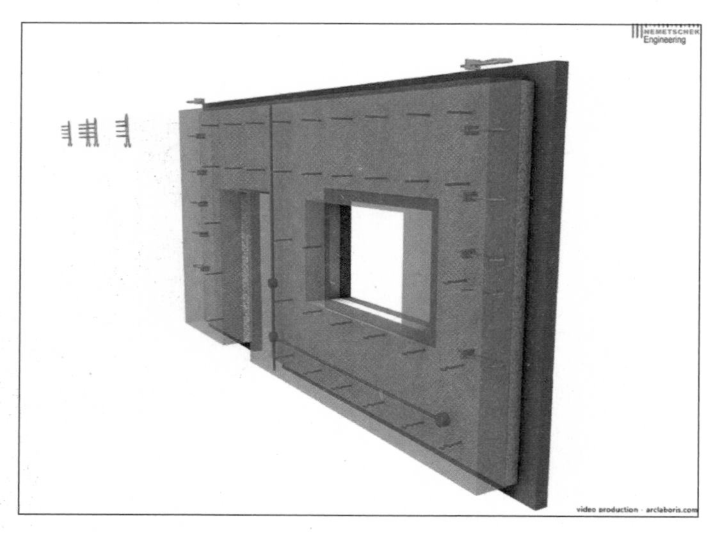

图 8　管线定位

2.2.4　构配件标准化的深化设计

预制构件的标准化设计主要从单元标准化设计、构配件标准化设计、连接节点标准化设计三个方面考虑。

2.2.5 单元标准化设计

标准化设计一是实现标准单元的模块化，二是实现厨卫及阳台的标准化。标准的结构单元，由标准化的交通核模块和标准化户型模块共同构成，见图9。

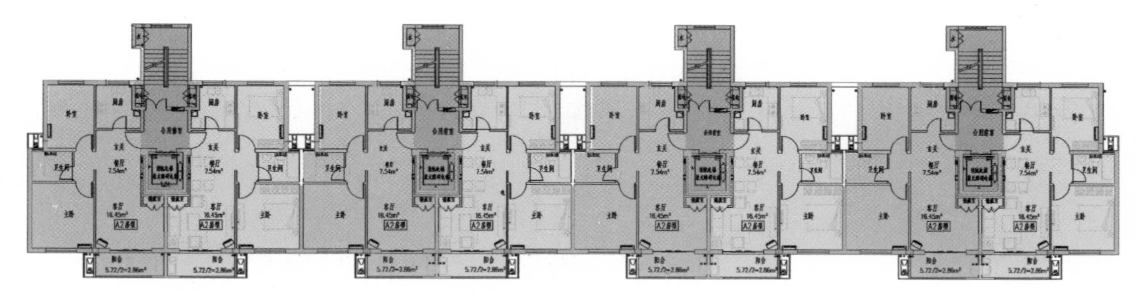

图9 单元标准化

2.2.6 构配件的标准化设计

由于生产构件的模具成本在构件总成本中占有不小比例，所以其预制构件种类越少，建造成本越低。项目中的预制构件包括预制叠合墙板，预制楼板，预制阳台，预制楼梯。本项目仅有的一种户型模块为其外墙标准化奠定了基础，见图10、图11。

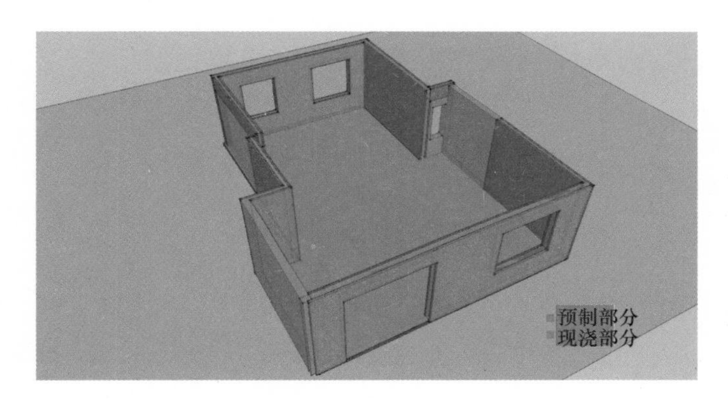

图10 预制情况

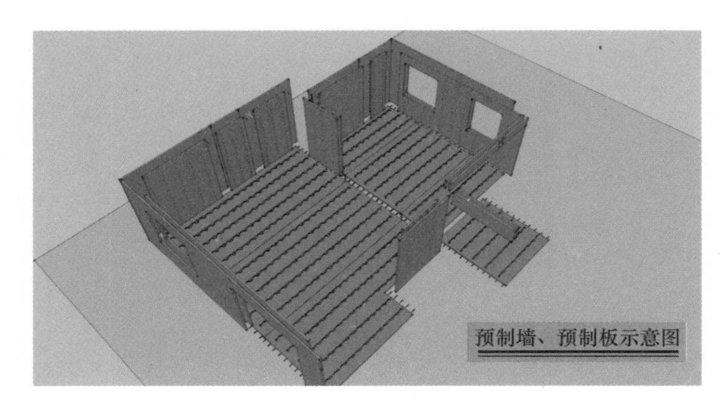

图11 预制墙板

2.2.7 连接节点标准化设计

预制构件与现浇主体之间采用连接可靠、构造简单、防水性能好的标准化连接节点，如预制外墙与构造柱的交接、预制外墙转角处的连接等，利用同类连接采用相同的构造方法，降低施工难度，节约成本，提高效率，见图 12～图 14。

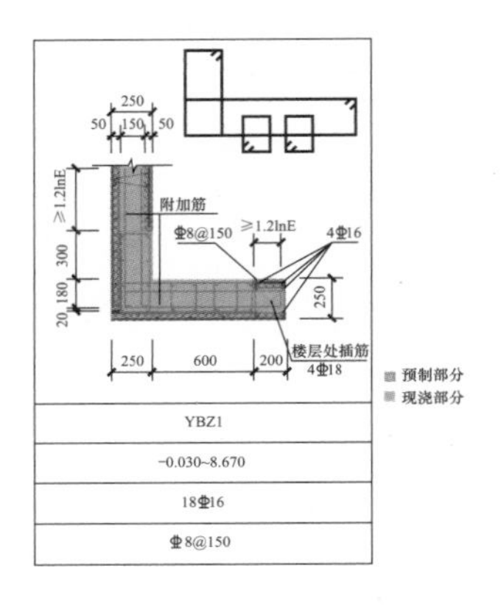

图 12　L 形节点

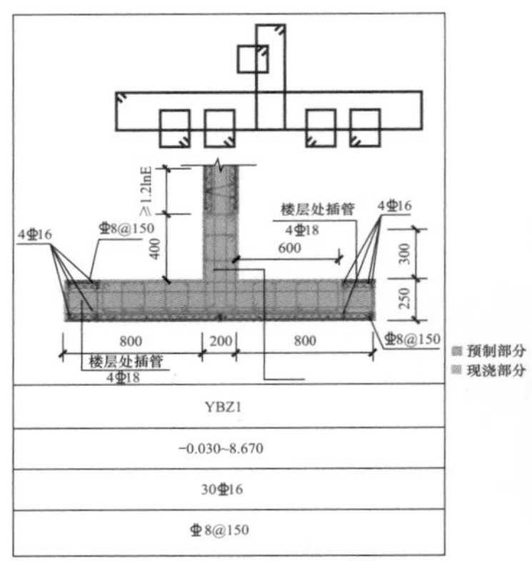

图 13　T 形节点

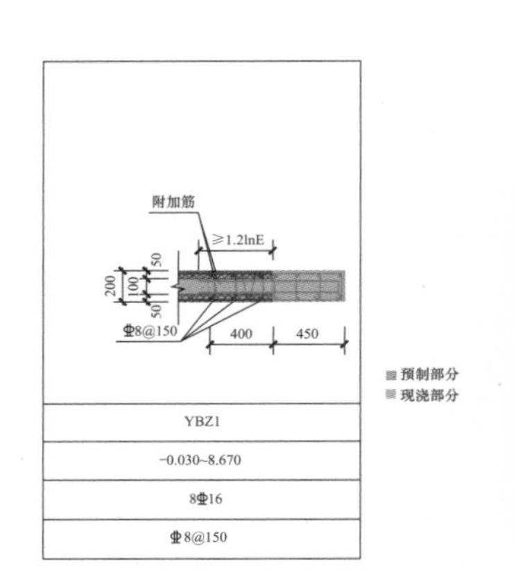

图 14　一字形节点

2.2.8 预制叠合构件特殊构造要求

本工程采用预制双层叠合式墙板、预制钢筋桁架叠合楼板，辅以必要的全现浇叠合层（墙板、楼板）。叠合板式剪力墙结构的填充墙宜优先采用轻质墙板，预制墙板内格构钢筋应竖向排列，竖向接缝处的格构钢筋，应放置于连接钢筋的两侧。同时预制墙板内配置的格构钢筋，中心间距不应大于400mm，每块板至少设置2榀。上弦钢筋直径不应小于10mm，下弦、斜向腹杆钢筋不应小于6mm；斜向腹杆钢筋的配筋量不低于《高层建筑混凝土结构技术规程》JGJ 3—2010第7.2.3条有关拉接筋的规定。

叠合式楼板的预制楼板表面应做成凹凸不小于4mm的粗糙面；叠合式梁的顶面应做成凹凸不小于6mm的粗糙面；叠合式墙体与现浇混凝土接触的表面应做成凹凸不小于4mm的粗糙面。

预制构件制作时应结合建筑、设备专业，做好预埋预留工作，严禁事后开凿。预制构件制作时质量要求详见《混凝土结构设计规范》GB 50010—2010的要求。

墙体混凝土要求采用细石自密实混凝土施工（细石自密实混凝土性能要求及指标应符合《自密实混凝土应用技术规程》JGJ/T 283—2012的要求），同时要求掺入膨胀剂。混凝土配合比设计及混凝土浇筑应由厂家指导进行。墙体混凝土由于浇捣难度相对大且不能直观检查，施工时应准备专门施工方案并严格执行，确保混凝土质量。

预制叠合构件通用节点大样见图15。

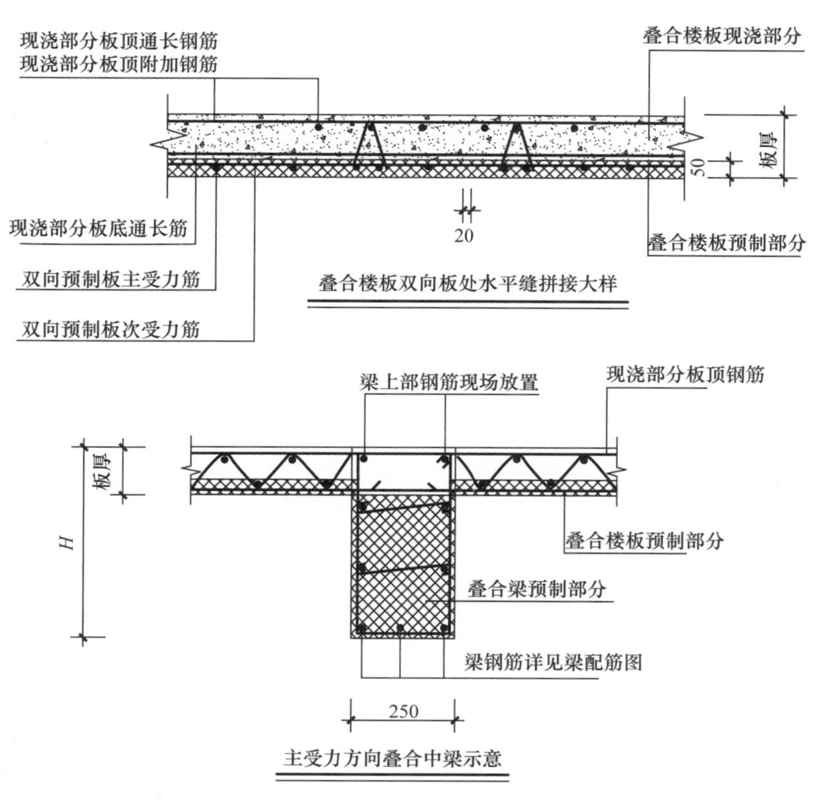

图15 预制叠合构件通用节点大样（一）

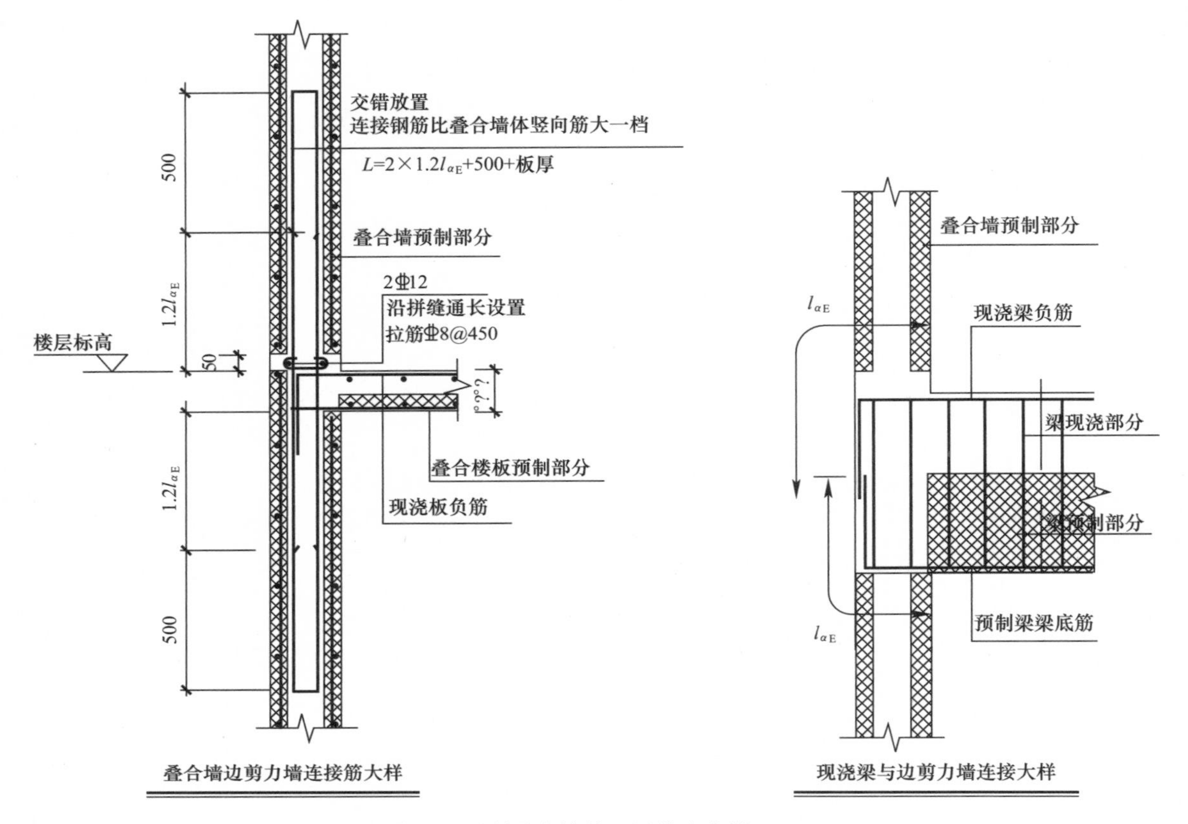

图 15 预制叠合构件通用节点大样（二）

2.2.9 基于全生命周期的可变房型设计

（1）可变房型的意义

随着国家政策的调整与老龄化社会的发展，家庭结构将发生变化，现有住宅设计中的固定房型已经不能适应变化要求。通过研究由于随着家庭结构居住人口变化与老龄化社会发展趋势而带来的工业化住宅可变房型设计，形成基于可变房型的“开放性”工业化住宅技术体系是目前社会发展和工业化发展的一个必须要考虑的问题。因此，我们确立了基于全生命周期的可变房型建筑设计方法。

（2）原有单元布置情况

原有建筑采用传统设计手法，套内空间存在结构柱和突出墙体的剪力墙（图 16）。这种设计方法容易造成空间形式单一固定，不能进行可变性改造，无法在全生命周期中适应社会发展的需求。

（3）调整后单元布置情况

基于全生命周期的可变房型设计的设计方法，本次设计对原有建筑进行了调整，如图 17所示。

（4）调整结构布置，减少对空间的限定、影响

平面调整后，除外围护墙体以及固定的设备管井，内部所有墙体均可调整位置，保证使用者有较大的自由可变空间，见图 18。

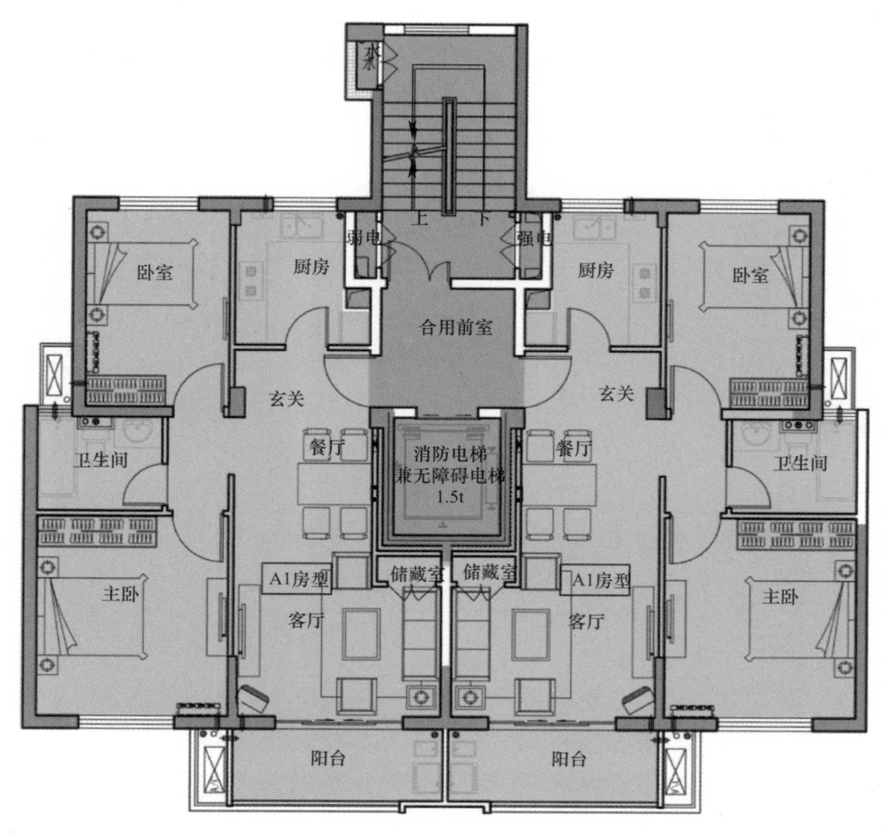

图16　原有单元平面

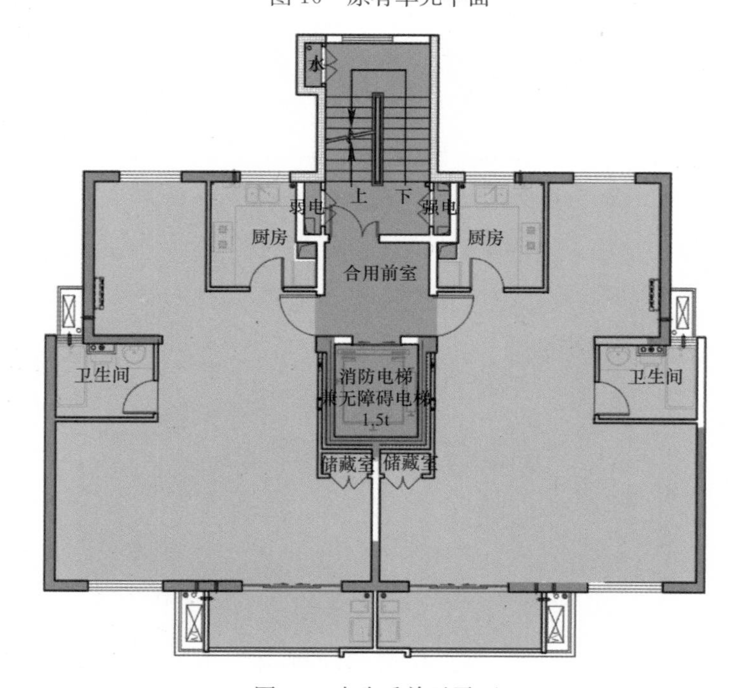

图17　改造后单元平面

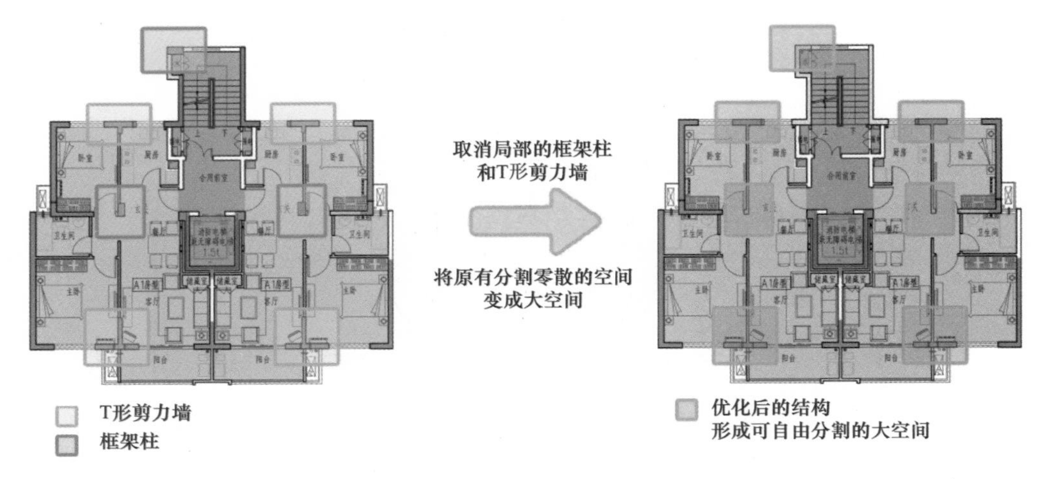

图 18　改造前后对比

2.2.10　基于信息化的建筑、结构、机电的高度集成化设计

装配式建筑的核心是“集成”，信息化是“集成”的主线，设计中采用如 CAD、Revit 和 Allplan 等软件，通过信息化技术的应用，实现工业化建筑的全生命周期建筑设计。从方案到施工图、构件深化设计图纸、工厂制作和运输、现场的装配的全过程都可以通过专业的软件实现过程控制，包括后期的运营维护和可变改造，工业化建筑和信息化技术真正实现建筑物全寿命周期的设计和控制，见图 19。

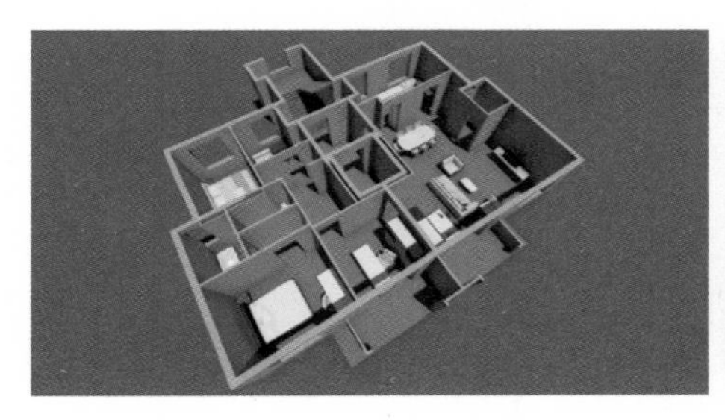

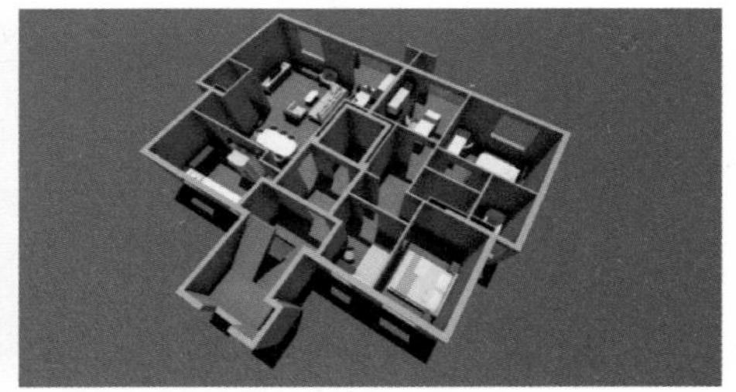

图 19　工业化建筑中的信息化技术

2.2.11　现场施工全景、构件吊装、节点施工照片（图 20～图 29）

图 20　施工全景

图 21　施工材料现场堆放

图 22　预制楼梯

图 23　预制叠合梁

图 24　预制阳台板

图 25　预制双层叠合墙板

图 26　墙板吊装

图 27　墙板安装

图 28　墙板支撑

图 29　管线开槽

供稿单位：上海现代建筑设计（集团）有限公司

沈阳万科春河里项目2、3及17号楼

项目名称：沈阳万科春河里项目2、3及17号楼
项目地点：沈阳市沈河区文艺路与彩塔街交汇处，所属气候区：严寒地区
开发单位：沈阳万科恒祥置地有限公司
设计单位：中国中建设计集团有限公司（建筑设计，2、3号楼构件设计）
施工单位：赤峰宏基建筑（集团）沈阳欣荣基建筑工程有限公司
监理单位：沈阳振东建设工程监理有限公司
项目功能：17号楼为公寓楼，2、3号楼为住宅楼

万科春河里项目，位于沈阳市沈河区文艺路与彩塔街交汇处，地理位置优越，北临城市景观河，总用地面积81378m^2，项目由26栋高层及超高层住宅组成，建设总规模约552742.79m^2，项目鸟瞰图及总平面图见图1、图2。一期2、3、17号楼，采用PC先进技术设计与施工，于2011年1月开始设计并施工。17号楼于2012年9月开始投入使用。2、3号楼于2013年9月30日交付使用。

图1 万科春河里花园小区鸟瞰图

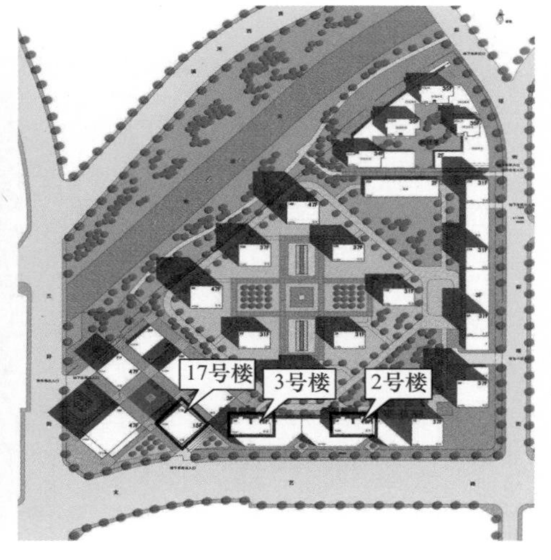

图2 万科春河里花园总平面图

1 建筑概况

1.1 2、3号楼PC概况

万科春河里2、3号楼PC住宅平面、立面、剖面图如图3～图6所示，2号楼实景见图7，飘窗剖面节点大样见图8。建筑按照节能65%标准设计，建筑地上18层，地下一层，其中：1～3层裙房为商业，4～18层为住宅。建筑面积：20073.16m^2。其中：住宅面积：1237.46m^2；商业面积：7725.70m^2，建筑高度：55.10m，抗震设防烈度：7度（0.1g）。

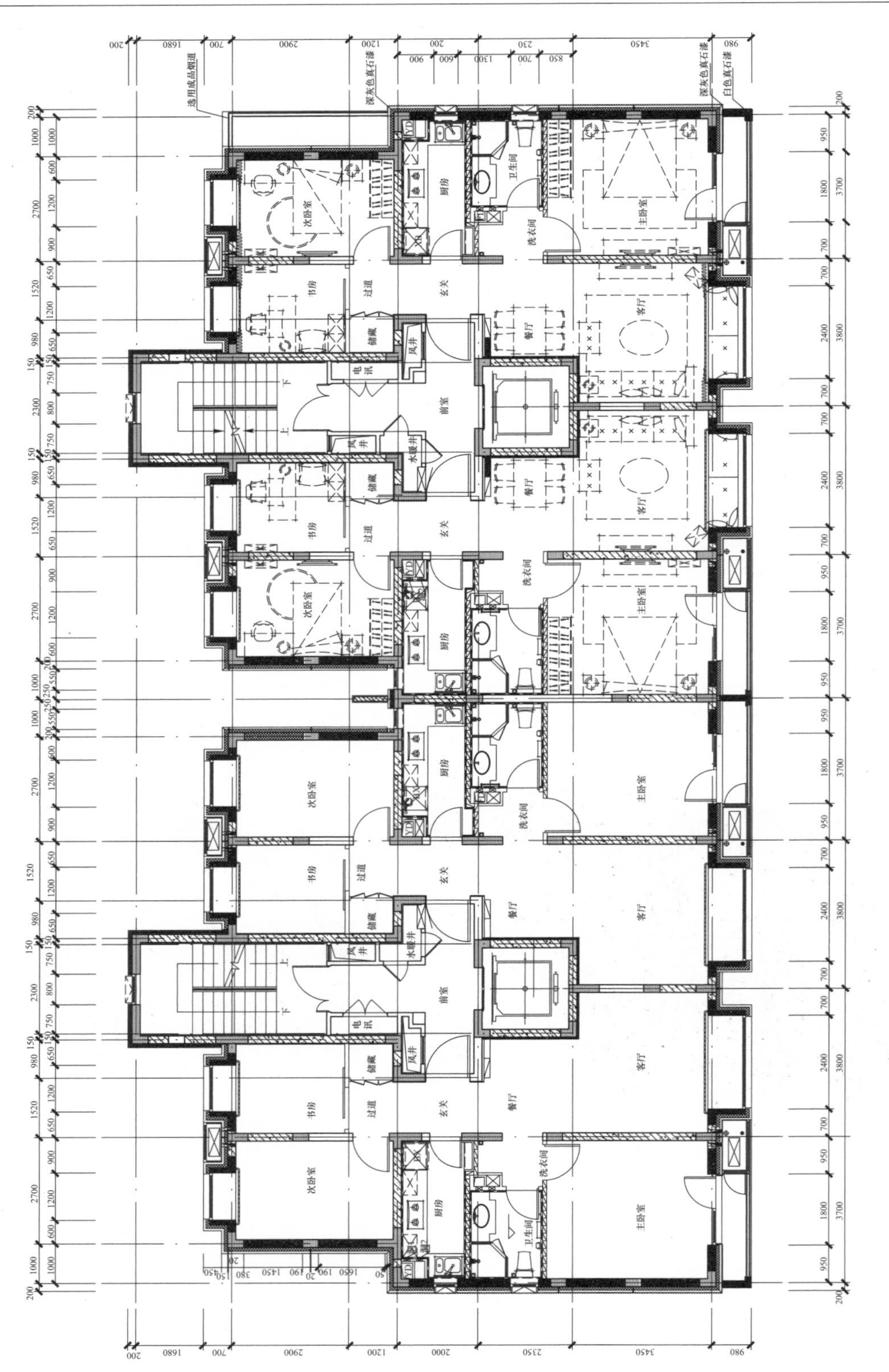

图3 2、3号楼PC平面图

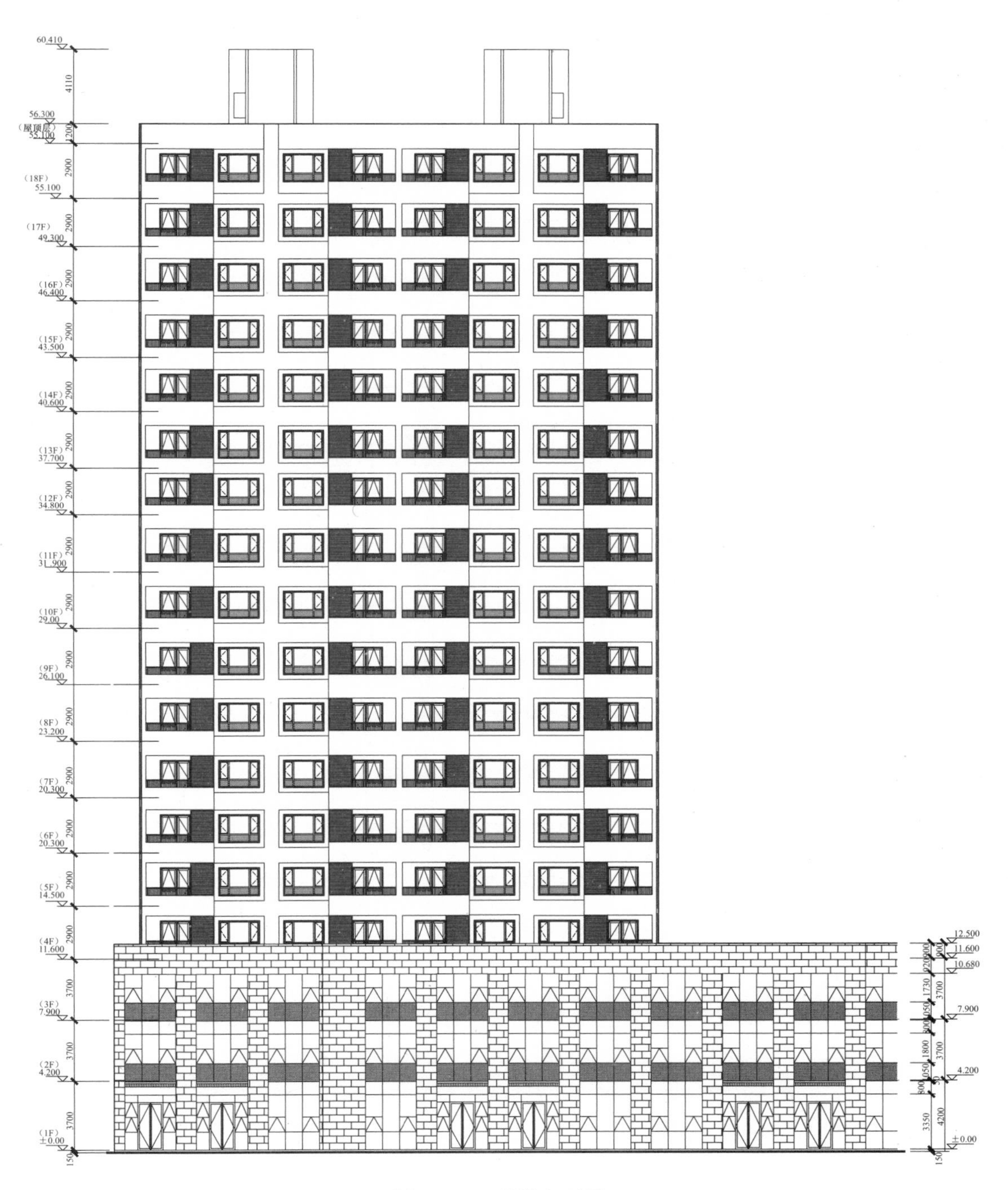

图4 2、3号楼立面图

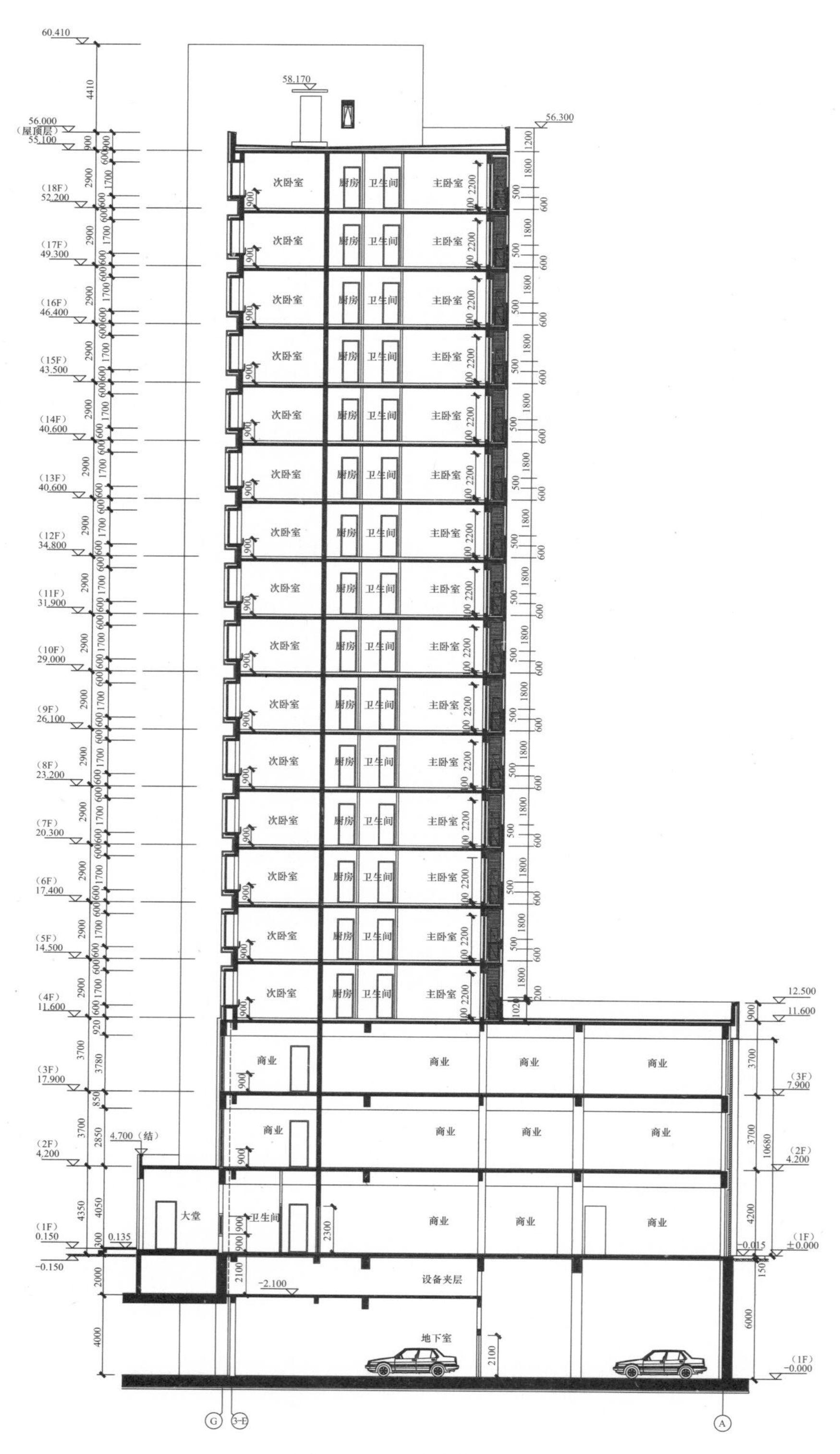
60.410
58.170
56.000
（屋顶层）
55.100
56.300
（18F）
52.200
（17F）
49.300
（16F）
46.400
（15F）
43.500
（14F）
40.600
（13F）
40.600
（12F）
34.800
（11F）
31.900
（10F）
29.000
（9F）
26.100
（8F）
23.200
（7F）
20.300
（6F）
17.400
（5F）
14.500
（4F）
11.600
（3F）
17.900
（2F）
4.200
4.700（结）
（1F）
0.150
0.135
-0.150
-2.100
12.500
11.600
（3F）
7.900
（2F）
4.200
（1F）
±0.000
-0.015
（1F）
-0.000
次卧室
厨房
卫生间
主卧室
商业
大堂
设备夹层
地下室
G
3-E
A

图5 2、3号楼剖面图

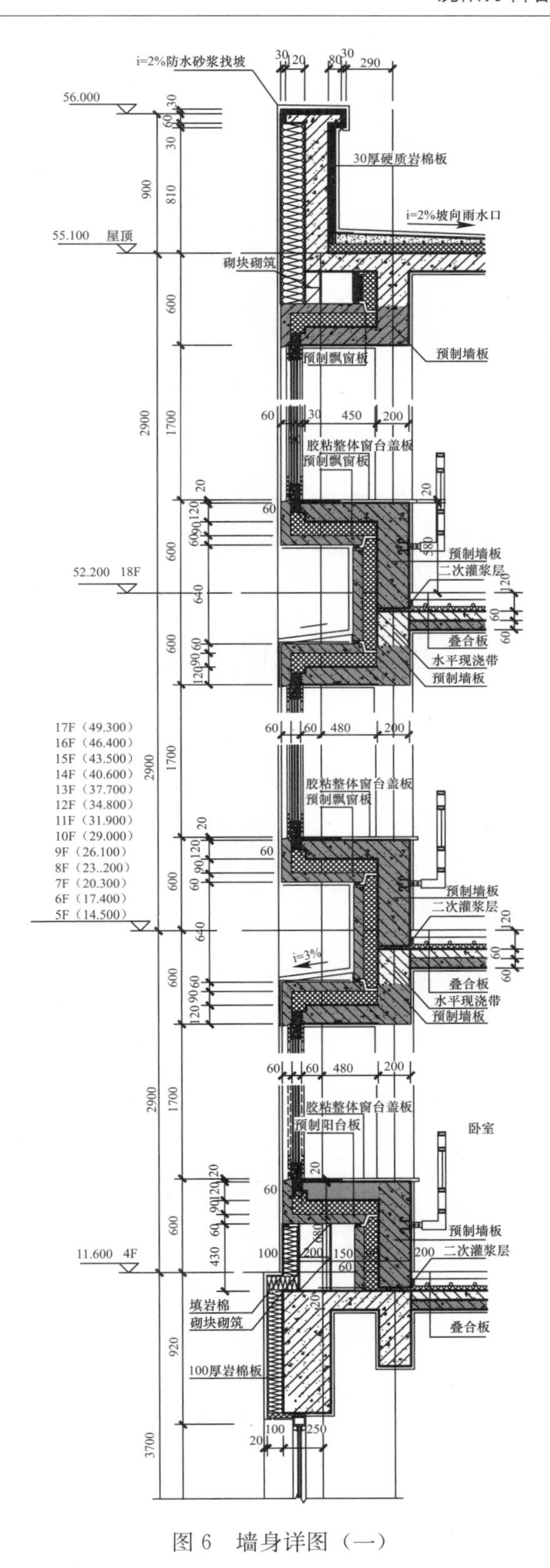

i=2%防水砂浆找坡
56.000
55.100 屋顶
30厚硬质岩棉板
i=2%坡向雨水口
砌块砌筑
预制飘窗板
预制墙板
胶粘整体窗台盖板
预制飘窗板
预制墙板
二次灌浆层
52.200 18F
叠合板
水平现浇带
预制墙板
17F（49.300）
16F（46.400）
15F（43.500）
14F（40.600）
13F（37.700）
12F（34.800）
11F（31.900）
10F（29.000）
9F（26.100）
8F（23..200）
7F（20.300）
6F（17.400）
5F（14.500）
胶粘整体窗台盖板
预制飘窗板
预制墙板
二次灌浆层
i=3%
叠合板
水平现浇带
预制墙板
胶粘整体窗台盖板
预制阳台板
卧室
预制墙板
11.600 4F
二次灌浆层
填岩棉
砌块砌筑
叠合板
100厚岩棉板

图 6　墙身详图（一）

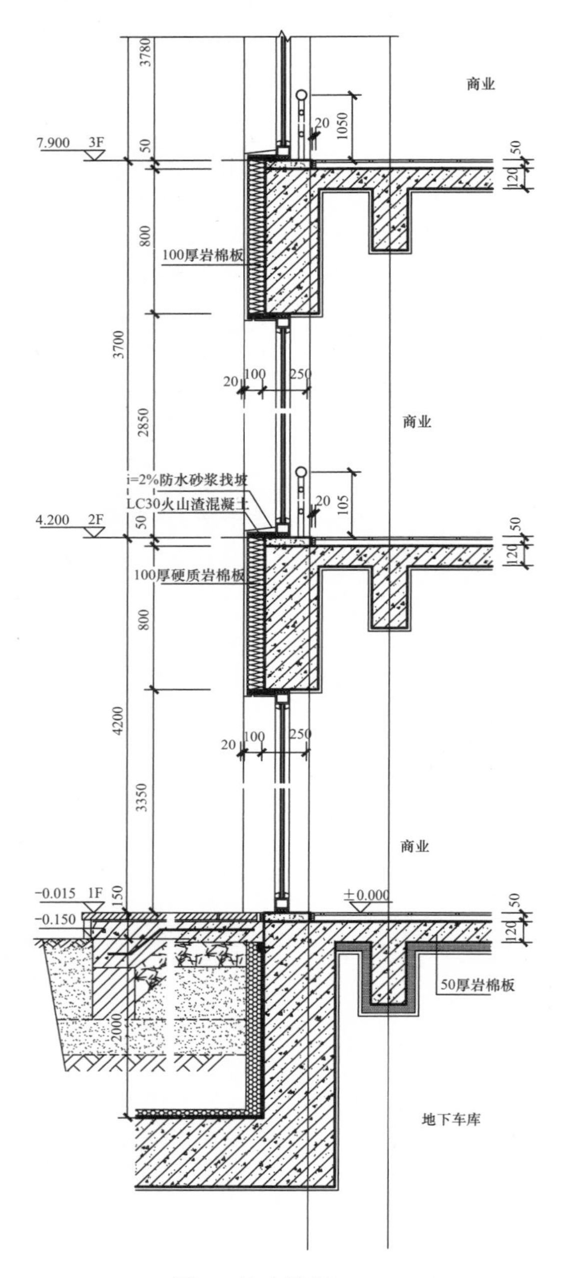

商业
商业
商业
地下车库
7.900 3F
4.200 2F
-0.015 1F
-0.150
±0.000
100厚岩棉板
100厚硬质岩棉板
i=2%防水砂浆找坡
LC30火山渣混凝土
50厚岩棉板
3780
50
800
3700
2850
50
800
4200
3350
150
2000
1050
105
20
100
250
120

图6 墙身详图（二）

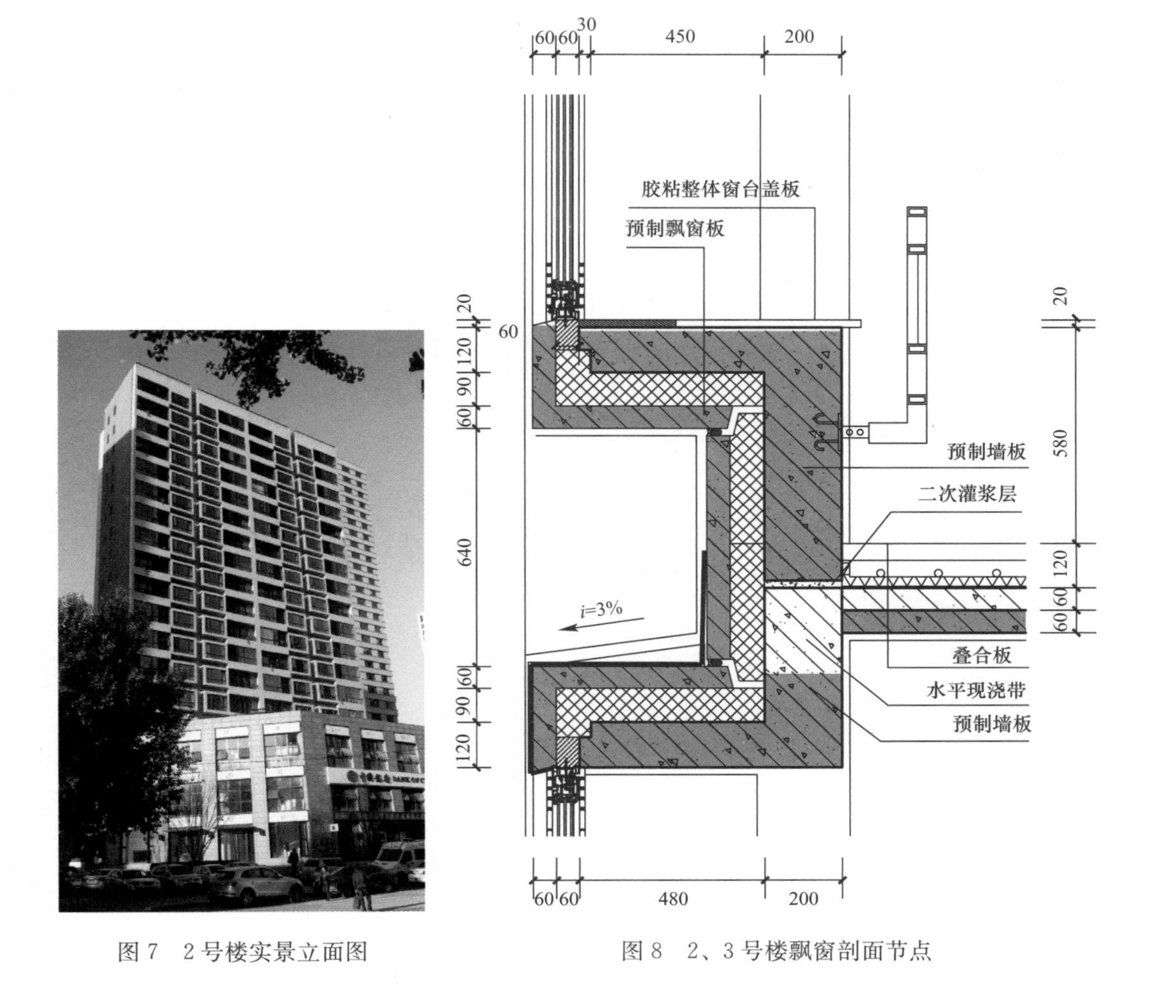

图 7　2 号楼实景立面图

图 8　2、3 号楼飘窗剖面节点

1.2　17 号楼 PC 概况

17 号楼建筑面积 9300m^2，基底面积 625m^2，建筑层数 15 层，层高 3.3m，地下室至 1 层为钢筋混凝土剪力墙现浇结构，2～15 层为 PC 结构。平面、立面、剖面图如图 9～图 12 所示。节点图见图 13、图 14。

17 号楼为完全引进日版鹿岛全套装配式技术，为框架结构装配，其梁、柱连接节点采用套筒灌浆连接，现场浇筑施工，其地下结构和楼电梯间承重墙体为现场浇筑，本项目除结构装配体系采用了日本鹿岛技术体系外，内装和设备安装体系希望与我国国情相结合。

该项目由于完全采用了日本 PC 框架装配的技术体系，为达到示范作用其构配件全部由日本进口，其现场施工及管理也全部由日本鹿岛的施工人员完成。同时该 PC 框架装配技术体系与我国板式住宅南北通透的建筑形式有很大差异。为该示范项目所投入的建厂费用基本都分摊在了该项目之内（如果具有一定的建设规模，建厂成本长效分摊，预计其增加的建设成本约 1000 元/m^2），同时建筑作为示范项目仅完成了一栋，因此其建安成本比我国现浇结构体系要增加约 3000 元/m^2，但其结构装配率高达 70%，是目前我国 PC 结构装配率最高的建筑之一。

本项目的经验也提示我们，不能简单地引进国外最先进的技术，如果不能与我国的国情相结合，创新升级，就无法被社会和市场所接受。

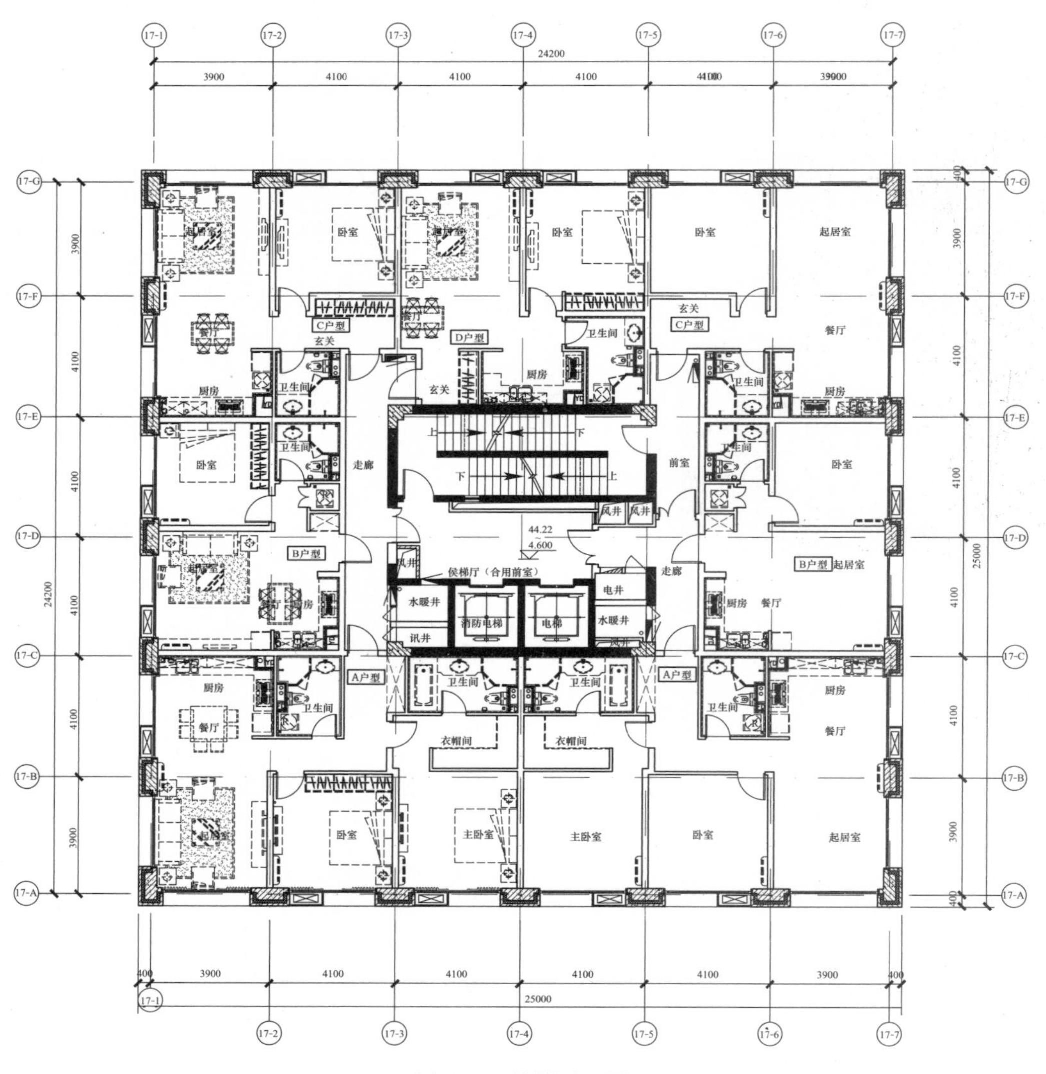

图 9　17 号楼平面图

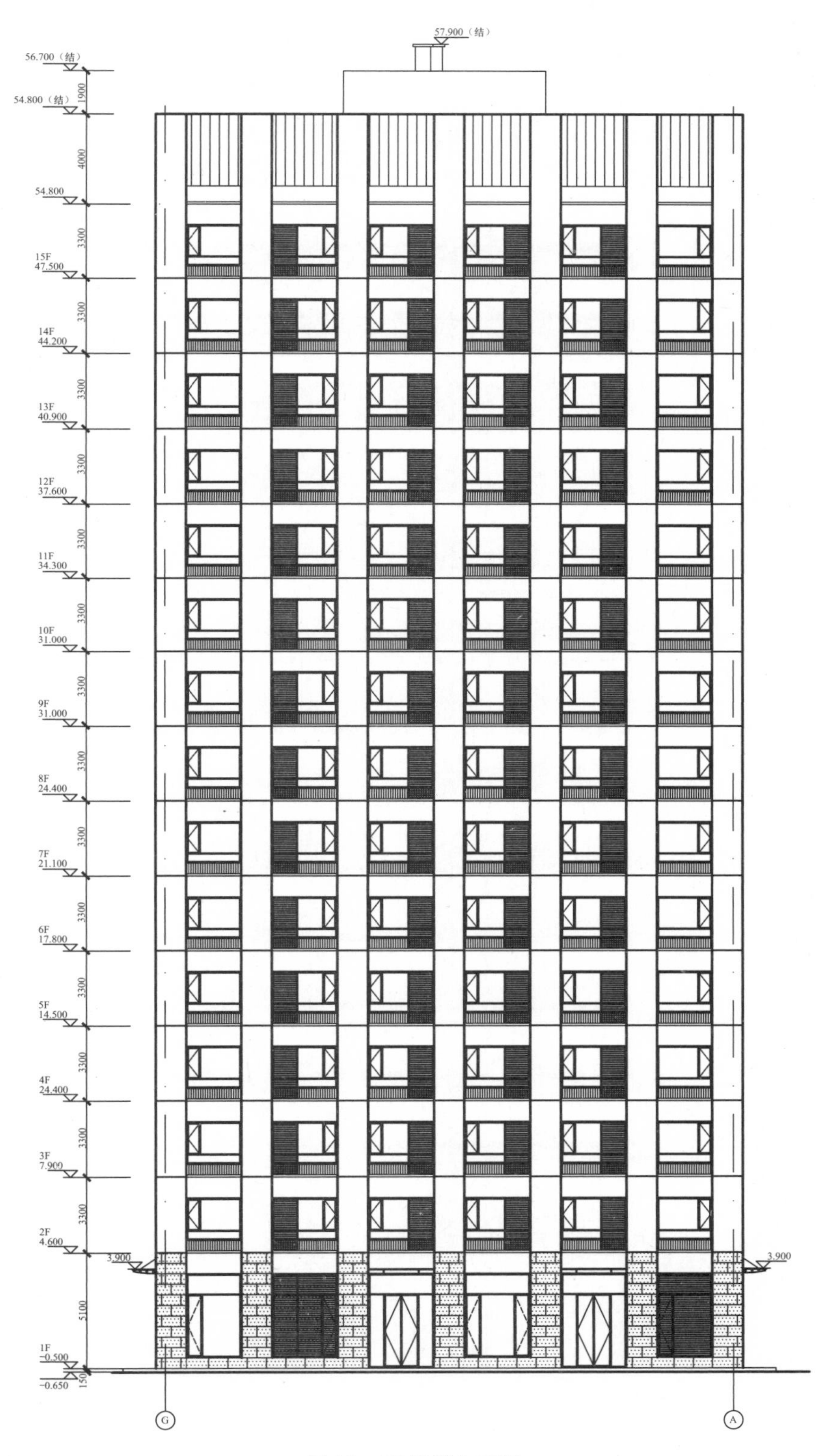

57.900（结）
56.700（结）
1900
54.800（结）
4000
54.800
3300
15F
47.500
3300
14F
44.200
3300
13F
40.900
3300
12F
37.600
3300
11F
34.300
3300
10F
31.000
3300
9F
31.000
3300
8F
24.400
3300
7F
21.100
3300
6F
17.800
3300
5F
14.500
3300
4F
24.400
3300
3F
7.900
3300
2F
4.600
3.900
3.900
5100
1F
−0.500
150
−0.650
G
A

图 10　17 号楼立面图

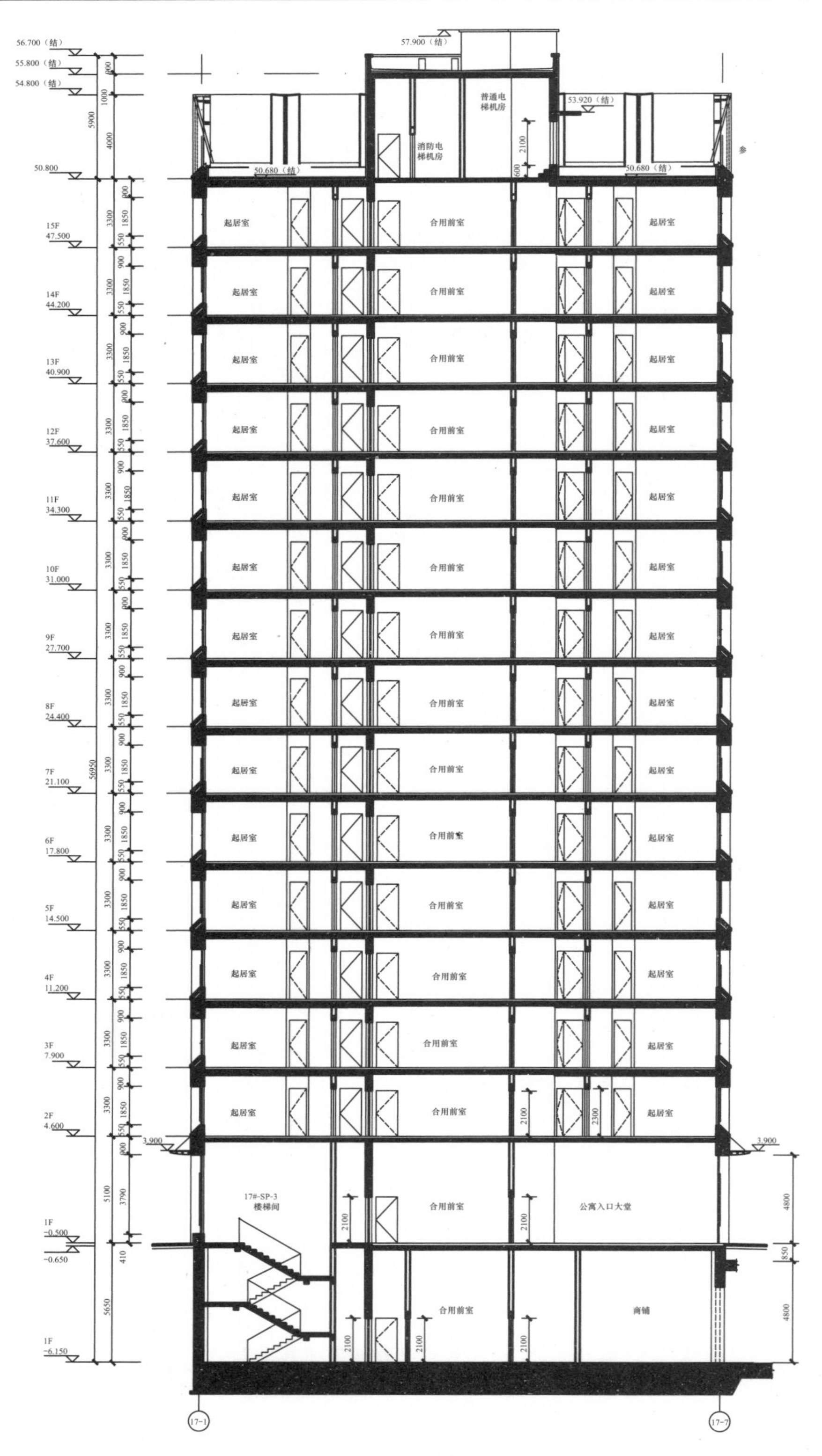

图 11　17 号楼剖面图

1.3 PC 住宅产业化在绿色建筑的体现

（1）施工方便，模板和现浇混凝土作业量少，预制楼板无需支撑，叠合楼板模式很少。由于采用预制及半预制形式。现场湿作业大大减少，既有利于环境保护和减少施工扰民，又减少了材料和能源浪费。

（2）施工作业场地需求小建造速度快，对周围生活工作影响小。尤其是在闹市区，在采用目前通用现浇体系的情况下，施工作业场地通常狭小，由于需要大量的施工材料堆场，而场地无法解决，且现浇结构的支模、拆模和混凝土护养等需大量时间，进而影响到施工进度。而采用 PC 结构体系时，由于其主要构件为工厂化生产，现场只需起吊安装，既减少了人工又大大加快了施工进度，进而可大幅度减少建造周期，减少现场施工及管理人员数量，大大提高了企业的经济效益。

图 12　17 号楼实景立面图

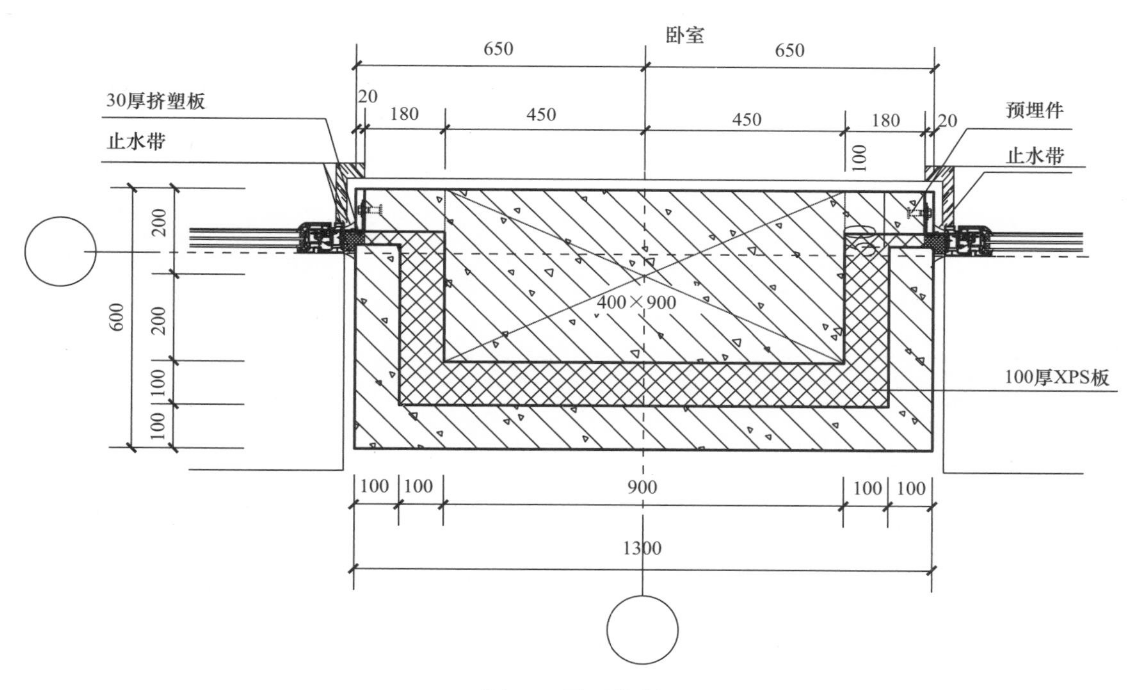

图 13　平面节点

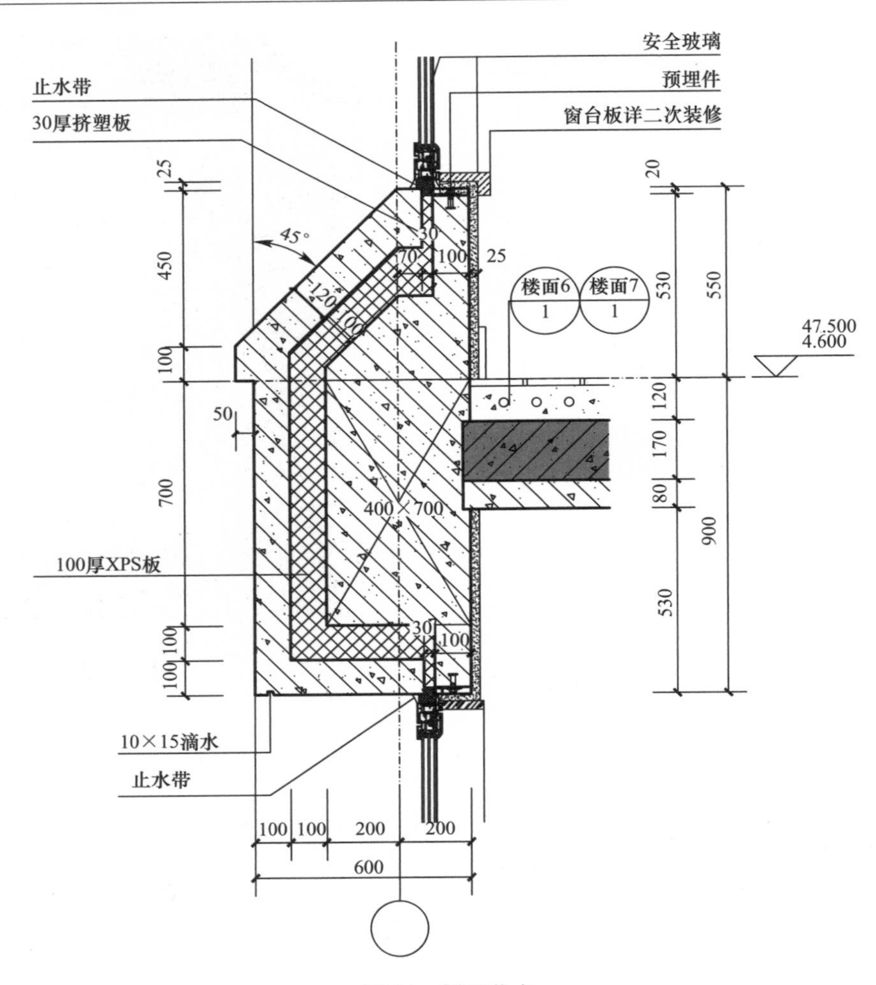

图 14　剖面节点

（3）在预制装配式建造的过程中可以实现全自动化生产和现代化控制，这在一定程度上可以促进建筑工厂化大生产。工业化劳动生产效率高、生产环境稳定，构件的定型和标准化有利于机械化生产，而且按标准严格检验出厂产品，因而质量保证率高。

（4）外墙保温一体化，避免外保温开裂、脱落。

（5）防火性能好，外表面平整度高。

2　建筑工业化技术应用情况

2.1　具体措施（表 1）

2、3 号楼 PC 剪刀墙结构建筑工业化技术应用具体措施　　**表 1**

结构构件	施工方法①		预制构件所处位置	构件体系（详细描述，可配图）	体积标准层	备注
	预制	砌筑				
外墙	√		4～18 层	预制混凝土夹心保温外墙板	44.58m³	
内墙		√		承重内墙现浇 预制内隔墙	4.56m³	

续表

结构构件	施工方法①		预制构件所处位置	构件体系（详细描述，可配图）	体积标准层	备注
	预制	砌筑				
楼板	√		4～18 层	预制混凝土叠合板	9.00m^{3}	
楼梯	√		4～18 层	预制混凝土梯板	1.18m^{3}	
阳台	√		4～18 层	预制混凝土叠合阳台板	2.92m^{2}	
女儿墙	√		屋面层	预制女儿墙	13.93m^{3}	
标准层建筑总重量（体积）				150.54m^{3} 预制构件总重量（体积）		76.17m^{3}
主体工程预制率②				50.6%		
其他	是否采用精装修（是/否）：是 是否应用整体卫浴（是/否）：否 列举其他工业化措施：无脚手架，无抹灰					

① 施工方法一栏请划√。
② 主体工程预制率＝预制构件总重量（体积）/建筑总重量（体积）。

2.2 两项指标计算结果（表 2）

2、3 号楼 PC 剪力墙结构标准层预制率 **表 2**

类型	预制体积	预制与现浇的总体积	预制率
外墙	44.58m^{3}	88.103m^{3}	
内墙	4.56m^{3}	9.012m^{3}	
楼板	9.00m^{3}	17.787m^{3}	
楼梯	1.18m^{3}	2.332m^{3}	
阳台	2.92m^{3}	5.771m^{3}	
女儿墙	13.93m^{3}	27.530m^{3}	
合计	76.17m^{3}	150.535m^{3}	50.6%

2.3 成本增量分析

（1）直接经济效益

本项目通过采用先进的集成技术，分别在取消外脚手架施工技术、承插型盘扣式支撑架技术、预制构件吊装组装技术、预制梁柱端锚技术 4 个方面取得较好的经济效益，总计产生经济效益约 600 万元。

（2）施工用工及工效分析

本项目采用全预制装配式结构体系，由于大量预制构件的使用，施工现场施工人员大大减少，预制装配式技术在钢筋混凝土工程和围护墙体工程方面均比普通现浇混凝土工程减少 50%的施工时间，有利于减少施工人员工资成本，同时减少了施工过程中对环境的影响，具有较好的经济效益和环境效益。

同时由于取消了外脚手架，大量减少了外脚手架使用的工字钢、扣件、钢丝绳等材料，外架钢管用量仅为现浇结构的 6%，极大地节约了周转材料的使用和消耗。

(3) 单方造价分析

本项目单方造价较现浇结构增加约 500 元/m^2，主要增量成本在预制结构构件方面，主要由于本项目仅建设 2 栋，预制构件的模具分摊成本较高，随着工业化住宅的大规模推广应用，预制结构体系的成本将迅速下降。

2.4 设计、施工特点与图片

(1) 主要构件及节点设计图

本项目预制混凝土夹心保温外墙板纵向钢筋采用机械连接，机械连接接头的形式为上端为钢筋与连接套筒的直螺纹机械连接接头，下端为采用水泥基灌浆填充接头（图 15）。预制混凝土夹心保温外墙板在现场安装就位后可以作为现浇混凝土剪力墙外侧模板，从而达到取消外脚手架、外围模板及外立面抹灰的目的，实现绿色施工，提高施工速度。

本项目楼板采用预制混凝土叠合楼板（图 16）。传统的现浇楼板存在现场施工量大，湿作业多，材料浪费多，施工垃圾多等问题。预制混凝土叠合楼板采用部分预制、部分现浇的方式，其中的预制板在工厂内预先生产，现场仅需安装，无需模板，施工现场钢筋及混凝土工程量较少，板底无需抹灰。

本项目飘窗与预制混凝土夹心保温外墙板是一体成型的，在现场吊装安装即可，避免了飘窗与主体的二次连接，整体性好，外墙保温一体化，避免外保温开裂、脱落，防火性能好、外表面平整度高。预制叠合阳台板是预制装配式住宅经常采用的构件。阳台板上部的受力钢筋设在叠合板的现浇层，并伸入主体结构叠合楼板的现浇层锚固，达到承受阳台荷载连接主体结构的功能（图 17）。

图 15 外墙板纵向钢筋机械连接接头

图16　预制混凝土叠合板

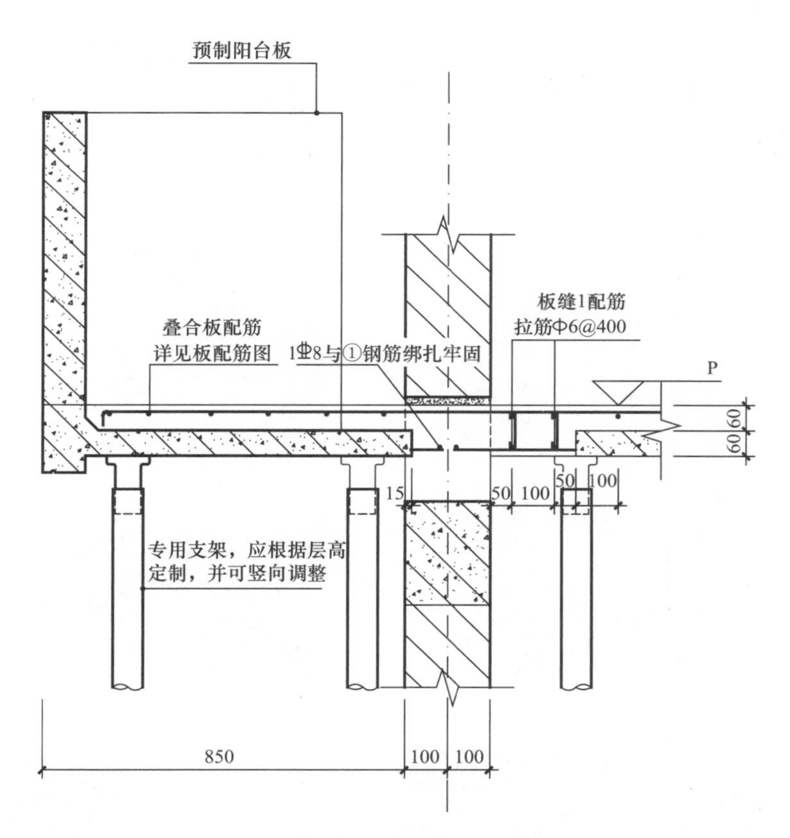

图17　预制阳台板安装示意图

(2) 预制构件最大尺寸（长×宽×高）

预制混凝土夹芯保温外墙板：3500mm×2650mm×200mm

预制楼板：3630mm×2850mm×60mm

预制阳台板：4130mm×865mm×60mm

预制楼梯：2580mm×1150mm×1450mm/100mm

3 工程科技创新与新技术应用情况

PC住宅是工业化住宅，预制装配整体式混凝土住宅的简称。如同建造汽车一样，是在工厂完成预制结构件的生产，在工地现场拼装、叠合浇筑最终装配成整体式混凝土PC建筑。优点：在于工厂化生产，标准化作业、生产环境稳定、不受天气影响，质量保证率高，符合国家节能减排和建筑工业化的发展战略。图18为2、3号楼工厂车间里预制的混凝土楼板；图19为2、3号楼预制的混凝土楼梯梯段；图20为2、3号楼预制的混凝土内隔墙板；图21为2、3号楼预制的混凝土中间夹EPX保温外墙板。图22为17号楼现场吊装图。

图18　预制楼板

图19　预制梯段

图20　预制内隔墙板

图21　预制保温外墙板

图22　17号楼现场吊装

4　工业化应用体会

PC 住宅是工业化住宅，预制装配整体式混凝土住宅的简称。如同建造汽车一样，是在工厂完成预制结构件的生产，在工地现场拼装、叠合浇筑最终装配成整体式混凝土 PC 建筑。优点在于工厂化生产，标准化作业、生产环境稳定、不受天气影响，质量保证率高，符合国家节能减排和建筑工业化的发展战略。建筑工业化是以建筑设计标准化，构件部品生产工厂化，建造施工装配化和生产经营信息化为特征，在研究、设计、生产、施工和运营等环节，形成成套集成技术，实现建筑产品健康、舒适、节能、环保、全寿命期价值最大化的可持续发展的新型建筑。

新型建筑工业化必须以科技创新为支撑、以新型结构体系为基础、以标准化建筑设计为引导，把新型的建筑结构体系、标准化的建筑设计和节能环保的通用部品体系，集成整合，充分发挥建筑产业化整体效能。以降低成本，提高效率，以全面提高建筑质量与性能为原则，通过科技创新和成套新技术集成应用，达到建筑行业持续发展的目标。

工业化建筑从设计、研发到构件生产、构件安装，都是一个全新的课题。工程设计是龙头，工程设计是建筑产业现代化技术系统的集成者，各项先进技术的应用首先应在设计中集成优化，设计的优劣直接影响各项技术的应用效果。

工业化建筑的设计主要包括结构主体设计和预制构件深化设计两个阶段。结构主体设计要充分考虑到预制构件深化设计、施工等后续一系列问题，同时，预制构件的深化设计也要以结构主体设计为基础，必须考虑构件生产、运输、吊装、安装等问题，并与装修设计相协调。

同时，工业化建筑体系包括结构体系、围护结构体系以及部品部件体系，要实现三大体系的集成，必须在设计阶段进行技术集成，并贯穿于整个建设的全过程中。

供稿单位：中国中建设计集团有限公司

启德 1A 公共房屋建设项目

项目名称： 启德 1A 公共房屋建设项目
项目地点： 香港九龙启德新发展区 1A，所属气候区：夏热冬暖地区
开发单位： 香港房屋署
设计单位： 香港房屋署
施工单位： 中国建筑工程（香港）有限公司
预制件供应商： 深圳海龙建筑制品有限公司
监理单位： 伟信监理
项目功能： 廉租住房
项目开工： 2010 年 10 月
项目竣工： 2013 年 07 月

启德 1A 公共房屋建设项目是属于"香港十大基建计划"——启德发展计划的一部分。项目位于旧机场北面停机坪的位置，其中 1A 区占地约 3.47 公顷，共 6 栋 35～41 层高的住宅大厦，每层建有 20～24 个单位，单位面积为 14.05～37.58m^2，共提供约 5204 个单位。同时还有一座配套商场及一个地下停车场。

供应预制构件有：预制外墙、预制内墙、预制楼梯、半预制楼面板及整体预制卫生间；一层高有盖停车场供应预制构件有：预制柱、预制梁及半预制楼面板。此项目工期为 6 天一层，预制构件于 2011 年 1 月开始生产，预制构件的工期为 16 个月。

1 建筑、结构概况

该工程建筑平、立面如图 1～图 4 所示。住宅工程结构类型为内浇外挂，停车场结构

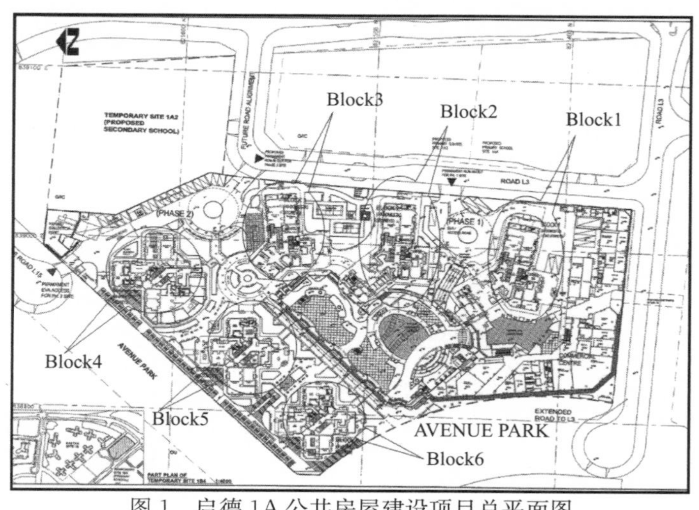

图 1 启德 1A 公共房屋建设项目总平面图

类型为板柱体系。抗震设防烈度为 7 度（第一组），设计基本地震加速度值为 0.15g。

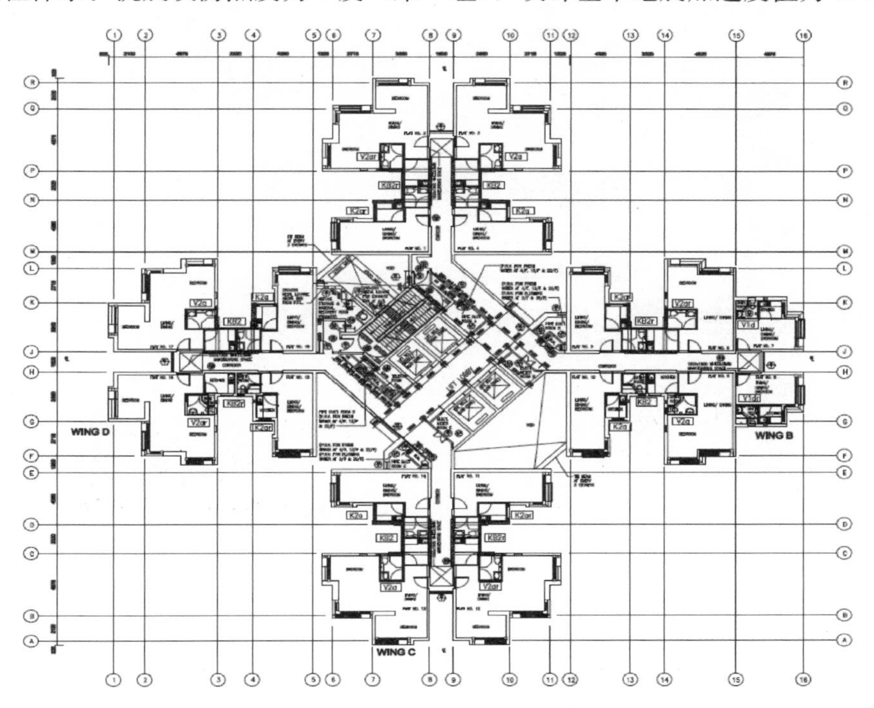

图 2　启德 1A 公共房屋建设项目 Block6 标准层总平面图

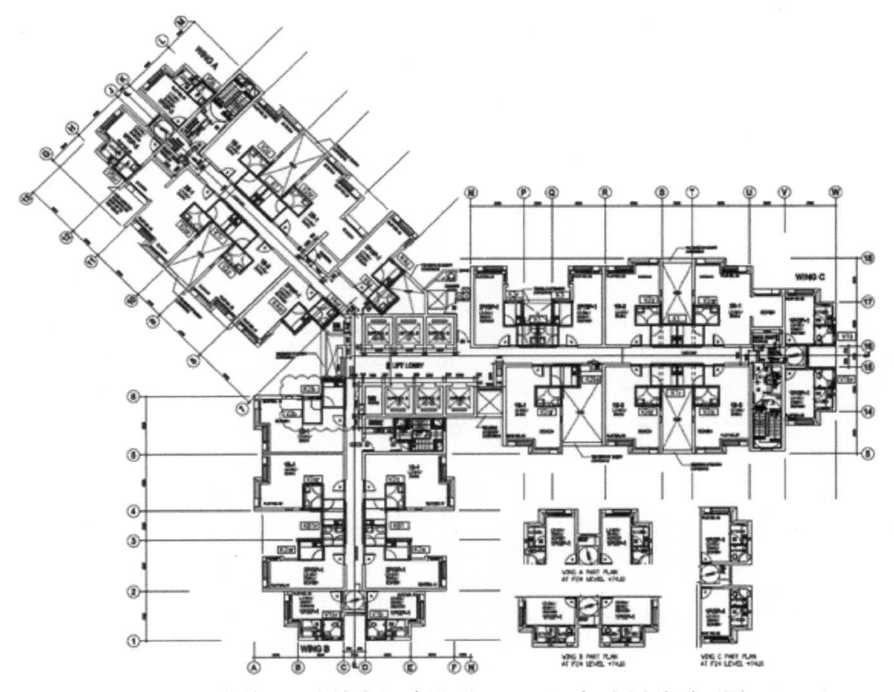

图 3　启德 1A 公共房屋建设项目 Block2 标准层总平面图

图4 启德1A公共房屋建设项目实景图

2 建筑工业化技术应用情况

2.1 具体措施（表1）

建筑工业化技术应用具体措施 表1

结构构件	施工方法①		预制构件所处位置	构件体系（详细描述，可配图）	重量（或体积）	备注
	预制	现浇				
外墙	√		1～40层	预制混凝土外墙	5.92t/10077m³	4465mm×1240mm×2775mm
内墙	√		1～40层	预制混凝土间墙板	1.03t/103m³	1630mm×100mm×2500mm
楼板	√		2～40层	预制混凝土叠合板	1.86t/7152m³	4405mm×2325mm×70mm
楼梯	√		1～40层	预制混凝土梯板	2.78t/893m³	3357mm×1375mm×280mm
梯台	√		1～40层	预制混凝土梯板	4.24t/451m³	2815mm×1585mm×750mm
垃圾槽	√		1～40层	预制混凝土垃圾槽	4.82t/398m³	1030mm×965mm×2680mm
梁	√		2～40层	预制混凝土叠合梁	7.05t/444m³	7850mm×750mm×1100mm
柱	√		1～40层	预制混凝土框架柱	5.75t/76m³	650mm×650mm×3000mm
厕所	√		1～40层	预制混凝土整体卫生间	5.4t/21000m³	2000mm×1650mm×2750mm
建筑总重量（体积）			101.920m³	预制构件总重量（体积）		40594m³
主体工程预制率②				39.8%		
其他	是否采用精装修（是/否）： 是否应用整体卫浴（是/否）： 列举其他工业化措施：					

① 施工方法一栏请划√。
② 主体工程预制率=预制构件总重量（体积）/建筑总重量（体积）。

2.2 两项指标计算结果

2.2.1 主体工程预制率（表 2）

主体工程预制率　　表 2

预制构件类型	体积	预制构件类型	体积
外墙	10077m³	梁	444m³
内墙	103m³	柱	76m³
楼板	7152m³	厕所	21000m³
楼梯	893m³	预制构件总体积	40594m³
梯台	451m³	建筑总体积	101.920m³
垃圾槽	398m³	主体工程预制率	39.8%

2.2.2 工业化产值率

工业化产值率＝工厂生产产值/建筑总造价

工厂生产产值＝9.712 亿港元，建筑总造价＝170 亿港元

工厂生产产值率＝5.7%

2.3 成本增量分析

本项目预制卫生间和停车场通过采用整体式全预制技术，在施工工法等方面取得较大改善（表 3），同时节约了大量成本（表 4）。

本项目整体预制厨卫与相同尺寸下的传统现浇厨卫相比，经济效益主要来源于材料的节省与施工工期的缩短。

（1）在工厂施工，材料具有严格的管理制度，能有效提高材料的利用率，降低材料的浪费率，同比之下，将节约材料费用 20%左右。

（2）在工厂施工，工人工作环境稳定、安全，分工合理明确且工厂机械化程度高，能有显著提高劳动率与生产效率，同比之下，将缩短工期 40%左右。

启德 1A 公共房屋建设项目全预制停车场全预制构件施工和传统现浇方式对比　　表 3

对比事项	地盘现浇施工	全预制构件施工	改善情况
生产力工效	1.0t/工日	1.2t/工日	提高工效 20%
品质	采用现场现浇的方式施工，产品的工业化程度低，现场工作环境差，手工艺操作多，湿作业多，工人劳动强度大，施工质量难以控制	在工厂内以现代化方式加工生产，机械化程度高不用在地盘交叉作业情况下建造，保证了品质的同时，亦减少了日后维修的工作量	以工业化形式建造，提高建筑质量
安全	现场钉板、扎铁、落混凝土及泥水工作都需要在高空作业	极大简化了现场施工工序（如高空批荡）	减少了安全隐患
环保	每万平方米建筑的施工过程中，仅建筑垃圾就会产生 500t	每万平方米建筑的施工过程中，仅建筑垃圾就会产生 150t	减少建筑废料排放 350t
	现浇施工产生的碳排放量 13.7kg/m²	全预制构件施工产生碳排放量 9.0kg/m²	施工阶段可减少碳排放量 47t
工期	采用传统现浇方式施工，工期为 90 天	利用创新全预制方式施工，工期为 60 天	工期节约 30%
成本	HK$3345.00/t	HK$2340.00/t	节约成本达 30%

启德 1A 公共房屋建设项目全预制停车场成本分析　　表 4

序号	项目	地盘现浇施工（HK$/t）	全预制构件施工（HK$/t）	备注
1	混凝土	320.00	320.00	
2	钢筋	850.00	850.00	
3	模板制作	1320.00	260.00	预制件为工厂钢模循环浇筑，地盘现场为木模板施工
4	落混凝土（含机械费）	750.00	250.00	
5	运输	—	130.00	
6	安装	—	530.00	
7	泥水批荡	105.00	—	按现浇施工 15mm 厚英泥沙批荡计算，全预制施工只需简单执面打底作业
	成本合计	3345.00	2340.00	节约成本达 30%

2.4　设计、施工特点与图片

2.4.1 主要构件及节点设计图

1. 住宅主体

住宅主体采用现浇剪力墙结构，预制构件包括预制外墙、预制内墙、预制楼梯、半预制楼板及整体预制卫生间。该技术体系以构配件标准化设计，将大量的湿作业施工转移到工厂内，运用现代管理手段进行标准化生产，并将保温、装饰整合在预制构件生产环节中完成，达到构件部品质量好，现场装配式施工速度快，原材料和施工水电消耗大幅下降，劳动强度降低的目的，实现了住宅建设“四节一环保”的要求。预制构件生产流程见图 5，实景见图 6。

2. 全预制卫生间设计图

预制构件作为住宅工业化的基础，对于住宅产业化的发展具有重要意义。预制构件经历了从粗陋、简单到功能定位明确、逐渐标准化的发展过程。卫生间是保障性住房的重要功能空间，其设计与设备设施配合合理与否关系到保障性住房能否达到宜居目标，因此在保障性住房建设中应注重提高卫生间的质量与性能。整体预制卫生间是以标准化设计和工业化生产最大化利用有限的使用面积，提高卫生间的功能性。

香港曾使用非结构整体预制卫生间（砂浆现浇），但存在开裂，缩小卫生间空间的问题；且外墙仍采用现浇方式，外墙装修不能在工厂内完成，现场施工质量得不到保证等原因，后来限制该施工工艺的使用。以混凝土为基体材料的整体预制卫生间的出现解决了上述问题，并在实践中不断改进技术、完善施工工艺。

预制卫生间生产、运输、安装流程见图 7。

整体预制卫生间的重量一般要求与施工现场的塔吊等吊装机械的起吊能力配合一致，才能保证整体预制卫生间的顺利吊装与安全施工。

整体卫生间采用底部坐浆，钢筋结构灌浆的安装方法，主要操作工序如下：

（1）进行安装位置放线及检查工程，划定一个用于安装摆放预制卫生间的楼面，整平并清理干净楼面；

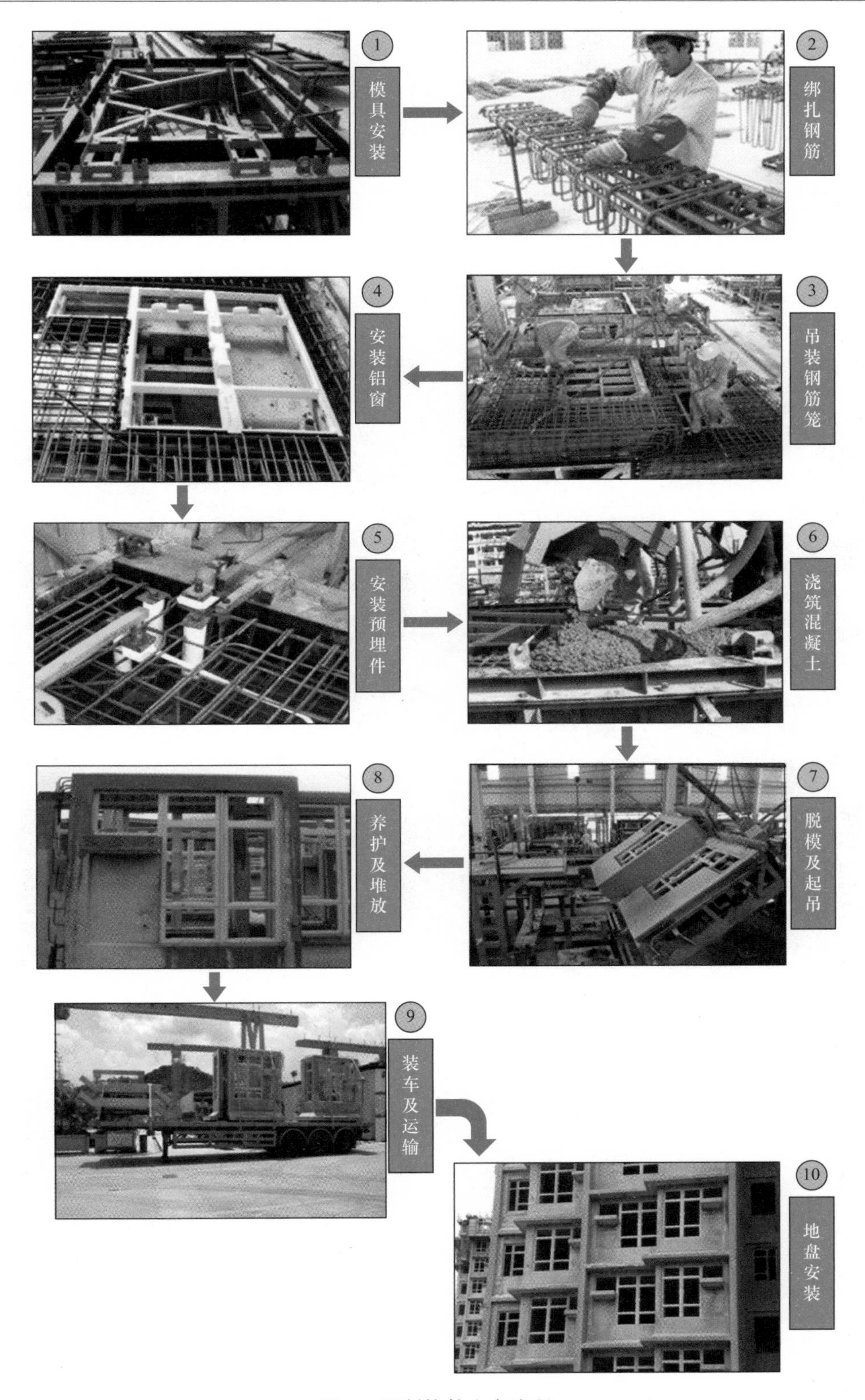
1
模具安装
2
绑扎钢筋
3
吊装钢筋笼
4
安装铝窗
5
安装预埋件
6
浇筑混凝土
7
脱模及起吊
8
养护及堆放
9
装车及运输
10
地盘安装

图 5 预制构件生产流程

图6　启德1A公共房屋建设项目预制构件

(*a*) 预制外墙板；(*b*) 预制楼梯；(*c*) 预制梁；(*d*) 半预制楼板；(*e*) 整体预制卫生间；(*f*) 预制内隔墙；(*g*) 预制楼梯平台；(*h*) 预制垃圾槽

（a） （b） （c） （d）

图 7　预制卫生间生产、运输、安装流程图

（a）预制厕所模具；（b）成品摆放；（c）成品准备运输；（d）成品地盘安装

（2）在预放置厕所的楼面上每方布置两个经过水平校正的拖鞋垫层（共需八个 15mm 厚的拖鞋）；

（3）在预放置厕所的楼面四周铺一层 20mm 厚的水泥砂浆；

（4）通过一个滑轮吊架吊运预制卫生间，使其放置在已调整好的拖鞋平面上，并使平铺在水泥砂浆压实，与之紧密贴合；

（5）安装七字槽铁定位码，通过临时固定螺母和固定架将预制卫生间和已完成的结构楼面锁在一起；

（6）上下对接安装，再次从预制卫生间底板单元延伸的横向钢筋出发，在结构楼面板上搭建底部钢筋网，使其和横向钢筋紧密连接；

（7）灌浆，在底部钢筋网上即构件钢筋上下连接位置浇筑符合要求的水泥浆，使预制卫生间的底板单元和结构楼面板牢固结合为一体，从而完成整个预制卫生间产品的安装。

3. 全预制停车场构件连接创新

启德 1A 公共房屋建设项目停车场是全预制梁、板、柱结构，柱底采用钢板连接，梁两端采用 U 形槽连接，预制楼板钢筋没有外露，在房屋署项目结构连接上是新型结构连接方式。

随着房屋署设计的不断更新，大量的混凝土预制构件在工厂里由产业工人生产完成，现场只是以组装和安装作业为主。混凝土预制件具有提高建筑质量，提高劳动生产率，改善工地现场环境，实现节能、节水、节材等特点。

构件连接大样图及实体图见图 8～图 12。

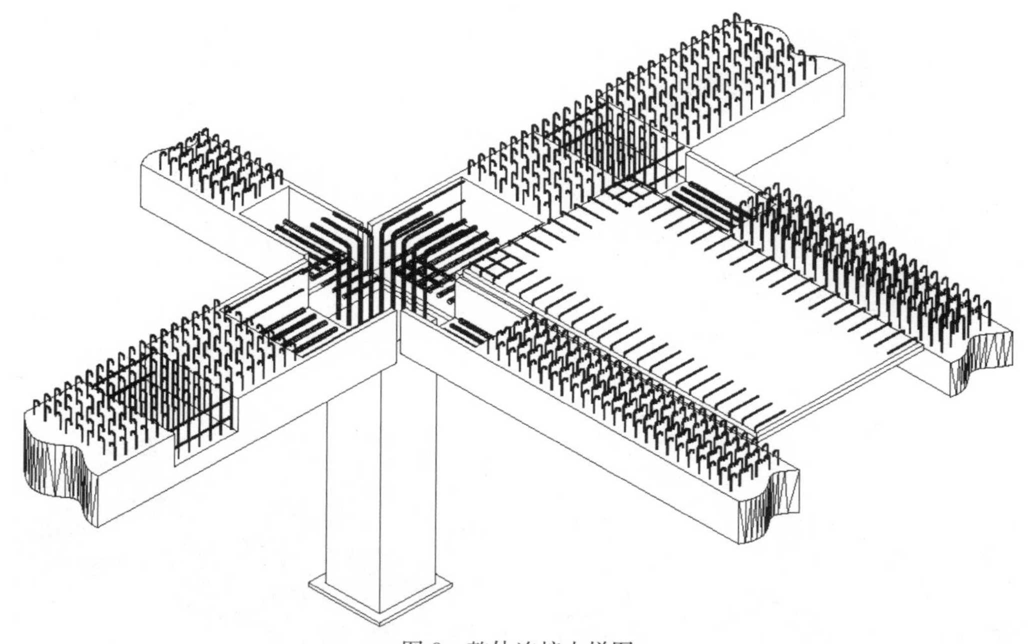

图 8　整体连接大样图

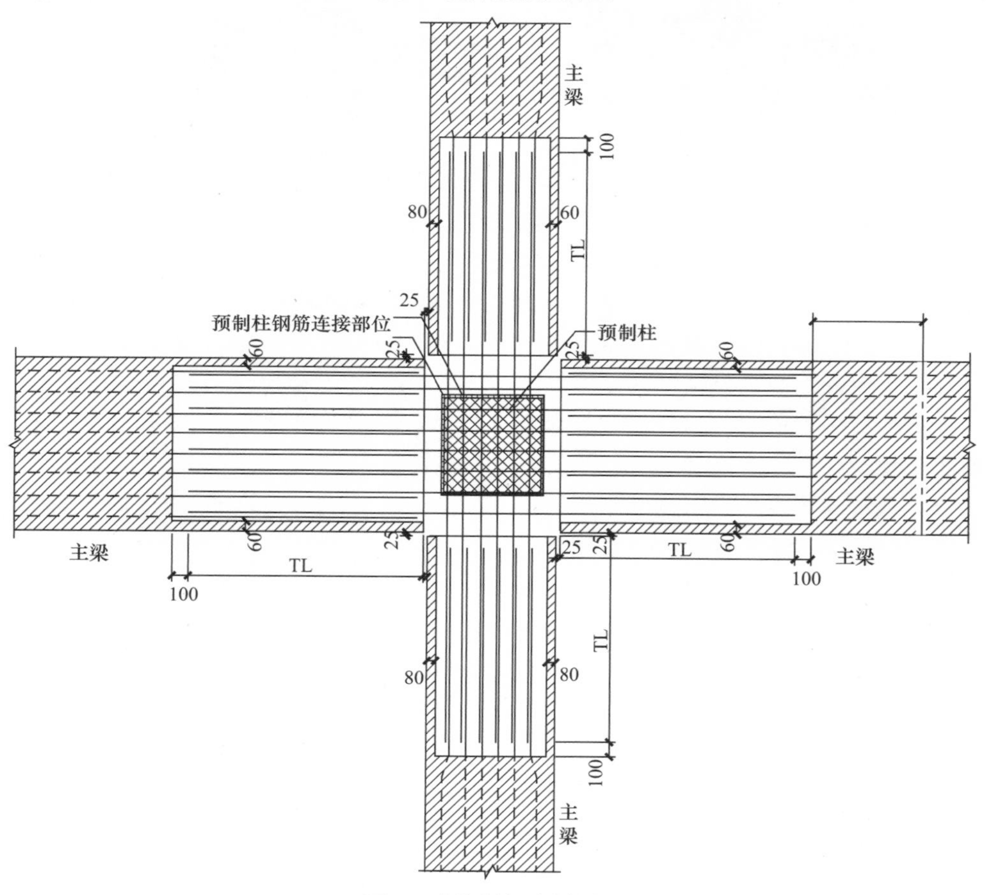

图 9　连接创新大样图 1

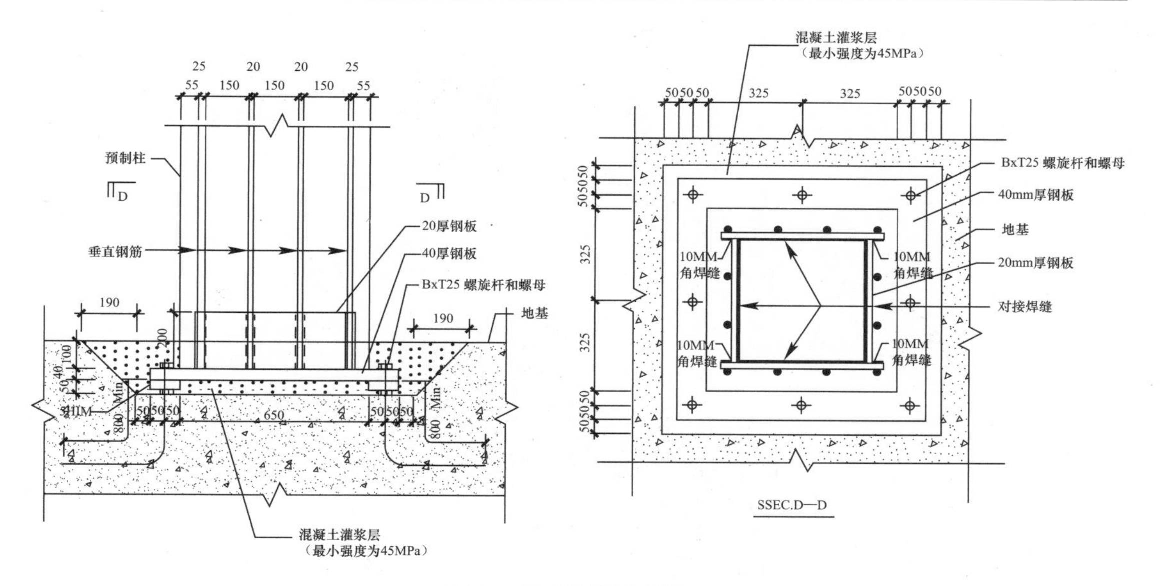

图 10　连接创新大样图 2

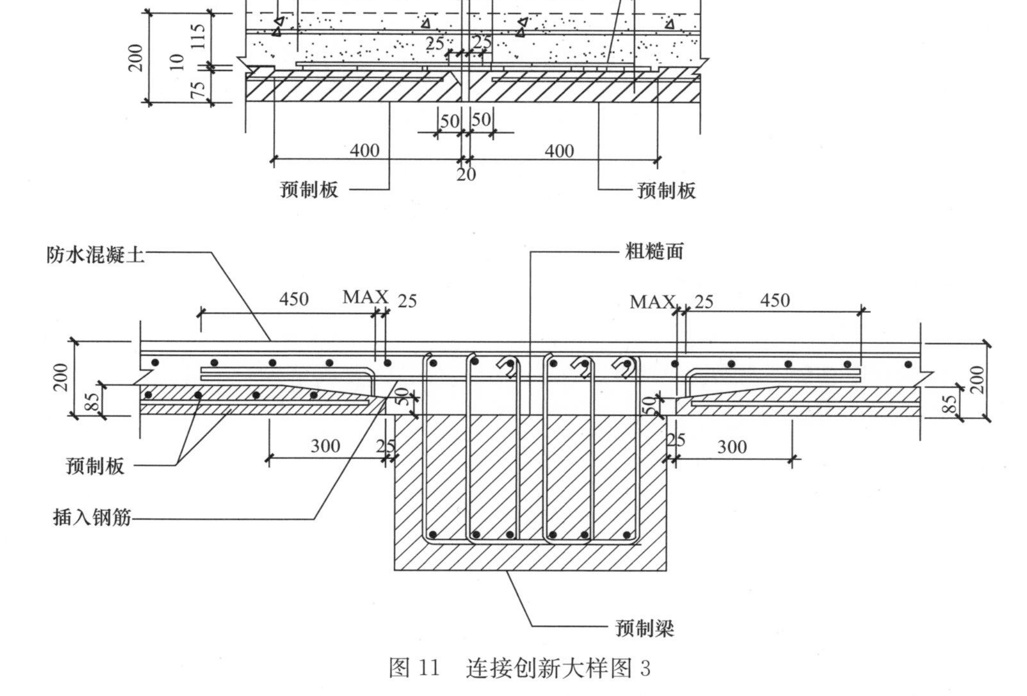

图 11　连接创新大样图 3

（1）梁两端采用 U 形槽连接方式：本创新的预制梁连接可使主梁与次梁整体连接，没有外露钢筋并减少地盘施工难度，加快施工进度，降低工程整体成本。

（2）楼板采用钢筋不外露连接方式：没有外露铁，使楼板与梁和柱子连接不用考虑钢筋与钢筋相撞，本创新对梁、楼板、柱子之间安装难度大大减少，减少地盘施工难度，加快施工进度。

图 12　连接创新实体图

（3）柱子采用了柱底钢板连接方式：先使柱子主筋与钢板用焊接的方式连接，再把钢板与先预埋在基础的锚栓用螺丝连接，本创新对柱子与基础之间连接更牢固，更方便施工。

适用范围：全预制件结构适用于各类停车场、低层房屋等建筑使用。

生产工艺：

停车场预制件的制造方法，包括以下步骤：

（1）模具拼装及处理：拼装模具并对模具内表面进行清洁、涂脱模油处理；

（2）钢筋骨架、各种预埋件处理：放钢筋笼，连接灯喉灯箱；

（3）混凝土层制造：称取制造混凝土料的原料并配制成混凝土料，针对模具拼装，将钢筋骨架、各种预埋件安装在模具上，并将混凝土料倒入模具振动使其密实，并将混凝土层表面收光，静置至拆模强度后脱模；

（4）构件表面处理：构件表面瑕疵进行修补；并进行表面清洁、打磨处理；最后对预制件用包装纸进行包装处理即得到最后产品。

2.4.2　预制构件最大尺寸（表 5）

预制构件最大尺寸（长×宽×高）　　**表 5**

外墙	4465mm×1240mm×2775mm	垃圾槽	1030mm×965mm×2680mm
内墙	1630mm×100mm×2500mm	梁	7850mm×750mm×1100mm
楼板	4405mm×2325mm×70mm	柱	650mm×650mm×3000mm
楼梯	3357mm×1375mm×280mm	厕所	2000mm×1650mm×2750mm
梯台	2815mm×1585mm×750mm		

2.4.3　运输及现场施工

本工程采用 12m 长、载重 5～30t 的货车将产品运输到施工现场进行安装。

为保证预制卫生间产品能够安全到达工地现场，预制卫生间成品运输也非常关键，具体步骤如下：

（1）跟单员现场查看货品，与质检员敲定货品装车运输的日期；

（2）在车排上准备好货架，从成品堆放区中吊出所要装车的卫生间产品；

（3）落架时防止摇摆碰撞，损伤货品棱角；

（4）将卫生间产品装上拖车，用龙门吊装车时挂牢挂钩，上落时平缓；

（5）用帆布带捆绑卫生间产品，先在布带压在货品的棱角前用角铁隔离，角铁与货品之间用柔性材料纸皮或橡胶垫等缓冲；

（6）报关员通过电子网上申报货品出关资料；

（7）在拿到报关资料后，出车将货品运往地盘；

（8）一车合格的产品，安全运往客户地盘后，由客户指定的人员签名确认数量质量后，再由司机将回执货单交回跟单员。

(*a*) (*b*) (*c*) (*d*)

图13　预制件运输、现场装配图

(*a*) 预制件运输；(*b*) 预制件吊装；(*c*) 预制件安装；(*d*) 预制件安装

3　工程科技创新与新技术应用情况

此项目采用多项先进环保设计，大力推动低碳及可持续建筑方法。地盘办公室的绿化天台，吸收碳排放之余，亦有效降低室内温度，节省空调能源成本。地盘广泛使用由厂房生产的预制件，生产过程中所有的水、电及材料都可精确预算及控制，而钢制模件可以重复使用，大量减少资源消耗及碳排放。

该项目的各项环保设计和创新的绿色建筑技术，当中包括善用再生能源的太阳光伏发电系统、节能的照明装置，以及雨水灌溉系统等。地盘又采用了低碳建筑方式，例如把地盘挖掘出的海泥作绿化处理，供原地回填之用，又或制成铺路砖块。此举避免把海泥弃置于堆填区，同时减少因运输海泥而排放的碳。其他的环保措施还包括广泛应用预制组件，例如预制的浴室及厨房。以上种种可精简地盘的工作流程，大大减少原材料的浪费。

传统现浇施工的劣势：现场施工环境复杂，大量交叉作业，导致施工很大程度上受环境和人手的制约。施工效率低，工人手工要求相对较高。现场施工将耗费大量木模板和淡水，产生大量建筑固体垃圾，粉尘和噪声。

启德 1A 公共房屋建设项目的技术创新：采用全预制梁、板、柱结构，柱底采用钢板连接，梁两端采用 U 形槽连接、预制楼板钢筋没有外露的创新方式，在结构连接上是创新。

创新一：预制梁两端以 U 形槽方式连接（图 14）

U 形槽方式连接可实现主梁与次梁的整体性连接，结构更为安全牢固；另外，预制梁的两端无外露钢筋，降低了运输和安装的难度，较大幅度地提高了施工效率。

图 14　预制梁两端 U 形槽连接

创新二：预制楼板钢筋不需外伸到梁柱内

楼板板钢筋不需外伸到梁柱内，而是一致向内弯曲（图 15）。

该创新使楼板与柱的连接十分便利，不用再考虑钢筋相撞的问题，从而大大降低了安装难度，提高了施工效率。

创新三：结构柱底采用螺栓方式连接（图 16）

绑扎钢筋时，柱子主筋即与钢板直接以焊接方式连接，共同浇筑成型。

现场安装时，钢板与预埋在基础的锚栓以螺栓方式连接。

该创新保证了柱子与基础间的连接更为牢固，且更方便施工。

图 15 预制楼板钢筋不需外伸到梁柱内

图 16 结构柱底采用螺栓连接

4 工程获奖情况

本工程的整体预制卫生间采用一次成型制成卫生间的方式，该卫生间具有门、窗、四周墙体及顶盖板、底板的整体卫生间，卫生间随建筑楼层直接吊装，节省建筑工期，降低了建筑成本。此项目陶粒混凝土、陶粒混凝土整体预制卫生间及其生产方法申请了国家专利并获得了中国建筑优秀专利奖。

2012 年 6 月 30 日（香港回归 15 周年）胡锦涛总书记亲切慰问启德 1A 公共房屋建设项目地盘员工，胡锦涛总书记对香港公共房屋三方面大加赞许：“实而不华”的设计，“公平公开”的分配，“节地、节能、节水、节材”的做法。

5 工业化应用体会

5.1 设计体会

（1）整体预制厨房、卫生间无论从结构设计、材料选用和制作安装上都已经有大量的试验经验，这为产业化推广扫清了技术障碍。

（2）整体预制厨房、卫生间一旦形成产业，实现工厂化的标准生产，其模具分摊费用将大大减少，材料利用率和产业工人的效率都将大大提高，这将直接降低其产品成本，在经济上占有优势。

（3）在当前国内现浇的建筑中，厨房、卫生间浇筑要求高，后期还要做防水、试水，二次装修等，不但加高了成本和延长了工期，还对其质量保护提出了更高的要求。

（4）整体预制厨房、卫生间只需要前期投入一定的成本，通过其自身的成本、质量以及安装优势将有很强的产业化前景。

5.2 施工体会

启德 1A 公共房屋建设项目停车场预制梁、板、柱采用预制比在地盘现浇对比具有如下效益：

（1）工期：预制梁、板、柱可按图纸在工厂提前生产，产品根据地盘进度控制存货量，随时送货到地盘进行安装，采用预制件比地盘现浇工期可提前 30%，预制件可在有盖厂房内生产，不受天气环境影响，工期更加有优势。

（2）质量：预制梁、板、柱在工厂生产全部采用钢模，产品尺寸精确，表面平滑，地盘不用再做批荡。工厂内由经过专业培训的产业工人进行流水作业，每道工序经过严格的检查，产品质量在尺寸、表面、钢筋、石矢等方面都比地盘现浇有明显的优势。

（3）安全环保：预制梁、板、柱在工厂生产，可减少地盘的高空作业工人数量，从而降低地盘的工伤概率。采用工厂流水作业生产，有效减少建筑垃圾的产生。地盘工序也相应变少，施工占用场地可节约 10%，地盘更加整洁、环保。

（4）经济成本：预制梁、板、柱在工厂生产，由经过专业培训的产业工人进行流水作业，劳动生产效率大幅提高，结合地域人工费差异，人工成本可降低 50%，材料成本降低 10%，但增加运输及安装费用，综合费用成本基本持平。

供稿单位：中国建筑工程总公司

南通海门老年公寓项目

项目名称： 南通海门老年公寓项目

项目地点： 海门市新区龙馨家园小区，所属气候区：夏热冬冷地区

开发单位： 江苏运杰置业有限公司

设计单位： 南京长江都市建筑设计股份有限公司

施工单位： 龙信建设集团有限公司

构件生产单位： 龙信集团江苏建筑产业有限公司

监理单位： 南通泛华建设监理有限责任公司

项目功能： 老年公寓

南通海门老年公寓项目地上建筑面积约 16000m²，地下建筑面积约 2000m²，地下 2 层，地上 25 层，地上结构总高度 82.6m。项目二层以下为老年公寓配套服务用房，配有娱乐、健身、健康理疗、卫生服务、食堂等场所，三层以上为老年公寓。

1 建筑、结构概况

建筑平面图、立面图见图 1、图 2。采用预制装配整体式框架-现浇剪力墙结构体系。项目抗震设防烈度为 6 度，设计基本地震加速度值为 0.05g。

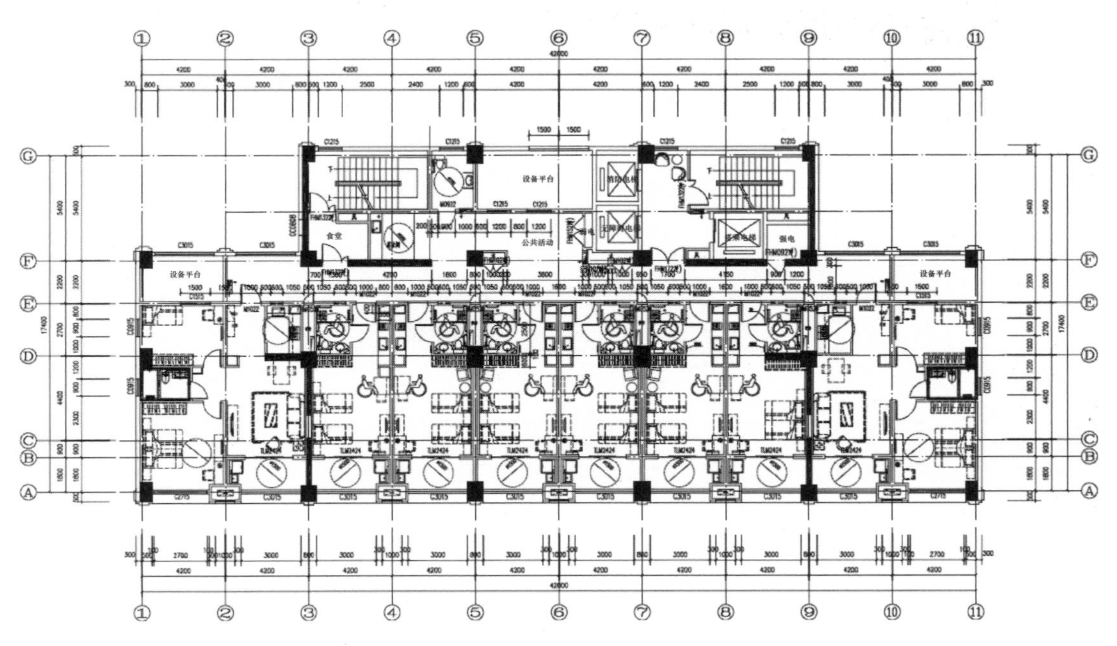

图 1 标准层平面图

图 2　建筑立面效果图

2　建筑工业化技术应用情况

2.1　具体措施（表 1）

建筑工业化技术应用具体措施　　**表 1**

<table>
<tr><th rowspan="2">结构构件</th><th colspan="2">施工方法①</th><th rowspan="2">预制构件所处位置</th><th rowspan="2">构件体系（详细描述，可配图）</th><th rowspan="2">重量（或体积）</th><th rowspan="2">备注</th></tr>
<tr><th>预制</th><th>现浇</th></tr>
<tr><td>外墙</td><td>√</td><td></td><td>四层以上</td><td>预制混凝土外墙板</td><td rowspan="2">135.29m³</td><td></td></tr>
<tr><td>内墙</td><td>√</td><td></td><td>四层以上</td><td>蒸压轻质加气混凝土板材（NALC 板）</td><td></td></tr>
<tr><td>楼板</td><td>√</td><td></td><td>四层以上</td><td>非预应力混凝土叠合板；</td><td>25.60m³</td><td></td></tr>
<tr><td>楼梯</td><td>√</td><td></td><td>四层以上</td><td>预制混凝土梯段板</td><td>14.22m³</td><td></td></tr>
<tr><td>阳台</td><td></td><td></td><td></td><td></td><td></td><td></td></tr>
<tr><td>女儿墙</td><td></td><td></td><td></td><td></td><td></td><td></td></tr>
<tr><td>梁</td><td>√</td><td></td><td>四层以上</td><td>预制混凝土叠合梁；</td><td>34.76m³</td><td></td></tr>
</table>

续表

<table>
<tr><td rowspan="2">结构构件</td><td colspan="2">施工方法①</td><td rowspan="2">预制构件所处位置</td><td colspan="2" rowspan="2">构件体系（详细描述，可配图）</td><td rowspan="2">重量（或体积）</td><td rowspan="2">备注</td></tr>
<tr><td>预制</td><td>现浇</td></tr>
<tr><td>柱</td><td>√</td><td></td><td>四层以上</td><td colspan="2">预制混凝土框架柱</td><td>24.23m³</td><td></td></tr>
<tr><td colspan="4">建筑总重量（体积）</td><td>343.26m³</td><td colspan="2">预制构件总重量（体积）</td><td>234.1m³</td></tr>
<tr><td colspan="5">主体工程预制率②</td><td colspan="3">混凝土部分预制率为 47.51%；整体结构预制率（包括 NALC 板）为 68.2%</td></tr>
<tr><td>其他</td><td colspan="7">是否采用精装修（是/否）是
是否应用整体卫浴（是/否）是
列举其他工业化措施：装修采用 CSI 体系，绿色施工无脚手架，免抹灰</td></tr>
</table>

① 施工方法一栏请划√。
② 主体工程预制率=预制构件总重量（体积）/建筑总重量（体积）。

2.2 两项指标计算结果

2.2.1 主体工程预制率

主体工程预制率 68.2%，见表 2。

主体工程预制率　　表 2

类别	预制量（m^3）	建筑总量（m^3）	预制率
混凝土部分预制率			
柱	24.23	30.40	
梁	34.76	41.44	
楼板	25.60	59.74	
其他构件	14.22	14.22	
现浇		62.18	
合计	98.81	207.97	47.51%
整体结构预制率			
NALC	135.29	135.29	
合计	234.10	343.26	68.20%

2.2.2 工业化产值率

工业化产值率=工厂生产产值/建筑总造价

构件总价 1237.5 万，建筑总造价 2217 万，工业化产值率为 55.8%。

2.3 设计、施工特点与图片

预制构件布置图见图 3，三维拼装图见图 4，除黄色构件外均为预制构件。

2.3.1 主要构件及节点设计图（图 5）

2.3.2 预制构件最大尺寸（长×宽×高）

楼梯 3520mm×1300mm×1780mm

柱 800mm×1100mm×3200mm

梁 7640mm×400mm×460mm

楼梯 3520mm×1340mm×1615mm

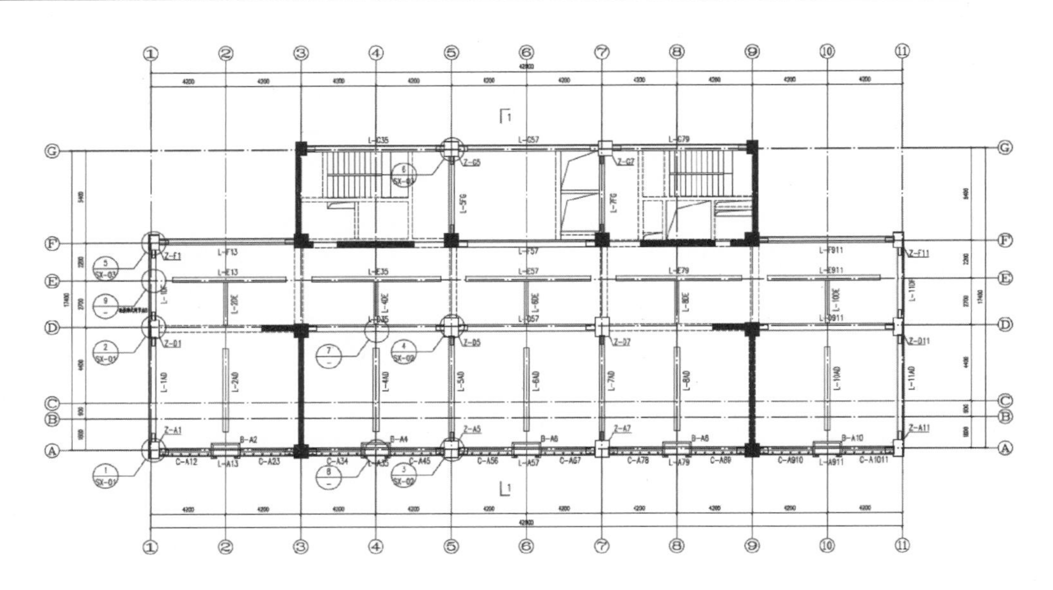

图 3　预制构件布置平面图

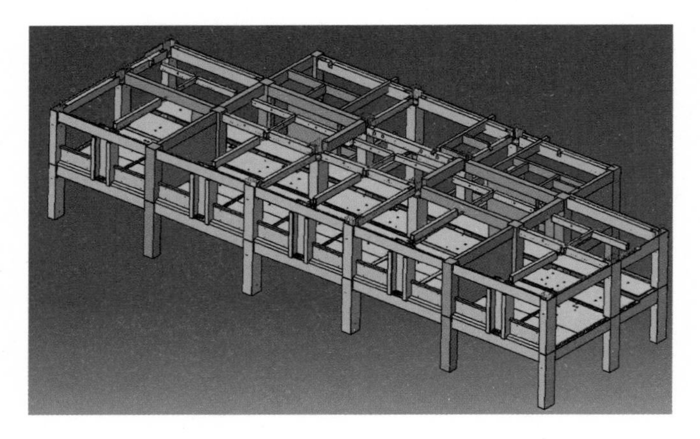

图 4　预制构件三维拼装图

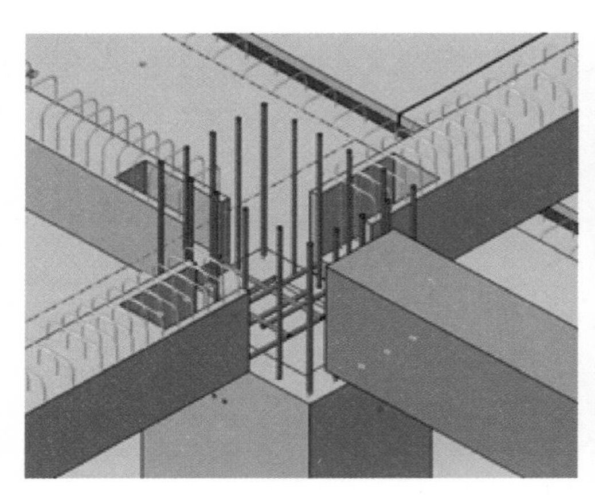

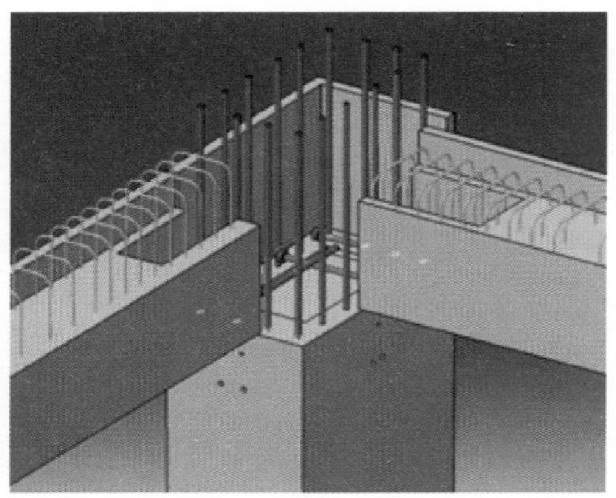

图 5　三维节点图（一）

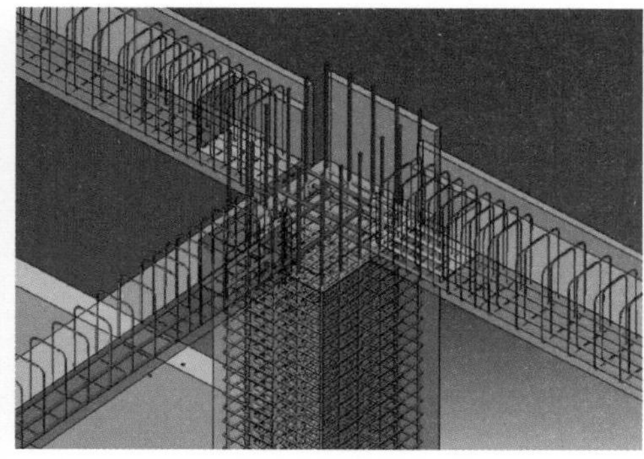

图5 三维节点图（二）

2.3.3 现场施工全景、构件吊装、节点施工照片等

现场图片见图6～图11。

图6 预制柱

图7 预制梁

图8 预制非预应力叠合楼板

图9 预制楼梯

图 10　节点

图 11　预制柱底套筒

楼板采用非预应力叠合板（图 12），预制板底端受力筋不伸出预制板端，预制板端另增设小直径连接钢筋，在满足板底钢筋支座锚固要求的前提下，方便了叠合板的吊装就位。

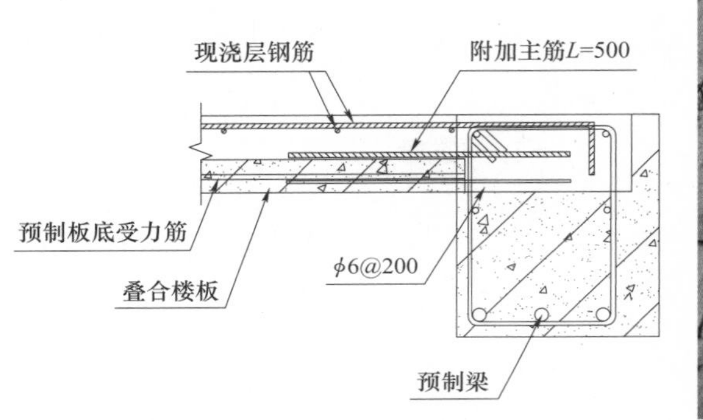

图 12　非预应力叠合板

主次梁连接节点：预制梁底筋采用水平套筒连接，主次梁交接处设计抗剪 T 形钢板。见图 13。

图 13　主次梁连接节点

3 工程科技创新与新技术应用情况

对于建筑高度为 82.60m、25 层的高层建筑采用预制装配整体式框架—剪力墙结构（预制框架＋现浇剪力墙），在国内尚属首例。采用的预制技术创新有：

楼板采用非预应力叠合板，预制板底端受力筋不伸出预制板端，预制板端另增设小直径连接钢筋，在满足板底钢筋支座锚固要求的前提下，方便了叠合板的吊装就位。

采用了 CSI 住宅设计。在支撑体、填充体分离的基础上，通过合理的结构选型，减少或避免套内承重墙体的出现，并使用工业化生产的易于拆卸的内隔墙系统来分割套内空间，来实现套内主要居室布局可以随着生活习惯和家庭结构的变化而变化，见图 14～图 16。

图 14　室内效果图

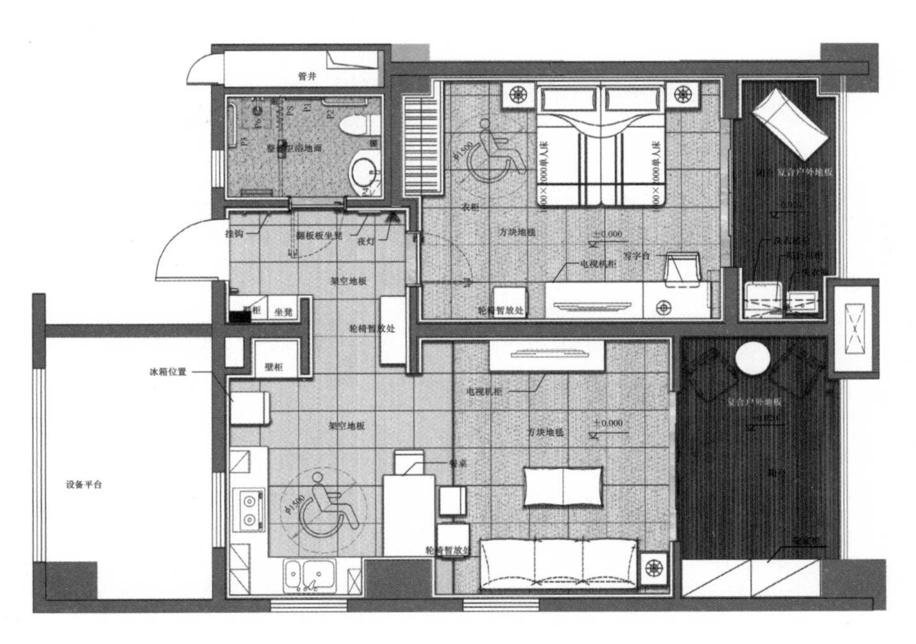

图 15　端户

CSI 住宅通过降板架设架空地板，将户内的排水横管和排水支管敷设于住户自有空间内，实现同层排水和干式架空。以避免传统集合式住宅排水管线穿越楼板造成的房屋产权分界不明晰、噪声干扰、渗漏隐患、空间局限等问题，见图 17。

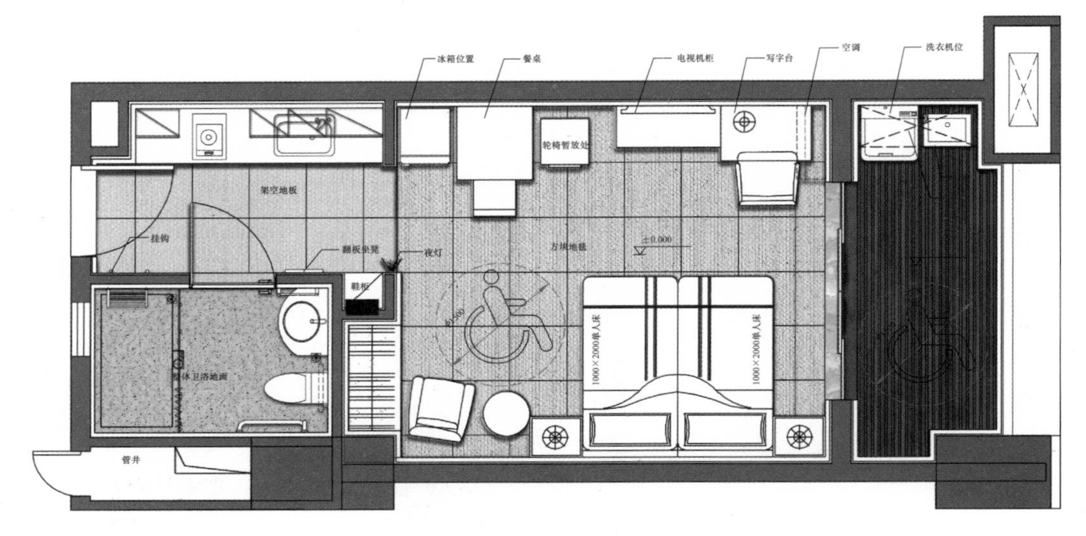

图 16　中间户

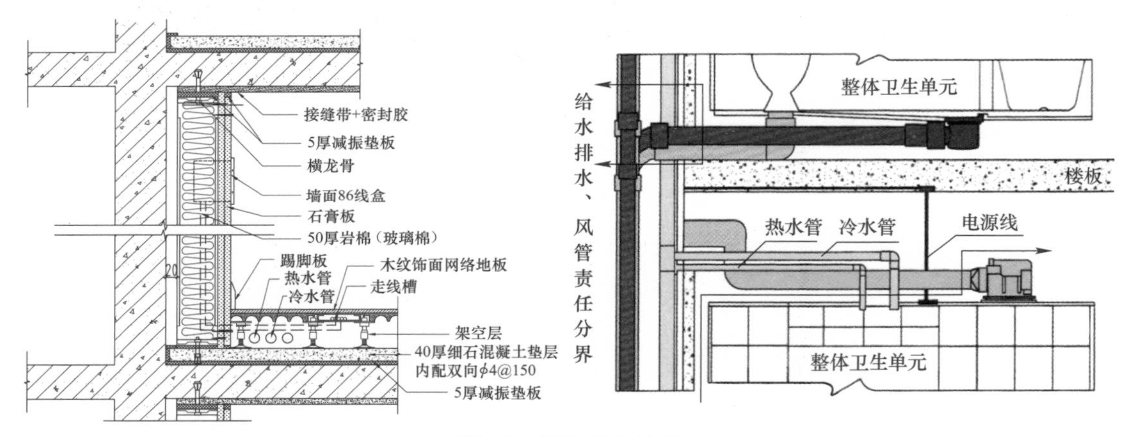

图 17　架设架空地板

4　工业化应用体会

本项目在行业标准《预制预应力混凝土装配整体式框架结构技术规程》JGJ 224—2010 的基础上，优化了梁柱连接节点，使节点的抗震性能更可靠，满足《装配式混凝土结构技术规程》JGJ 1—2014 的要求。

本项目采用了 CSI 住宅建筑装修体系。CSI 住宅是针对当前我国传统住宅建设方式造成的住宅寿命短、耗能大和二次装修浪费等问题，借鉴日本 KSI 住宅和欧美国家住宅建设发展经验，确立的一种具有中国住宅产业化特色的住宅建筑体系。CSI 住宅是一场革命，将为住宅产业的可持续发展提供新的平台，也是未来现代化住宅的发展方向，将促进先进适用建筑体系和通用化住宅部品体系的形成，加快住宅产业现代化的进程。

本项目进行了面对建筑全寿命周期的绿色设计。全寿命周期分析是一种用于评价产品在其整个生命周期中，对环境产生影响的技术和方法。面向全寿命周期的设计思想是最近才提出的新的设计理念，它来源于价值工程该设计理念是借助设计对象全寿命周期中与其相关的各类信息，利用寿命周期评价、价值分析和系统优化等手段进行设计，使所完成的设计作品具有绿色等特性。

经济合理性是全寿命周期的建筑设计中必须考虑的因素之一，即以最低的寿命周期成本实现必要的功能，获得丰厚的寿命周期经济效益。绿色建筑实施的最大障碍之一就是人们通常认为绿色建筑比普通建筑投资成本会高很多，实际上，通过增强条例与技术间的协调，加强管理，综合性的设计可以使绿色建筑以较低的投入取得较高的收益。建筑的一次造价和使用期间操作运行费用、维修费用、更换及改造费用等构成经济学家所称的“全寿命费用”，它很大程度上取决于设计方案的优劣。建筑产品的后期投入与一次造价的比例随不同时期不同国家不同项目而异，但后期投入始终是非常可观的。事实上，绿色建筑由于能源、资源的节约而带来的建造成本与使用成本的降低，由于自适应性设计带来的维护、改造费用的大大减少，以及后期环境成本的降低等，都为其带来可观的效益。

供稿单位：南京長江都市建筑设计股份有限公司

地杰国际城 B 街坊（二期）

项目名称： 地杰国际城 B 街坊（二期）
项目地点： 上海市浦东新区御桥路御青路，所属气候区：夏热冬冷地区
开发单位： 上海地杰置业有限公司
设计单位： 上海中森建筑与工程设计顾问有限公司
施工单位： 上海建工第五建筑有限公司
监理单位： 上海建通建设工程有限公司
项目功能： 商品住宅楼

地杰国际城项目地块位于上海市浦东新区，该区域为成熟的高尚居住综合片区，建设中的地铁 11 号线穿越本社区，并在御桥路上设站；远期规划中的地铁 18 号线南北向穿越，与 11 号线互换，交通优势非常明显。其中 B 地块位于御桥路北侧，靠近沪南公路，地块北侧及西侧为城市公共绿地，内有区域河流沟通，景观价值很高。其中 13～17 地块为住宅用地，面积共计 120405.3m^2；建筑面积 274538.42m^2；计容面积 259607.73m^2。

1 建筑、结构概况

该工程建筑总平面图及效果图如图 1、图 2 所示。工程结构类型为预制装配整体式剪力墙结构。抗震设防烈度为 7 度（第一组）0.10g。

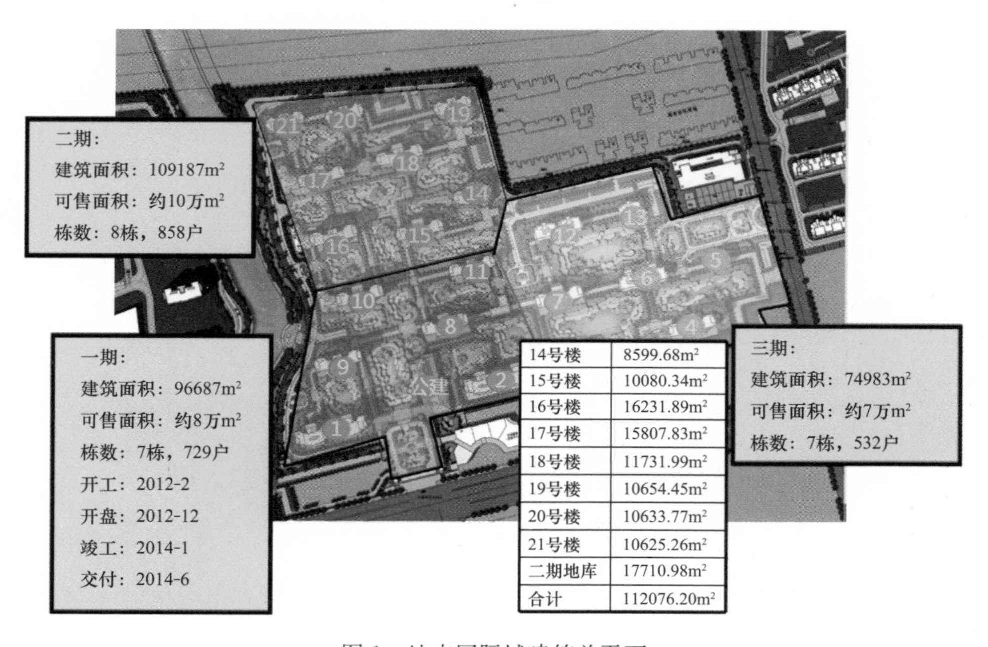

图 1 地杰国际城建筑总平面

图 2 地杰国际城效果图

单体概况（二期）见表 1。

单体概况（二期） 表 1

楼号	7 号楼	8 号楼	9 号楼	10 号楼	11 号楼	12～14 号楼
层数（地上/地下）	20/1	23/1	25/1	26/1	27/1	27/1
高度（地上/地下）	58.0m/3.1m	66.7m/5.3m	72.5m/5.3m	75.4m/5.3m	78.3m/5.3m	78.3m/5.3m
层高（m）	2.9	2.9	2.9	2.9	2.9	2.9
面积（m^2）	8800	10300	16600	16200	12000	10800
主体结构形式	现浇剪力墙—B1～6F（17.4m）					
	内部现浇外围装配整体式剪力墙—7F～大屋面					

2 建筑工业化技术应用情况

2.1 具体措施（表 2）

建筑工业化技术应用具体措施（以 7 号楼为例） 表 2

结构构件	施工方法①预制	预制构件所处位置	构件体系（详细描述，可配图）	重量（或体积）	备注
外墙	√	7-顶层	预制混凝土剪力墙	916.8m^3	
楼梯	√	7-顶层	预制混凝土楼梯板	79.2m^3	
空调板	√	7-顶层	预制混凝土空调板	72m^3	
建筑总重量（体积）			4785.6m^3	预制构件总重量（体积）	1068m^3
主体工程预制率②			22.3%		

① 施工方法一栏请划√。
② 主体工程预制率＝预制构件总重量（体积）/建筑总重量（体积）。

2.2 工业化率计算结果（表 3）

标准层预制率（以 7 号、8 号为例） 表 3

子项	楼层	预制外墙板（m^3）	预制楼梯板（m^3）	预制空调板（m^3）	预制构件的总量（m^3）	现浇体积（m^3）	预制率（%）
混凝土用量	1 层	38.2	3.3	3.0	44.5	154.9	25.3
	2～8 层	267.4	23.1	21.0	311.5	1084.3	25.3
	9～24 层	611.2	52.8	48	712	2478.4	25.3
合计	1～24 层	916.8	79.2	72	1068	3717.6	25.3

2.3 成本增量分析

2.3.1 直接经济效益

本项目通过采用先进的集成技术，分别在爬架技术、预制构件支撑技术、预制构件吊装组装技术、预制剪力墙连接技术等方面取得较好的经济效益，总计产生经济效益743.8万元。

（1）取消传统外脚手架节约费用425.3万元。

（2）PC结构预制剪力墙技术与现浇结构所需的模板相比，本项目的PC结构体系产生经济效益192.4万元。

（3）预制构件吊装组装技术产生的经济效益为93.5万元。

（4）预制剪力墙现浇段新工艺产生的经济效益为32.6万元。

2.3.2 施工用工及工效分析

本项目采用预制装配式结构体系，由于大量预制构件的使用，施工现场施工人员大大减少，通过与地杰国际城B街坊一期对比分析，可以看出，预制装配式技术在钢筋混凝土工程和围护墙体工程方面均比普通现浇混凝土工程减少12%的施工时间，有利于减少施工人员工资成本，同时减少了施工过程中对环境的影响，具有较好的经济效益和环境效益。

此外，本项目PC结构外防护采用爬架并取消传统外脚手架，节省了周转用具。对比现浇结构，模板用量是本项目的1.5倍，木方用量是本项目的1.6倍，内支架用量是本项目的1.2倍。同时由于取消了外脚手架，大量减少了外脚手架使用的工字钢、扣件、钢丝绳等材料，外架钢管用量仅为现浇结构的20%，极大地节约了周转材料的使用和消耗。

2.3.3 工程造价分析

本项目单方造价较现浇结构增加约420元/m^2，主要增量成本在预制结构构件方面，主要由于本项目为几栋工业化住宅建筑，预制构件的模具分摊成本较高，随着工业化住宅的大规模推广应用，预制结构体系的成本也将会下降。

2.3.4 社会效益

本项目采用的工业化集成技术是实现绿色建筑的有效途径；是推动民生科技进步的重大举措；有利于推动建筑产业现代化深入发展；有利于改善环境、减少雾霾；作为预制装配式高层住宅，其采用的装配整体式剪力墙结构具有较高推广性和适应性。

2.4 设计、施工特点与图片

2.4.1 主要构件及节点设计图

预制构件连接接头的形式根据结构的受力性能和施工条件进行设计，且构造简单、传力直接。对能够传递弯矩及其他内力的刚性接头，设计时使接头部位的截面刚度与邻近接头的预制构件的刚度相接近。装配式结构在安装过程中考虑施工和使用过程中的温差和混凝土收缩等不利影响，较现浇结构适当增加构造配筋，并避免由构件局部削弱所引起的力集中。当钢筋采用焊接接头时，还注意焊接程序并选择合理的构造形式，以减少焊接应力的影响。当接头的构造和施工措施能保证连接接头传力性能的要求时，装配整体式接头的钢筋也可采用其他的连接方法。装配整体式接头的设计应满足施工阶段和使用阶段的承载力、稳定性和变形的要求。该项目预制剪力墙暗柱内采用套筒灌浆连接方式（图3），此连接方式相对于传统预制构件内浆锚搭接连接方式具有连接长度大大减少，构件吊装就位方

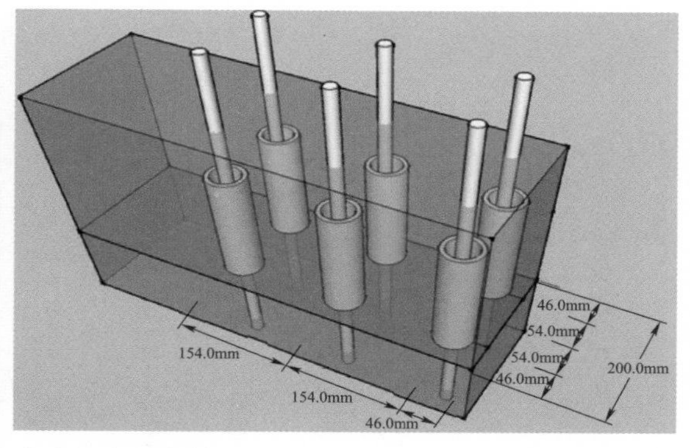

图 3 预制剪力墙暗柱底钢套筒

便的特点。套筒灌浆连接技术在该项目中的应用和实施，为今后全面推广应用套筒灌浆连接技术积累了工程实际经验。

为取消外围模板及外立面抹灰，实现绿色施工，本项目利用预制剪力墙板 PCF（Precast Concrete Form）原理，在预制剪力墙外侧设计与构件一体的混凝土外模板，现场无需再支外模板，施工速度大大提高。

PCF 混凝土外模板在以往工程中常用于预制叠合剪力墙中，预制叠合剪力墙是一种采用部分预制、部分现部分现浇工艺生产的钢筋混凝土剪力墙。其预制部分称为预制剪力墙板（PCF），在工厂制作养护成型运至施工现场后现场后，和现浇部分整浇。预制剪力墙板（PCF）在施工现场安装就位后可以作为剪力墙外侧模板使用。本项目在建筑外围剪力墙外侧设置左右翻的 PCF 混凝土外模板与预制构件为整体，此 PCF 混凝土外模板起到外模板的作用，现场无需再另外支撑外模板。

本工程采用叠合剪力墙结构和整体装配式剪力墙结构，叠合剪力墙是一种由预制部分（预制剪力墙板）和现浇部分共同组成并参与结构受力的剪力墙结构构件，其中预制部分在工厂制作、养护成型后运至施工现场，安装就位后和现浇部分整浇形成叠合剪力墙。叠合剪力墙的预制部分不仅作为剪力墙的一部分参与结构受力，其外侧的外墙饰面也可根据需要在工厂一并生产制作，此外在施工现场，预制部分安装就位后还作为剪力墙外侧模板使用。

本项目对叠合剪力墙的改进措施：

（1）减少预制外墙板本身的连接件，降低成本。

（2）适当提高预制外墙板的厚度，减少预制构件生产、脱模、运输、吊装施工过程中的破损率。

（3）预制构件的划分，遵循受力合理、连接简单、施工方便、少规格、多组合，能组装成形式多样的结构系列原则。

装配整体式剪力墙结构是一种由主体结构预制剪力墙构件、预制连梁构件及部分外挂墙板构件和墙柱节点核心区、剪力墙暗柱现浇部分共同组成并参与结构受力的剪力墙结构构件，其中预制剪力墙、连梁构件在在工厂制作、养护成型后运至施工现场，安装就位后和现浇部分整浇形成剪力墙结构。

预制混凝土墙见图 4。

主体外围结构剪力墙采用工厂预制形式，节点核心区部分预留钢筋；内部剪力墙、连梁结构采用现浇形式。主体结构连梁部分中间区段部分采用预制、两边锚固端剪力墙核心区部分预留钢筋现场现浇的形式。见图 5。

(*a*)

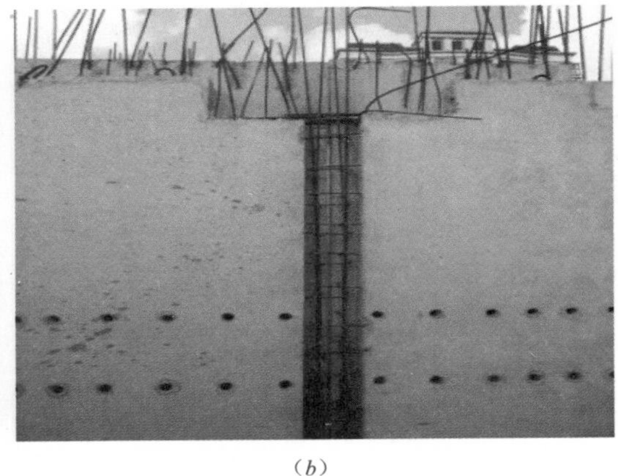

(*b*)

图 4　预制混凝土剪力墙

(*a*) 预制混凝土叠合剪力墙；(*b*) 预制剪力墙

图 5　预制剪力墙与预制连梁

预制女儿墙是预制装配建筑中常用的构件，由于女儿墙属于装饰构件，不参与主结构的受力，故预制女儿墙的连接方式较结构受力构件可以适当简化。但女儿墙位于房屋顶部又需要承受较大的风荷载和房屋顶部水平地震作用，其连接还应满足自身的强度要求。

预制女儿墙和现浇女儿墙相比，简化了预制女儿墙的钢筋连接方式，达到了既满足强度要求，又便于预制装配施工，节省材料，方便施工、缩短工期。

2.4.2　现场构件吊装、节点施工照片（图 6、图 7）

(*a*)

(*b*)

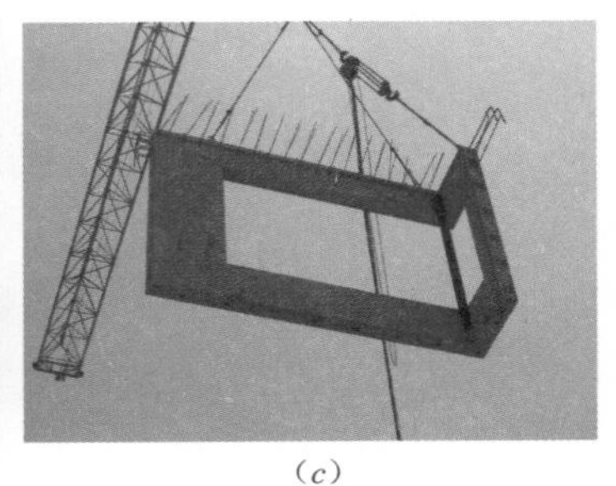

(*c*)

图 6　PC 剪力墙吊装（一）

(*a*) 进场；(*b*) 安装吊具；(*c*) 起吊

（*d*）　（*e*）　（*f*）

（*g*）　（*h*）　（*i*）

图6　PC剪力墙吊装（二）

（*d*）安装；（*e*）安装就位；（*f*）固定并安装斜撑；（*g*）校正；（*h*）完成安装；（*i*）外墙连接件固定

（*a*）　（*b*）

（*c*）　（*d*）

图7　剪力墙施工（一）

（*a*）PC板下的清理；（*b*）标高测量；（*c*）剪力墙的起吊；（*d*）剪力墙的吊装

(e)　　(f)

(g)　　(h)

图7　剪力墙施工（二）

(e) 剪力墙上连接件；(f) 剪力墙校正；(g) 剪力墙的封堵；(h) 剪力墙的注浆

3　工程科技创新与新技术应用情况

本项目采用预制装配式集成技术，并结合绿色建筑技术，在设计、施工、构件生产、质量监督和工程管理整个全预制装配全过程中实现了技术的集成整合和创新。

3.1　工业化建筑集成设计技术创新

(1) 本项目不仅完成工业化主体结构设计，同时完成预制构件拆分深化设计、建筑信息化 BIM 设计以及成品房装修设计的全过程一体化设计，将建筑工业化的设计理念贯穿于各个设计阶段中：

1) 由于工厂化的加工制作，减少了现场混凝土的浇筑量、模板的使用量，在材料的节约上有显著的提高。

2) 由于窗户的预制，降低了后期的窗户渗漏风险，几乎做到零渗漏。

3) 现场的安全文明施工得到改善。

4) 装配式住宅的施工对于节能减排方面和环境保护方面有显著的效果。

(2) 在设计模式方面：项目的设计全过程采用以 BIM 技术为代表的三维数字化技术，

改变传统工程设计模式，在设计全过程采用三维可视化数字技术，优化预制构件设计并进行计算机模拟施工，实现设计模式创新和设计精细化。

3.2 工业化建筑施工集成技术

（1）爬架支撑技术；

（2）住宅产业化预制装配整体式剪力墙结构吊装安装施工技术；

（3）预制装配结构剪力墙套筒灌浆连接施工技术；

（4）预制装配式外墙板施工中新技术。

3.3 预制构件生产和制作技术

项目所采用全部预制构件由城建下沙厂负责生产。预制构件的设计、生产在原有结构体系的基础上进行了优化改进，在预制构件的生产质量和构件的精准度方面，采用了多种新工艺、新技术，实现了预制构件的生产和质量控制创新。

预制构件生产技术在预制装配工程中是非常重要的环节，将传统现场施工构件（剪力墙、板等）在现代化工厂中制作，现场吊装施工。因此对构件的精度、质量提出了更高的要求，像机械零件一样精确度达到毫米级要求，对构件生产设备、模板制作、构件养护都提出很高要求。尤其是对工厂流水线操作工人的技术要求、操作流程更加严格，这样才能达到构件精准度的要求，满足现场构件安装，提高工程效益。预制构件厂等同于汽车生产工厂的零部件配套工厂，零部件的质量、精度的好坏直接影响整辆汽车的质量。因此，构件生产质量、效益直接影响整个预制装配式项目的进度和质量。

3.4 工程质量监督合并

本项目为预制装配式剪力墙结构，在工程质量监督和验收方面还存在空缺，质监单位根据项目的特点，在建设过程中采取了驻现场、驻工厂全过程跟踪的创新监督模式，参与项目构件生产、吊装施工每一个阶段的质量监督，并与构件生产单位、施工单位共同制定质量控制体系和验收标准。驻场质量监督人员对地杰国际城B期预制装配整体式剪力墙结构住宅楼的技术研究和实施进行了全过程参与和质量控制，期间发挥了关键性的作用。

除质量监督人员日常对预制构件生产制作全过程加强技术指导和质量监督控制外，站领导也亲临现场对预制构件的生产制作进行检查指导，确保了预制构件的质量和生产制作技术的科学性。

3.5 全过程项目管理

本项目是上海万科开发的预制装配整体式高层建筑，无论是构件制作、吊装施工，还是项目现场管理都是一个全新的过程，整个组织实施过程不同于传统的工程项目，需要统筹设计、施工、构件生产、质量监督、工程验收等全过程，建设单位上海建工第五建筑有限公司在此过程中起到了统筹协调的重要作用。

项目管理上采用了全新的工程管理方法，在设计、施工进度、质量、环境保护控制等各方面的精细化都比传统项目有较大的提升。

此外，万科管理部门深知该项目建设过程的复杂性，为了顺利地推行该项目，万科公司决定在主体结构施工前在现场搭建等比例实验楼。实验楼的实施，不仅验证了构件设计的准确性，而且锻炼了工人的操作能力，为主体结构构件的吊装施工积累了可靠的经验。

4 体会

4.1 设计体会

新型建筑工业化是以建筑设计标准化，构件部品生产工厂化，建造施工装配化和生产经营信息化为特征，在研究、设计、生产、施工和运营等环节，形成成套集成技术，实现建筑产品健康、舒适、节能、环保、全寿命期价值最大化的可持续发展的新型建筑。

新型建筑工业化必须以科技创新为支撑、以新型结构体系为基础、以标准化建筑设计作引导，把新型的建筑结构体系、标准化的建筑设计和节能环保的通用部品体系，集成整合，充分发挥建筑产业化整体效能。以降低成本、提高效率、全面提高建筑质量与性能为原则，通过科技创新和成套新技术集成应用，达到建筑行业持续发展的目标。

工业化建筑从设计、研发到构件生产、构件安装，都是一个全新的课题。工程设计是龙头，工程设计是建筑产业现代化技术系统的集成者，各项先进技术的应用首先应在设计中集成优化，设计的优劣直接影响各项技术的应用效果。

工业化建筑的设计主要包括结构主体设计和预制构件深化设计两个阶段。结构主体设计要充分考虑到预制构件深化设计、施工等后续一系列问题，同时，预制构件的深化设计也要以结构主体设计为基础，必须考虑构件生产、运输、吊装、安装等问题，并与装修设计相协调。

同时，工业化建筑体系包括结构体系、围护结构体系以及部品部件体系，要实现三大体系的集成，必须在设计阶段进行技术集成，并贯穿于整个建设的全过程中。

4.2 施工体会

本项目在吸取国外先进技术的基础上，大胆创新，结合我国国情的施工工艺、验收规范，在预制装配式结构施工领域形成了具有中国特色的创新施工技术和施工方法。

现场施工环节是最能体现建筑产业现代化技术优势的环节，装配式建筑施工方式的特点是现场湿作业和模板支撑、钢筋绑扎等工作量大大减少，而预制构件吊装、拼装的工作量增加，对施工人员、施工机械和施工组织提出了更高的要求。工业化建筑与传统现浇建筑最大的区别在于施工，施工环节也是最能体现建筑产业现代化技术速度快、污染少、节约资源等优势的环节。装配式建筑施工相比传统需要更先进的管理、更高的施工精度，预制装配式工程施工现场等同于汽车生产的总装工厂，施工精度必须达到毫米级才能保证预制构件的吊装拼装要求，因此需要更有经验的技术人员、更专业的施工设备以及信息化的施工管理，其施工难度大大高于现浇施工难度。

供稿单位：上海中森建筑与工程设计顾问有限公司

江苏省海门市中南世纪城 96 号楼

项目名称： 江苏省海门市中南世纪城 96 号楼
项目地点： 江苏省海门市人民路与浦江路交接口，所属气候区：夏热冬暖地区
开发单位： 海门中南世纪城开发有限公司
设计单位： 海门市建筑设计院有限公司（建筑设计、结构设计、构件设计）
施工单位： 南通建筑工程总承包有限责任公司
监理单位： 建业恒安工程建设管理有限公司
项目功能： 民用住宅楼

该项目地下 2 层、地上 32 层，总高度为 95.4m，总长度 74m，设一道变形缝，建筑面积地上 26179m²、地下 1857m²。地震设防烈度：6 度；地震分组：第二组；场地类别：Ⅲ类，特征周期：0.55s。

1 建筑、结构概况

建筑总平面图、标准层平面图、立面图见图 1～图 3。结构类型为剪力墙结构（预制装配式），抗震设防烈度为 6 度。

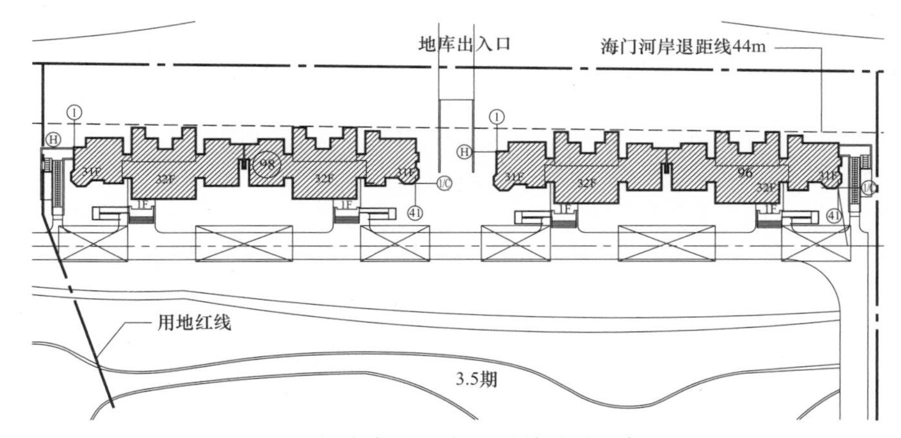

图 1 海门中南世纪城 96 号楼总平面布置图

图 2 海门中南世纪城 96 号楼标准层平面布置图

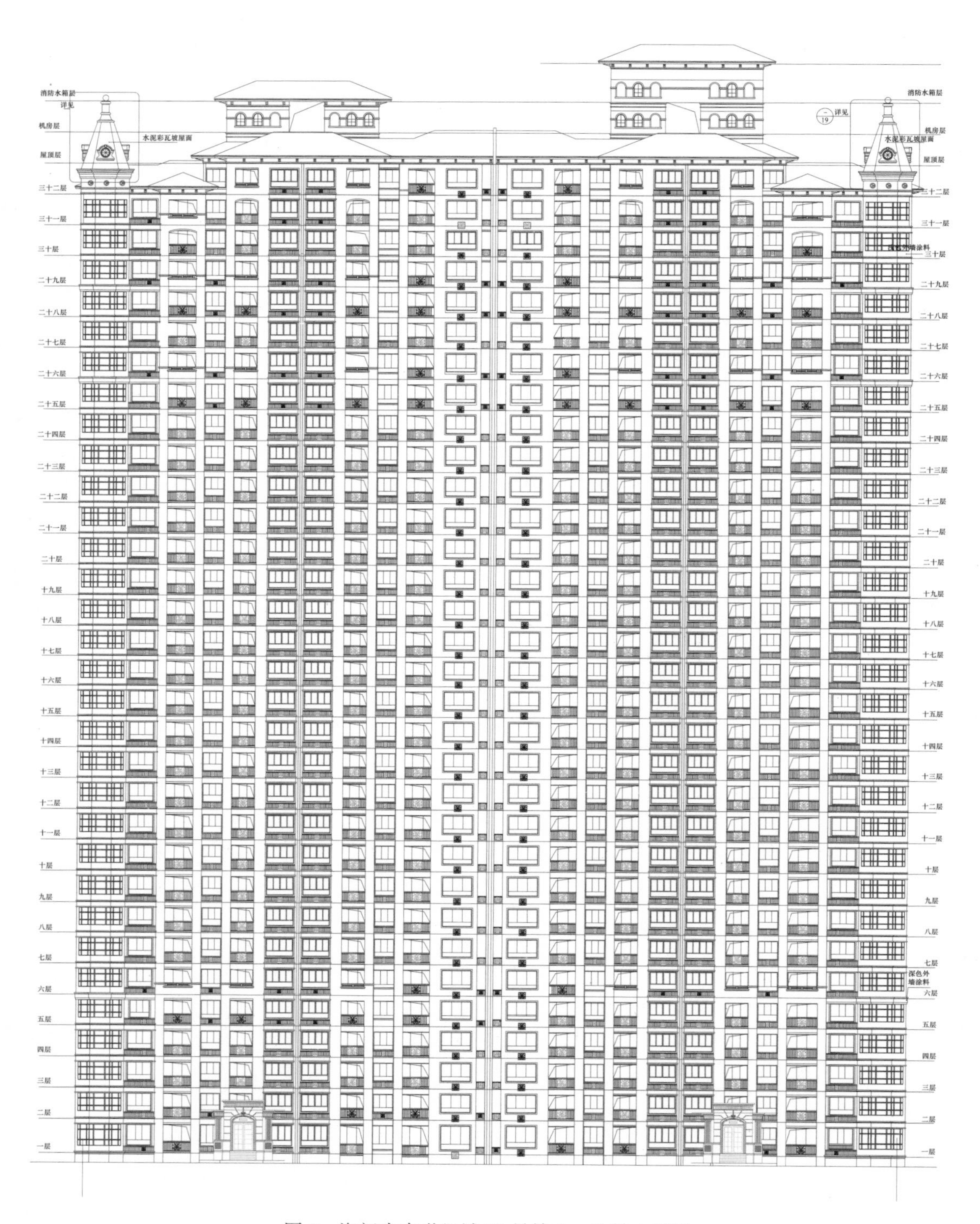

图 3　海门中南世纪城 96 号楼 1～41 轴立面图

2 建筑工业化技术应用情况

2.1 具体措施（表 1）

96 号房建筑工业化技术应用具体措施 表 1

结构构件	施工方法①		预制构件所处位置	构件体系（详细描述，可配图）	重量（或体积）	备注
	预制	现浇				
外墙	√		6～31	夹芯墙＋预制剪力墙板	3225m³	现浇节点体积 1264m³
内墙	√		6～31	夹芯墙＋预制剪力墙板	3070m³	
楼板	√	√	6～31	预制混凝土叠合板	871m³	现浇层体积 1867m³（含梁现浇层）
楼梯	√		6～31	预制混凝土楼梯	83.7m³	
阳台	√		6～31	预制混凝土叠合阳台板及空调板	114m³	
女儿墙						
梁	√		6～31	预制混凝土叠合梁	120m³	
柱						
建筑总重量（体积）				10147.7m³	预制构件总重量（体积）	7483.7m³
主体工程预制率②				73.7%		
其他	是否采用精装修（是/否）：否 是否应用整体卫浴（是/否）：否 列举其他工业化措施：无抹灰，外墙保温反打一次成型					

① 施工方法一栏请划√。
② 主体工程预制率＝预制构件总重量（体积）/建筑总重量（体积）。

2.2 两项指标计算结果

（1）主体工程预制率为 73.7%。

（2）工业化产值率见表 2。

工业化产值率＝工厂生产产值/建筑总造价（均为地上）

工业化中值率 表 2

楼号	工厂生产产值（万元）	建筑总造价（万元）	工业化产值率
96 号	28599898.6	39849235.57	71.77%

2.3 成本增量分析

本项目通过采用全预制装配技术，主要为边缘构件加强浆锚连接技术、夹心保温隔墙技术、外墙保温反打一次成型技术、预制构件吊装组装技术方面取得较好的经济效益。

本项目采用全预制装配剪力墙结构体系，竖向结构采用预制构件＋现浇节点，水平向结构采用预制叠合构件＋现浇面层，大量降低工程现场工作量、减少施工现场施工人员。现场水平支撑体系及模板用量相比传统现浇结构减少 60%以上。

本工程造价较传统现浇结构造价增加约 300 元/m²。主要成本增量在预制构件，成本增量主要有以下几个方面：

（1）施工楼栋数少，工厂预制构件模板摊销费用高。

图4　预制楼板工厂吊运

（2）构件运输费用。

（3）装配式结构建筑比现浇结构建筑垂直机械要求更高。

2.4　设计、施工特点与图片

2.4.1　主要构件及节点设计图

（1）本工程采用预制叠合楼板，板间拼缝根据双向板及单向板，采用不同的连接方式，具体如图4～图6所示。

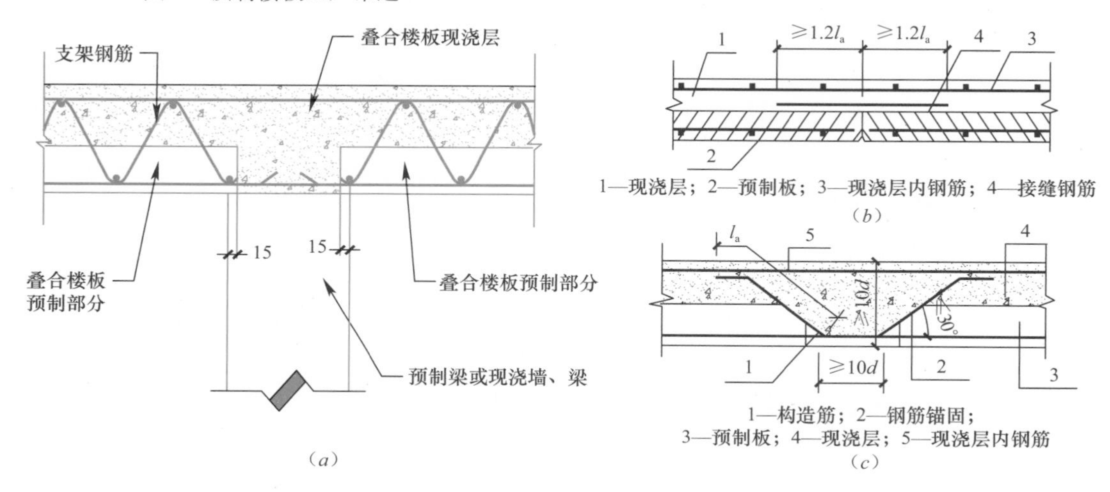

图5　预制叠合板连接节点做法

(*a*) 叠合板在梁（墙）处节点做法；(*b*) 单向预制叠合板板侧的分离式拼缝；(*c*) 双向预制叠合板板侧的整体式拼缝

（2）本工程采用预制叠合梁，见图7。

图6　预制叠合板现场安装

图7　预制叠合梁

（3）预制楼梯见图8。

（4）预制墙板：本工程竖向钢筋连接采用预留金属波纹管浆锚连接，见图9。

图 8 预制楼梯

图 9 预制墙板

2.4.2 预制构件最大尺寸（长×宽×高）

预制梁：4575mm×250mm×320mm。

预制板：5130mm×2930mm×60mm。

预制楼梯：2090mm×1190mm×130mm。

预制墙板：5310mm×200mm×2750mm。

2.4.3 运输车辆参数、吊车参数

现场垂直运输机械使用 QTZ125 塔吊，两台对称布置。臂长 50m，起升倍率 2 倍，起重力矩 1250kN·m。根据平面位置及构件拆分平面，最不利位置距塔吊中心为 32m，构件重量 3.1t，结合塔吊参数，32m 处吊重为 4.128t，满足现场施工需要。

2.4.4 现场施工全景、构件吊装、节点施工照片等

具体图片见图 10～图 18。

图 10 工厂预制构件装运

图 11 现场竖向预制构件吊装

图 12 竖向预制构件斜支撑安装

图 13 水平向预制构件吊装

图 14 预制构件预留孔道灌浆

图 15 预制楼梯安装

图 16 水平叠合楼板独立支撑

图 17 96 号楼远景

图 18 96 号楼局部近景

3 工程获奖情况

本工程为“十二五”国家科技支撑计划项目“新型预制装配式混凝土建筑技术研究与

示范”、“装配式建筑混凝土剪力墙结构关键技术研究”课题示范项目。

4 工业化应用体会

4.1 设计体会

传统建筑生产方式，是将设计与建造环节分开，设计环节仅从目标建筑体及结构的设计角度出发，而后将所需建材运送至目的地，进行露天施工，完工交底验收的方式；而建筑工业化生产方式，是设计施工一体化的生产方式，标准化的设计，至构配件的工厂化生产，再进行现场装配的过程。

根据对比可以发现传统方式中设计与建造分离，设计阶段完成蓝图、扩初至施工图交底即目标完成。装配式建筑颠覆传统的生产方式，最大特点是体现全生命周期的理念，将设计施工环节一体化，设计环节成为关键，该环节不仅是设计蓝图至施工图的过程，而且需要将构配件标准、建造阶段的配套技术、建造规范等都纳入设计方案中，从而设计方案作为构配件生产标准及施工装配的指导文件。除此之外，构件生产工艺也是关键。在构件生产过程中需要考虑到诸如模具设计及安装、混凝土配比等因素。与传统建筑方式相比，装配式建筑具有不可比拟的优势。

装配式建筑能显著提升工程建设效率。其采取设计施工一体化生产方式，从建筑方案的设计开始，建筑物的设计就遵循一定的标准，如建筑物及其构配件的标准化与材料的定型化等，为大规模重复制造与施工打下基础。遵循工艺设计及深化设计标准，构配件可以实现工厂化的批量生产，及后续短暂的现场装配过程，建造过程大部分时间是在工厂采用机械化手段和一定技术工人操作完成。

新型建筑工业化将新型的建筑结构体系、标准化的建筑设计和节能环保的通用部品体系集成整合，能充分发挥建筑产业化整体效能。遵循降低成本、提高效率、全面提高建筑质量与性能的原则，通过科技创新和成套新技术集成应用，达到建筑行业持续发展的目标。

4.2 施工体会

预制装配式混凝土结构是一种适用于住宅产业化的建造方式，全部构件于工厂预制，在施工现场进行组装，构件工厂化制作、施工速度快、节约资源。在我国住宅建设乃至所有混凝土结构的工程建设领域有着广阔的应用前景。

通过工厂化的生产，建筑材料损耗减少60%，建设周期缩短30%以上，做到了房屋建造、使用的“全过程”节约能源，最大限度地减少了对环境的不利影响。尤其是在北方严寒地区可以做到“全年建设”，大大提高了建设效率。节能减排，为了可持续发展、科学发展，若能在我国全面实施住宅产业化，则按全国住宅需求量分析其效益是非常巨大的。住宅产业化可以全面提升我国住宅性能品质，同时还可带动相关产业的升级改造。

供稿单位：南通建筑工程总承包有限责任公司

上海浦江基地四期 A 块、五期经济适用房项目 2 标（05-02 地块）

项目名称： 上海浦江基地四期 A 块、五期经济适用房项目 2 标（05-02 地块）
项目地点： 上海市闵行区大型居住社区浦江基地
开发单位： 上海城建置业发展有限公司
设计单位： 上海市城市建设设计研究总院
深化设计单位： 上海市地下空间设计研究总院
施工单位： 上海城建市政工程（集团）有限公司
监理单位： 上海城建工程建设监理有限公司
项目功能： 保障性住房

本工程属于大型居住社区浦江基地四期 A 块、五期经济适用房项目的一个子项。该项目由 03-02、05-02、06-01 三个地块组成，均规划为居住用地；05-02 地块采用框架-剪力墙结构，总建筑面积 5.15 万 m^2。4 栋 18 层住宅，主、次梁、外墙及女儿墙全部预制，楼板、阳台板采用预制叠合板，柱、剪力墙采用现浇，预制率 50%。1 栋 14 层住宅，增加了预制柱，预制率为 70%。

该项目是上海市首个运用 PC 技术的大型保障房基地和上海 PC 预制率最高、规模最大的保障性住宅项目，见图 1、图 2。

图 1　浦江预制住宅场地图

图2　浦江预制住宅外立面实景图

1　高预制率装配式建筑体系

1.1　结构体系选择

综合比较国内外装配式建筑应用情况，该项目采用了框架-剪力墙体系，该体系具有如下优点：

（1）更具灵活性，较易实现大空间，承重墙体的减少，有利于用户个性化室内空间的改造。

（2）结构是点与线之间的关系，与剪力墙结构体系面与面的关系相比，结构构造简单，节点容易处理。

（3）梁、柱等预制构件为线性构件，可以控制自重，有利于现场吊装，节点连接处工程量小，比较适合装配。且预制率较高，可达70%以上甚至更高。

（4）与剪力墙等可自由结合，形成框架-剪力墙结构、框架-核心筒等多种结构形式，适用高度较高，在日本预制建筑高度可近60层、台湾也达到了38层。

（5）结构应用范围广，不仅可应用于住宅，还可广泛应用于商业楼、办公楼、工业厂房等建筑。

（6）为国际主流的预制结构形式，技术相对成熟。

25～28号楼采用了双单元拼接模式，层数为18层，预制率大于50%；29号楼采用了独立单元形式，层数为14层，预制率大于70%，标准层平面图见图3、图4。

同时，针对框架结构室内有凸出梁柱的特点，通过全装修或简装修等，弱化凸梁和凸柱的影响，见图5、图6。

1.2　高预制率体系的构件及连接设计

1.2.1　预制构件设计

（1）预制梁

主、次梁均采用叠合梁，主梁截面主要有300mm×500mm、300mm×600mm、400mm×600mm，次梁截面均为200mm×400mm，主、次梁叠合层厚度为160mm。典型梁形状如图7所示。

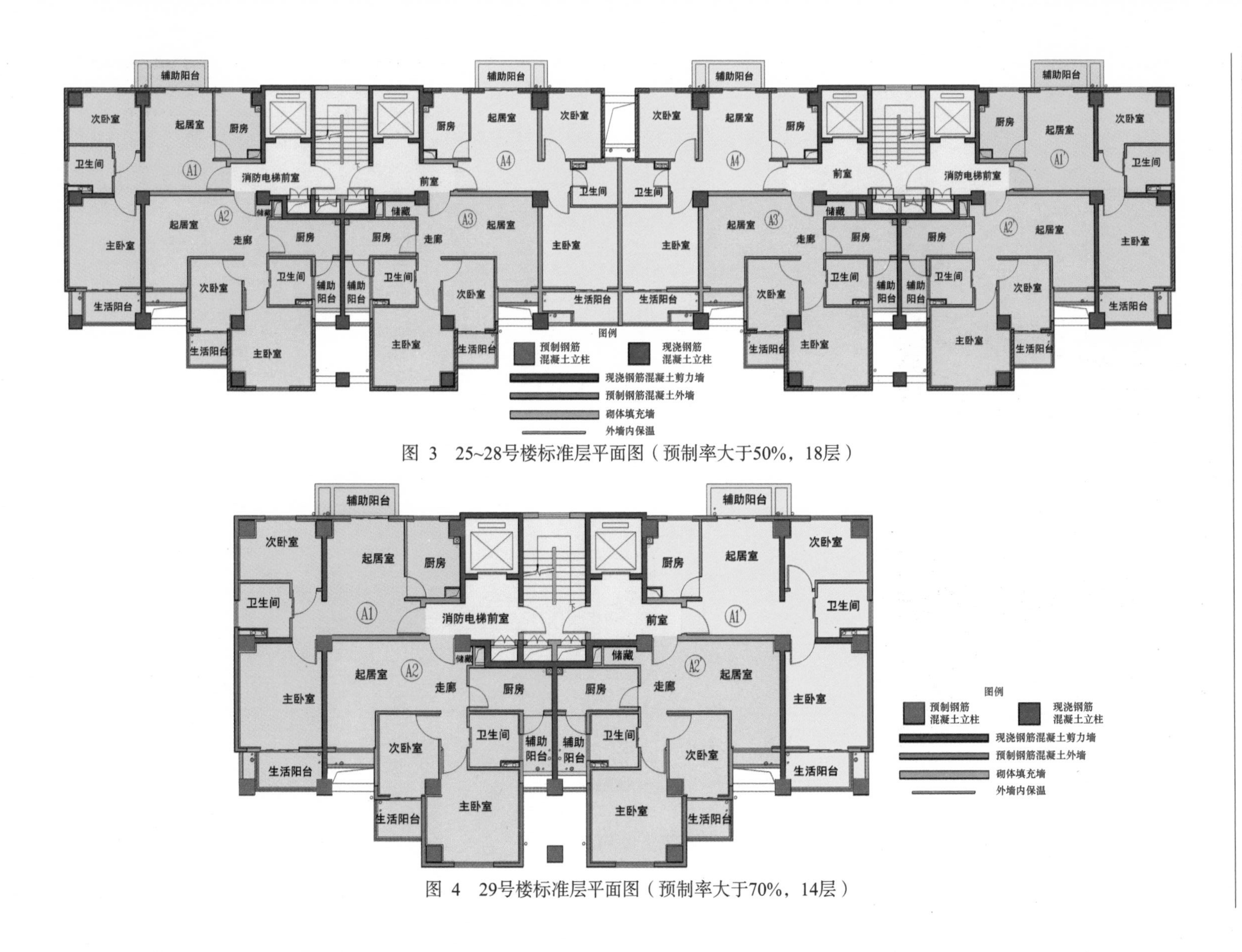

图 3　25~28号楼标准层平面图（预制率大于50%，18层）

图 4　29号楼标准层平面图（预制率大于70%，14层）

图5　卧室毛坯效果

图6　卧室装修后效果

图7　预制梁实景图

（2）预制柱

本项目的预制柱采用多螺箍筋柱，如图8～图10所示。预制柱长度同结构净高，底层与预留钢筋用钢套筒灌浆连接，上部预制高度至梁底，并留好连接钢筋。从同济大学土木工程防灾国家重点实验室提供的《预制混凝土结构梁柱节点抗震性能试验研究报告》来看，采用多螺箍柱的预制混凝土结构和现浇混凝土梁柱节点的主要抗震性能指标基本接近，预制混凝土框架节点和现浇混凝土框架节点具有相近的抗震能力，预制混凝土框架节点的承载力和延性略好于传统配筋的现浇混凝土节点。钢筋用量方面，多螺箍柱的主筋＋箍筋使用量较传统节约10％左右，具有较好的经济效益。

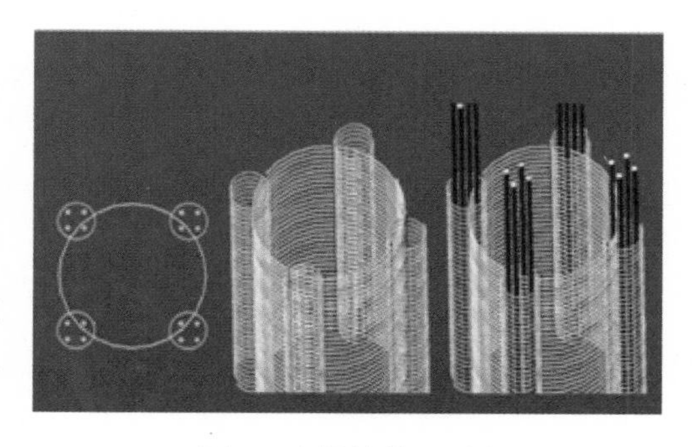

图8　多螺箍柱3D图

（3）预制楼板、阳台板

预制叠合楼板、阳台板设计采用桁架式配筋，粗糙面与下部预制部分结合成一体，这种配筋和构造方式既保证上部现浇混凝土的钢筋位置准确，又能保证预制部分和现浇部分结合的整体性，满足结构上的强度和刚度要求。本项目预制楼板75mm，现浇部分为85mm，总厚度160mm，如图11、图12所示。

图 9　多螺箍柱配筋示意图

图 10　05-02 地块预制柱现场堆放图

图 11　预制楼板实景图

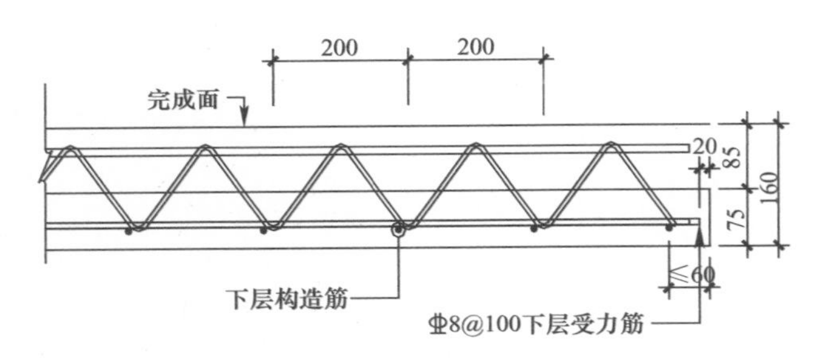

图 12　预制楼板桁架筋配筋图

阳台板厚均为 160mm，其中现浇层厚 85mm，预制部分厚 65mm，典型板形状如图 13 所示。

（4）预制外墙

预制外墙厚 150mm，预制外墙板采用了干式连接和湿式连接两种连接模式，墙板上部预留钢筋，插入梁内，与梁一起现浇固定，下部利用预留铁件将上下两块墙板焊接连接。预制外挂墙板的大样如图 14 所示。

1.2.2　预制构件连接设计

（1）梁柱连接

主梁与柱节点采用现浇混凝土连接（图 15），在工厂铺设梁上部主筋，将两侧预制梁端部钢筋上弯，吊装放入接头处，再将梁柱节点与楼板整体现浇，在梁端设有剪力榫。

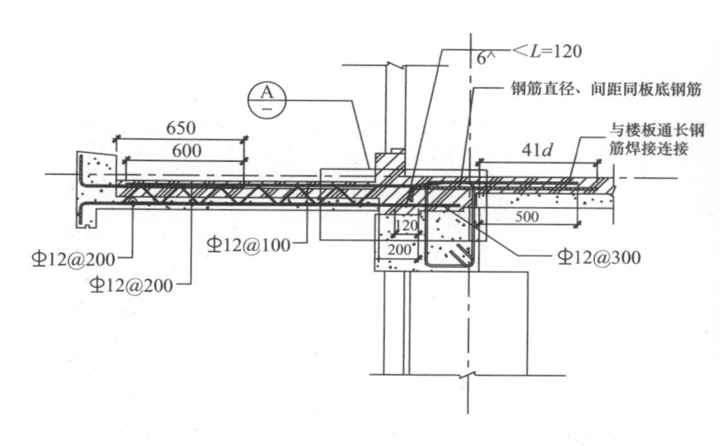

图 13　预制叠合阳台板

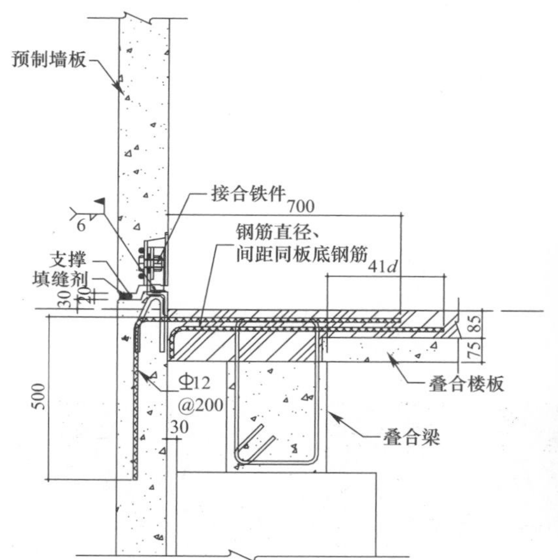

图 14　预制外墙板

图 15　梁柱节点实景图

（2）预制柱连接

本工程预制钢筋混凝土柱采用套筒连接，如图 16、图 17 所示。

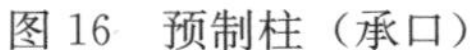

图 16　预制柱（承口）

图 17　预制柱（连接套筒）

（3）主次梁连接

由于主次梁均为叠合构件，次梁在与主梁连接时，次梁纵筋难以满足锚固要求。因此，本工程中主次梁连接设计为铰接，次梁通过牛担板企口梁的方式与主梁连接，如图 18 所示。这种连接形式是采用整片钢板为主要连接件，通过栓钉与混凝土的握裹来传递内力。

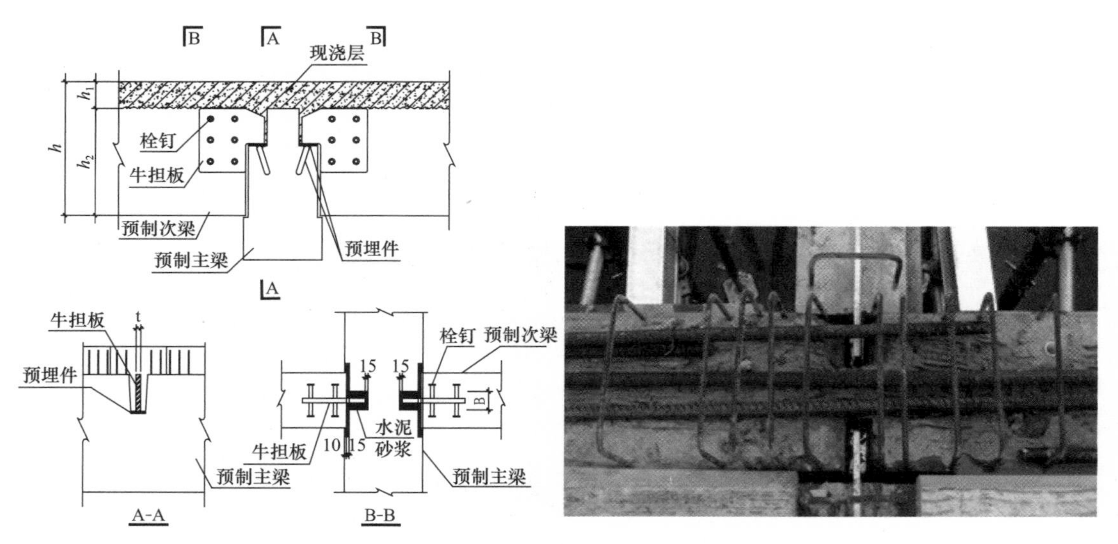

图 18　主次梁连接构造

（4）防水构造

在设计中为确保外墙拼接处不漏水，在水平拼缝处采用了三道防线，如图 19 所示。从外至内分别为：一次防水（PE 条＋聚硫胶）、减压空间防水、二次防水（Gasket＋PU）。最外侧为一次防水层，采用 PE 条和聚硫橡胶材料。拼缝中部为构造形成的减压空腔，在上下两块预制混凝土墙板相对应处分别设置凹槽，上、下两块板拼接时会形成内高外低的空腔，在下块板的顶部即空腔下部设置排水槽，在排水槽的尽端垂直拼缝底部设置排水管。在预制墙板的拼接内侧设置空心橡胶止水条（预埋预制板中）。外墙板界面防水详图见图 20。

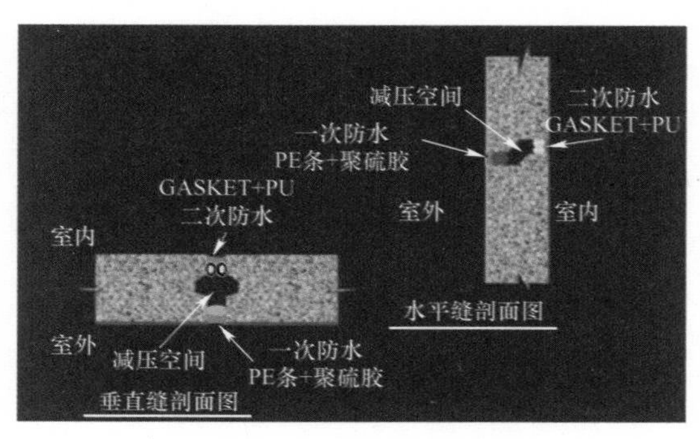

图 19　水平缝防水示意图

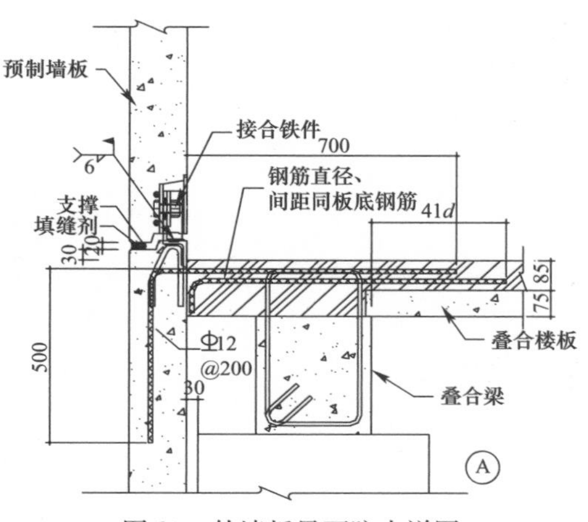

图 20　外墙板界面防水详图

2　构件深化设计技术

传统的深化设计过程是基于 CAD 软件的手工深化，主要依赖深化设计人员的经验，对每个构件进行深化设计，工作量大，效率低，而且很容易出错，将 BIM 技术应用于预制构件深化设计则可以避免以上问题，其深化设计难点和重点主要有预制构件划分、参数化配筋、碰撞检查和自动生成加工图纸和工程量四大部分，这里以 05-02 号地块 29 号楼为例介绍工程采用的构件深化设计技术。

2.1　构件深化设计流程

预制构件的深化设计是在原设计施工图的基础上，结合预制装配式建筑构件制造及施工工艺的特点，对设计图纸进行细化、补充和完善。研究建立了预制构件的深化设计流程，如图 21 所示。

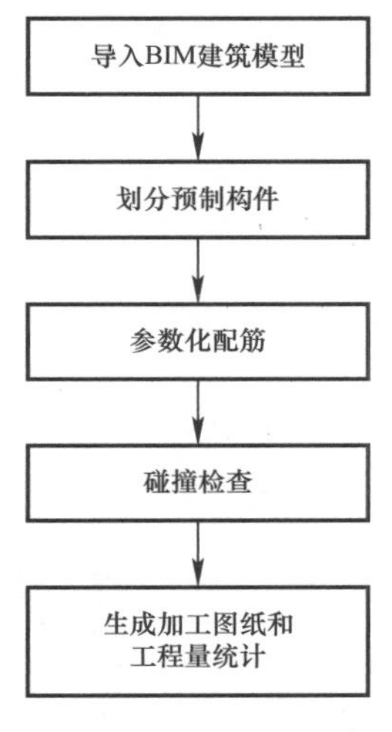

图 21　基于 BIM 的预制构件深化流程

2.2　预制构件分割及设计

预制装配式建筑采用预制构件拼装而成的，在设计过程中，必须将连续的结构体拆分成独立的构件，如预制梁、预制柱、预制楼板、预制墙体等，再对拆分好的构件进行配筋，并生成单个构件的生产图纸。经过研究确定了预制构件的拆分原则，形成了一系列的标准化构件，便于构件的标准化生产。

预制构件的分割，必须考虑到结构力量的传递，建筑机能的维持，生产制造的合理，运输要求，节能保温，防风防水，耐久性等问题，达到全面性考虑的合理化设计。在满足建筑功能和结构安全要求的前提下，具体应参照的原则有：

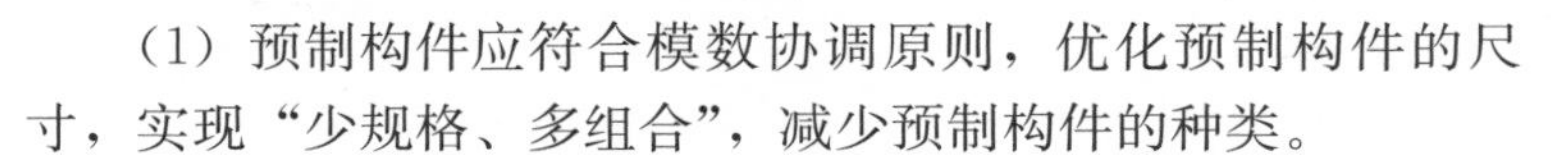
（1）预制构件应符合模数协调原则，优化预制构件的尺寸，实现“少规格、多组合”，减少预制构件的种类。

（2）相关的连接接缝构造应简单，所形成的结构体系承载能力应安全可靠。

（3）预制构件应与施工吊装能力相适应，并应便于施工安装，便于进行质量控制和验收。

2.3 预制构件配筋设计

构件拆分完毕后对所有的预制构件进行配筋。预制构件的配筋比较复杂，对钢筋的精度要求很高，BIM 软件提供了丰富的钢筋编辑手段，可以按照实际情况建立精确的钢筋模型，通过 Tekla 建立构件的钢筋，配筋顺序先纵筋后箍筋，有些构件的钢筋位置需要手工调整修改，比较繁琐，梁柱配筋如图 22、图 23 所示。

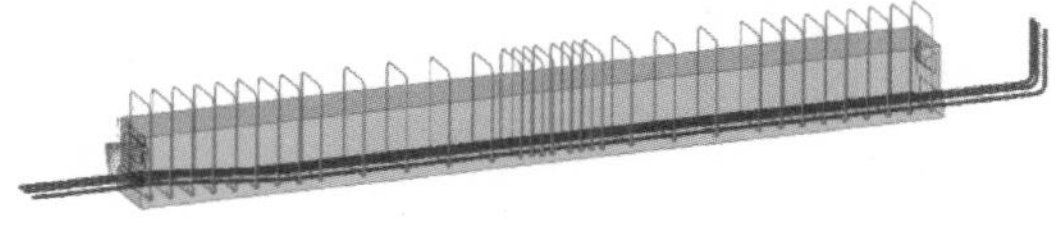

图 22 预制梁配筋

Tekla 软件虽然可以直接基于构件进行钢筋建模，但是预制构件种类较多，钢筋形状也很复杂，如果对整栋试验楼直接配筋，工作量相当大，由于需要人工调整，配筋过程也容易出错，因此有必要对配筋过程进行优化改进，提高效率，以便将来更好地应用到复杂预制建筑的深化设计过程中。

2.4 碰撞检查

预制构件进行深化设计，其目的是为了保证每个构件到现场都能准确地安装，不发生错漏碰缺。但是，一栋普通预制住宅的预制构件往往有数千个，要保证每个预制构件在现场拼装不发生问题，靠人工校对和筛查是很难完成的，而利用 BIM 技术可以快速准确地把可能发生在现场的冲突与碰撞在 BIM 模型中事先消除。

对于结构模型的碰撞检测主要采用两种方式，第一种是直接在 3D 模型中实时漫游，既能宏观观察整个模型，也可微观检查结构的某一构件或节点，模型可精细到钢筋级别，图 24 就是对试验楼的一个梁柱节点进行三维动态检查。

第二种方式通过 BIM 软件中自带的碰撞校核管理器进行碰撞检测，碰撞检查完成后，管理器对话框会显示所有的碰撞信息，包括碰撞的位置，碰撞对象的名称、材质及截面，碰撞的数量及类型，构件的 ID 等。当选取列表中的某个碰撞位置时，碰撞实体会在模型中高亮显示出来，以便检查修改，如图 25 所示。

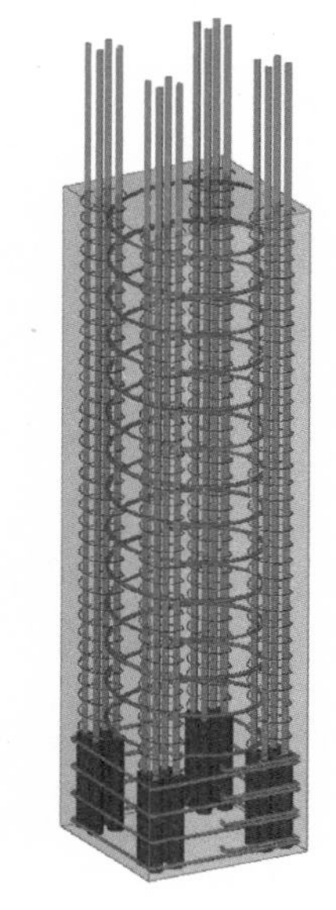

图 23 预制柱配筋

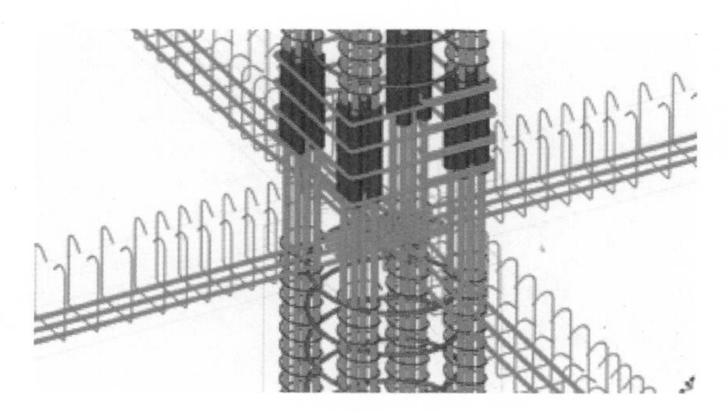

图 24 梁柱节点的三维漫游视图

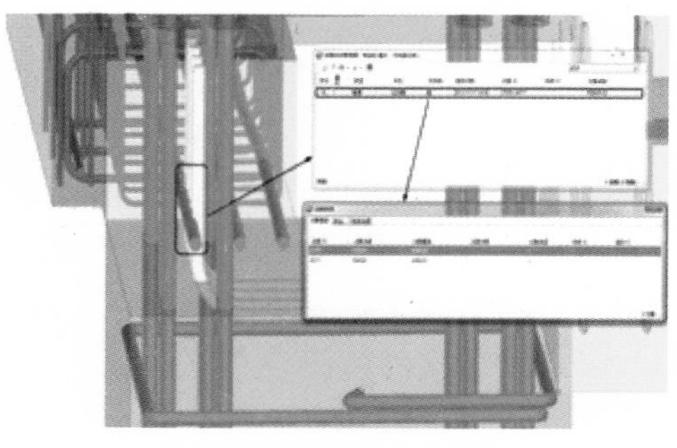

图 25 梁柱节点发生碰撞

3 预制构件生产技术

3.1 生产工艺流程图

生产工艺流程如图26所示。

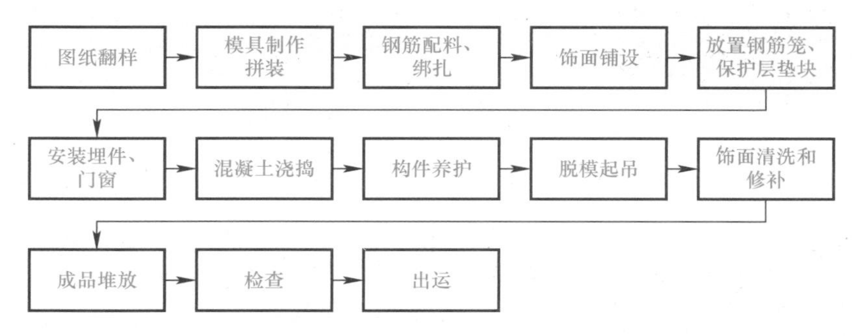

图26 生产工艺流程图

3.2 构件制作实景过程

构件制作过程为：模具组立—钢筋入模—预埋件安装及孔洞预留—门窗框和保温材料安装—混凝土浇筑构件成型—构件养护—模具拆除和构件起吊—构件修补—成品保护，见图27～图34。

图27 模具组立

图28 钢筋入模图

图29 预埋件安装

图30 窗框安装

图 31　混凝土浇筑

图 32　构件起吊

图 33　构件修补

图 34　预制构件的堆放与保护

4　预制装配式建筑施工过程

本项目应用的主要施工技术为预制装配式住宅施工技术，主要包括柱、梁、板、楼梯、阳台等预制构件的现场安装及调整，精度控制，现浇节点施工，新型配筋技术，新型柱接头技术等。

4.1　场地规划

考虑现场运输路线，将基地分为西向两个出入口，两个大门为考虑预制构件进出，皆设为 12m 大门出入口，单向逆时针通行。吊装时，大梁以 X 轴向构件先吊装，Y 轴向构件后吊装为原则，再吊小梁，再吊 KT 板，再吊预制外墙板。构件堆置及运输路线如图 35 所示。

4.2　预制构件汇总信息

构件最大重量为外墙挂板，最重为 4.55t，预制构件总计 13675 个构件，汇总信息见表 1。

4.3　预制住宅施工难点及主要对策

根据本工程的建筑类型、功能特点以及所处位置等因素，确定以下施工技术方法和技术措施为本工程施工管理的重点、难点。

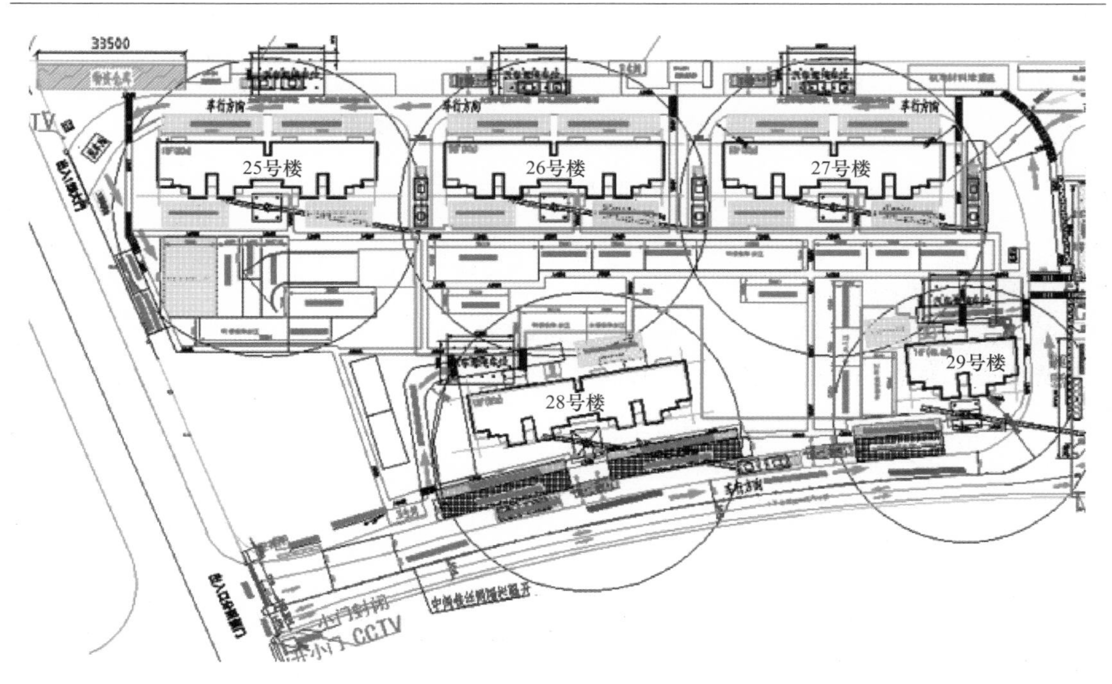

图 35　地上结构施工期间（土方回填后）平面布置示意图

预制构件汇总表　　表 1

25 号～29 号楼	预制柱	叠合主梁	叠合次梁	预制混凝土外墙板	预制女儿墙	预制阳台板	叠合楼板（KT 板）
25 号楼		765	493	540	48	144	1054
26 号楼		765	493	540	48	144	1054
27 号楼		765	493	540	48	144	1054
28 号楼		765	493	540	48	144	1054
29 号楼	286	338	182	210	24	56	403
合计	286	3398	2154	2370	216	632	4619

4.3.1　预制构件运输、堆放等管理难度较大

装配式建筑工程涉及大量的预制构件的运输、堆放等，如何做好这方面的管理，是预制结构施工的一个难点。

现场墙板堆放支架需进行安全分析，确保堆放期间的安全性，防止发生倾覆事故。

同时完善构件的编号规则，加强构件管理力度，对各个构件进行跟踪管理。

对于进场的构件及时按照编号规则进行编号并造册管理，堆放区域根据施工进度计划进行划分，使各构件的堆放区域与相关吊装计划相符合。

强制柱现场堆放见图 36。

图 36　预制柱现场堆放图

图 37　预制构件吊装图

4.3.2　构件吊装风险较大

由于本工程大部分构件均采用预制构件现场装配（图 37），不可避免地要采用大量起重机械，由于起吊高度及重量均较大，再加上部分构件形状复杂，因此对吊装施工提出了非常高的要求。

为此，特地开发了适用于预制装配式住宅的专用平衡吊具，同时加强起重吊装实力，确保整个施工期间起重吊装作业的安全性。

施工期间所有的吊车司机及司索人员必须持证上岗，所有人员上岗前还需由相关技术、安全负责人对其进行专项技术安全交底，同时加强对相关人员的预制构件吊装专项培训力度，现场配置足够的安全管理人员对整个吊装过程进行严密监控。

4.3.3　现场构件安装临时支撑风险较大

由于预制构件吊装好之后，在节点现浇处理之前，处于危险受力状态，两端架设支座较短，为了保证安全，同时为了减小预制构件的变形，需在节点现浇之前设置临时支架，支架采用专用门式支架，支架设置上下调整座，上部使用小型钢作为承重件，支撑间距及数量需进行安全性计算，并由技术负责人复核后上报监理单位审批，审批完成后实施，见图 38、图 39。

图 38　门式支架

图 39　柱斜撑

所有的临时支架进货时必须进行验收，同时需验收质保资料，支架验收项目主要为壁厚及外观质量，首次使用的支架类型还需进行试压，确定其最大承重能力，支架顶部承重件严禁采用枕木，必须使用专用小型钢。

4.3.4　进度控制难度较大

由于现场堆场条件限制，构件不可能一次进货太多，因此需仔细研究吊装计划，将构件吊装计划分解到日计划，根据日计划编制构件进场计划，确保吊装进度有条不紊地进行，同时在施工期间及时对影响进度计划的因素进行分析，进而及时对相关计划进行调整。

4.3.5　各专业施工队之间协调难度较大

由于本工程涉及较多的专业分包，包括预制构件吊装作业队、现浇结构作业队、粗装修作业队、水电安装作业队等，同时由于本工程为预制装配式结构，梁、外墙板等采用预制构件现场拼装，女儿墙、楼板采用叠合板。结构施工期间主要涉及的施工队为吊装、现浇及安装，这三个施工队均存在施工作业交叉现象，预制构件拼装完成后需及时进行接头现浇施工，预制构件拼装的质量直接影响到现浇接头的施工质量，因此拼装质量不仅需要吊装队伍严格控制，还需要现浇队伍进行监控验收，对于影响现浇施工的问题及时提出并要求其限期整改。同时构件拼装期间现浇队伍应及时做好相关现浇结构的准备工作。

结构施工期间水电安装应同步实施预埋，由于本工程部分管线需在预制期间进行预埋，预埋件质量直接影响后续施工质量，因此在构件预制期间就安排安装队伍专业人员驻厂对预埋件进行监控验收，同时在现场施工期间做好各现场预埋件的定位、预埋等工作，并严格按照要求进行验收，并做好与结构队伍相关的进度协调工作。

4.3.6　施工质量要求高

主要质量控制要点为预制构件的安装精度、现浇接头的施工质量、已完成产品的保护等方面。

施工时将组织一个由有丰富测量经验的测量工程师带队的测量队伍，对整个施工期间的构件安装精度进行全程复核，发现问题及时纠正，尤其要注意累积误差的影响，防止由于累积误差过大造成后续施工纠偏困难。

对于现浇接头，严格按照深化设计图纸对现浇接头的各项要求进行控制，主要控制要点为各预制构件预留锚固钢筋的连接形式和连接长度，同时要保证接头处混凝土浇筑质量及注浆锚固接头的质量。

由于外墙板为整体预制，修补难度大，同时破损影响外观质量，本工程预制外墙挂板在运输及吊装过程中应加强对其的保护力度，防止磕碰造成缺角、损坏等情况的发生，起吊过程中，安排专人对可能受到影响的板块进行监控保护。

4.4　主要施工过程

现场采用的复合式预制工法，即将混凝土结构采用工厂预制、现场吊装与现浇结合的方法进行，标准层施工顺序依序为：柱定位→大梁吊装→小梁吊装→楼板铺设→梁柱接头钢筋摆设→顶层钢筋铺设→楼板灌浆至下一楼层柱定位，外墙板或其他预制构件可与梁柱同步吊装或于框架完成后吊装，见图40～图47。

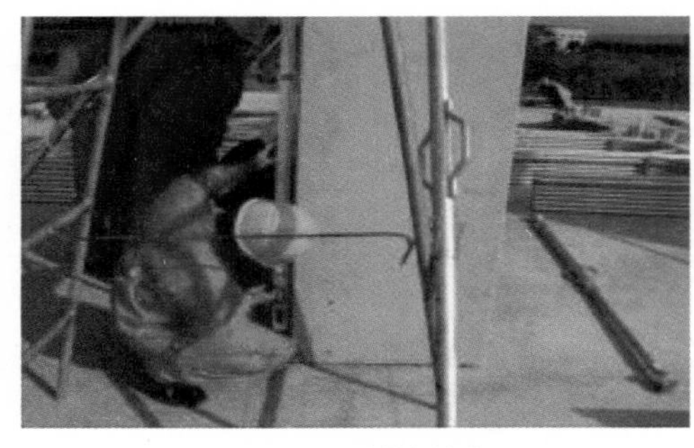

图40　预制柱就位

图41　大梁吊装

图 42 小梁吊装

图 43 楼板铺设

图 44 楼板钢筋铺设

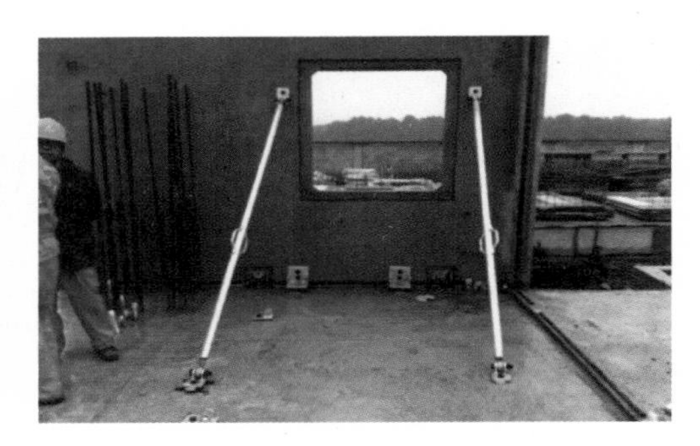

图 45 外墙板安装

图 46 一层施工图

图 47 高层施工图

5 项目成果

浦江 05-02 地块的预制住宅建设，得到业内广泛关注和认可，依托项目建设成果，2011 年 11 月，上海城建获得上海首个国家住宅产业化基地。项目工业化技术成果先后获得“2012 年全国工程建设优秀质量管理小组”一等奖、2013 年“第三届全国建筑业企业管理现代化创新成果”一等奖等奖项。

在项目建设过程中，上海城建共申请专利 11 项，其中发明专利 4 项，实用新型专利 7 项，目前已获得授权 9 项。2013 年，项目获得由住房和城乡建设部颁发的“二星绿色建筑设计标识”证书。

6 装配式住宅建设体会

6.1 标准化在装配式建筑中至关重要

浦江05-02地块为保障房性质，户型规格较少，采用装配式建筑技术，实现了结构构件的标准化、模数化设计和生产，建筑工业化生产方式的优势能够得以体现。

在建设过程中尽量采用相似的建筑风格、户型和结构，便于使用同一规格、同一标准的成型部品、构件，在设计、施工等方面可以降低难度，提升工效，根据规模经济的原理，也将大大降低部品、构件的生产成本。

6.2 装配式建筑可以有效缩短建设工期

装配式建筑技术可以缩短现场施工的时间，加快建设速度。首先是工程中所使用的部品、构件由专业化企业在工厂环境中生产，不受天气、季节的影响，供应稳定，可以节省施工过程中部品、构件生产、加工和养护所消耗的时间。

其次，直接使用工业化的部品、构件，相当于施工过程的前移，减少了施工流程的交叉，可以进行并联式施工，缩短施工流程。

最后，装配式建筑施工过程以现场装配为主，只需在关键节点上实施连接和现场浇筑。同时，很大程度上突破了气象限制，不再要求施工现场天气晴好，或者施工温度在摄氏零度以上。南方多雨、北方冰冻等不良天气对住宅施工的影响将大为减少。

6.3 装配式建筑质量提升显著

装配式建筑技术是以标准化、系列化和工业化为前提，能够保证部件生产的同质化，避免构件尺寸不符合设计要求而产生的裂缝，较好地解决窗台、外墙渗水，水电管线及消防设施存在安全隐患等传统施工方式存在的通病。预制梁、板、柱、阳台、楼梯等在车间内制作，标准化蒸汽养护，产品质量得到了更有效的控制，抗裂性能大为增强。用此构件建造的房屋结构具有良好的整体性和抗震性。并且预制构件外观光洁，房屋框架细部美观。

6.4 装配式建筑环境效益明显

现场装配式施工，立柱、搭梁、装板过程几乎不产生扬尘，水泥砂浆用量亦明显减少。现场作业的振动、机具运转、工地汽笛产生的噪声明显降低，施工工地和现场周边的环境可以得到有效保护。

6.5 需重点关注深化设计环节

预制构件具有精确化，产品化特点。深化设计是在常规建筑设计的基础上增加的对装配式建筑技术的延伸设计。深化设计涉及土建设计（建筑、结构、给水排水、暖通、电气、燃气、节能、构件图）；室内设计（与预制构件相连的预留洞口、管线、预埋件等）；部品设计（栏杆、百叶、雨篷、空调位、门窗等与预制构件相连的部品）；施工组织设计（施工组织方案包括构件生产、物流组织、现场组织等内容，对设计提出合理化要求）等许多方面。预制构件在深化设计时要求设计师考虑得更综合、更全面、更精细。BIM技术应用于装配式建筑领域开发、设计、生产、施工、管理等方面是技术的重大提升，也是未来的发展方向。

6.6 装配式建筑成本

为推进新技术的应用，产业的升级，建造成本会有一定的提高。欧美、日本等国家由于预制市场较为成熟，上下游产业链齐全，预制建筑与现浇结构相比，造价增加10%～20%。台湾地区的预制住宅，较传统现浇结构增加10%～15%。

上海城建的经验表明，框架剪力墙结构预制率达到50%～70%时，增加成本700元/m^2～1000元/m^2。业内其他企业的经验表明，20%～30%左右预制率的预制住宅，每平方米造价增加300元～450元。

根据以上数据及相关企业的经验，成本增加程度与预制率大致呈正相关性，我们的开发经验表明，预制率每提高10%，成本增加为150元/m^2左右。

7 结语

从社会综合效益分析以及改善住宅品质、提高安全生产和文明施工水平、缩短施工周期、减少对熟练劳动力依赖等潜在价值来看，发展工业化预制装配式建筑技术，是国家和地区社会经济发展到一定水平的必然选择，也将是我国住宅建设发展的必由之路。预制装配式建筑工程的建设是一项综合性很强的创新工作，周期长、涉及工作面比较广、管理人员水平要求高，未来的几年即将迎来预制建筑产业的迅速发展期，需要我们不断地总结经验，推动预制建筑产业的发展。

供稿单位：上海城建（集团）公司

西伟德叠合板式住宅推广实验楼

项目名称： 西伟德叠合板式住宅推广实验楼

项目地点： 安徽省合肥市经济技术开发区青鸾路37号，所属气候区：夏热冬冷地区

开发单位： 合肥经济技术开发区住宅产业化促进中心

设计单位： 安徽省建筑设计研究院

施工单位： 中建四局第六建筑工程有限公司

监理单位： 安徽省建科建设监理有限公司

项目功能： 西伟德混凝土预制件厂内办公楼（按照18层住宅楼进行设计）

建筑总面积1699.3m^2，建筑高度16.10m（按18层设计），地下0层，地上5层，局部6层。竣工时间为2010年12月，2011年开始运营。

1　建筑、结构概况

建筑图纸见图1～图3，结构类型为叠合板式混凝土剪力墙结构，剪力墙抗震等级为三级。

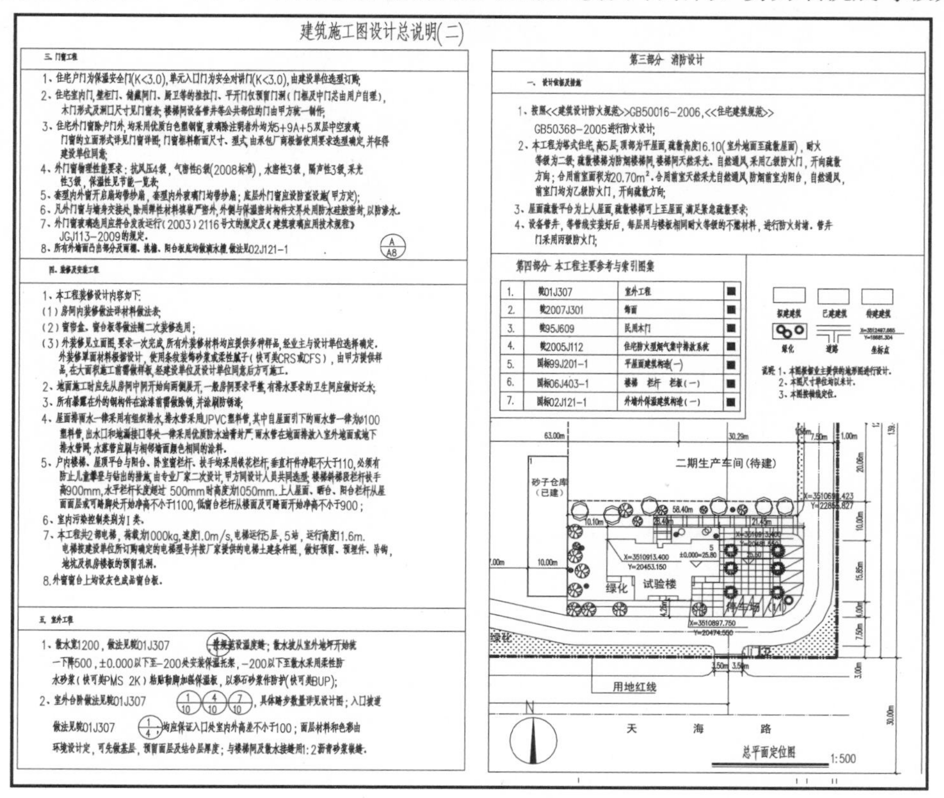

图1　总说明及平面图

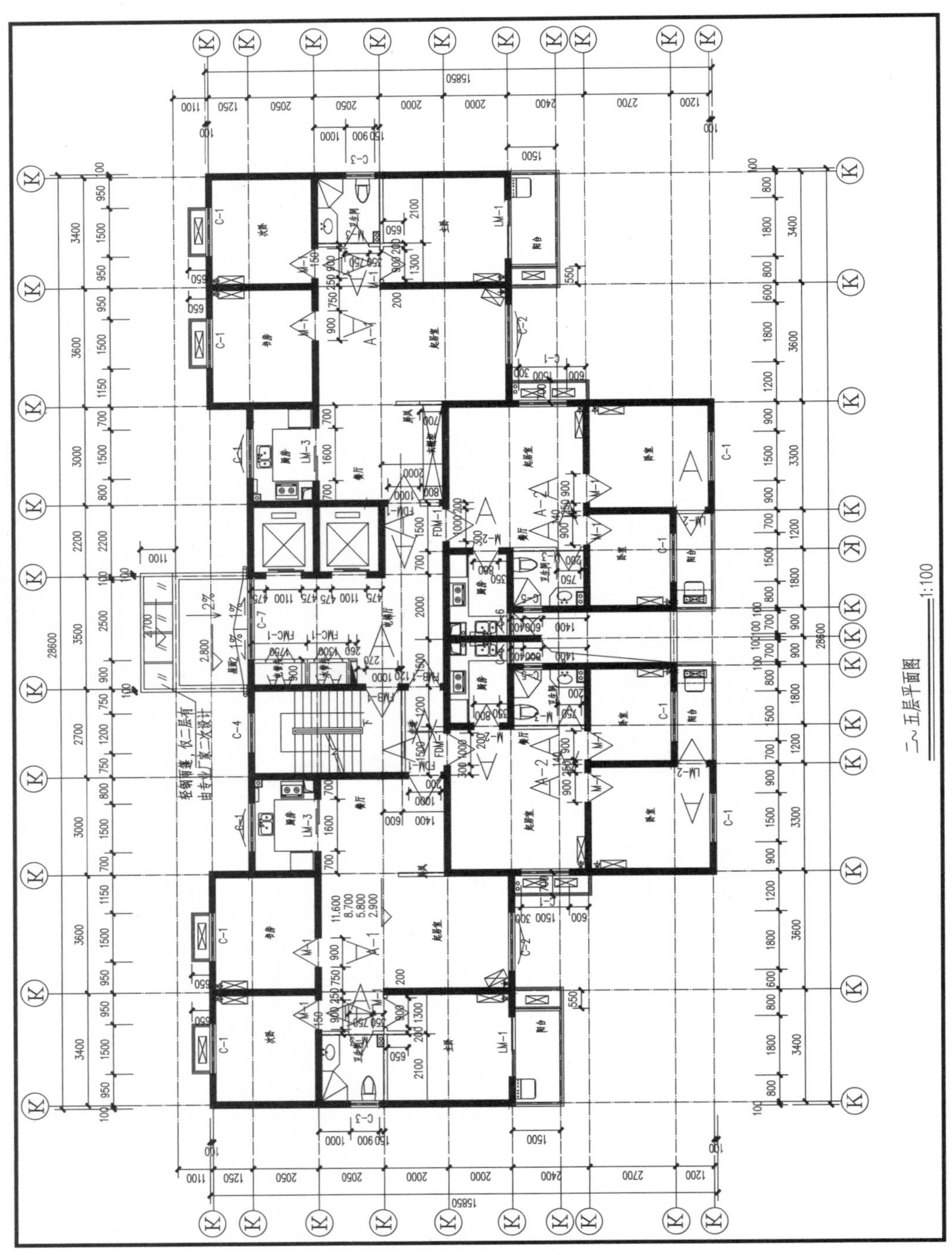

图 2 标准层平面图

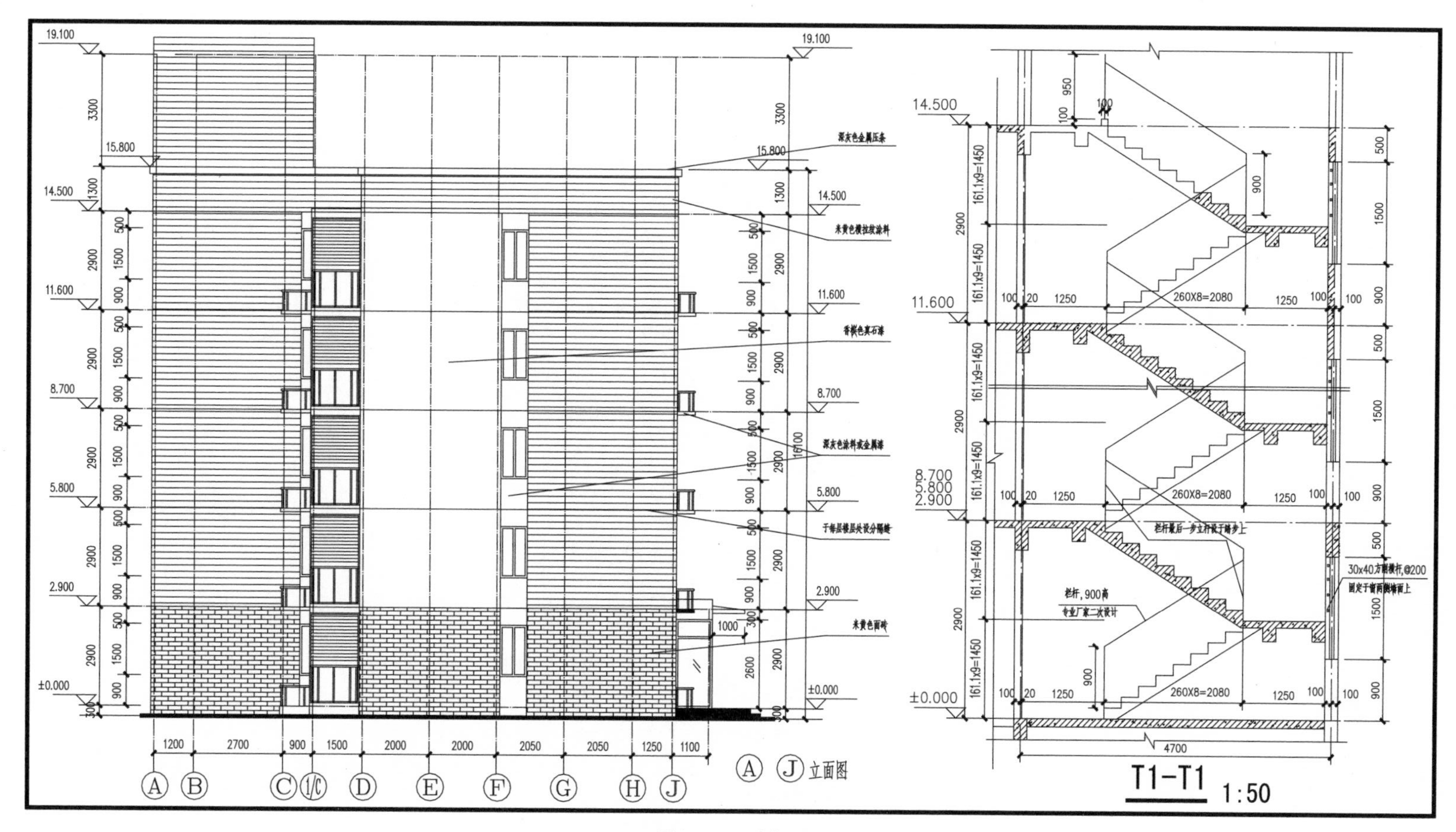
A J 立面图
T1-T1 1:50
19.100
15.800
14.500
11.600
8.700
5.800
2.900
±0.000
16100
260X8=2080
161.1x9=1450
4700
30x40方钢横杆,@200
栏杆,900高

图 3 立、剖面图

抗震设防烈度为：7 度，基本地震加速度 0.10g。

2 工业化应用情况

2.1 具体措施（表 1）

建筑工业化技术应用具体措施 **表 1**

结构构件	施工方法①		预制构件所处位置	构件体系（详细描述，可配图）	重量（或体积）	备注
	预制	现浇				
外墙	√		外剪力墙	预制叠合墙板由两层预制板与格构钢筋制作而成，现场安装就位后，在两层板中间浇筑混凝土，采取规定的构造措施，提高整体性，共同承受竖向荷载和水平荷载作用	63.2m^3	
内墙	√		内剪力墙	预制叠合墙板由两层预制板与格构钢筋制作而成，现场安装就位后，在两层板中间建浇筑混凝土，采取规定的构造措施，提高整体性，共同承受竖向荷载和水平荷载作用	149.1m^3	
楼板	√		全部楼板	现场安装预制混凝土楼板，以其为模板，辅以配套支撑，设置与竖向构件的连接钢筋、必要的受力钢筋及构造钢筋，再浇筑混凝土叠合层，与预制叠合楼板共同受力	92.9m^3	
楼梯	√		楼梯	预制楼梯为整体预制构件，其应满足设计要求的支撑边界条件，钢筋深入支座长度应满足受力所需的锚固及构造要求	8.25m^3	
阳台	√		阳台	预制阳台为整体叠合式预制构件，其应与主体结构可靠连接，防止发生倾覆破坏	5.1m^3	
女儿墙						
梁	√		梁	在预制钢筋混凝土梁上架立受力负筋后，再在预制梁上部浇筑一定高度的混凝土所形成的整体梁	7.5m^3	
柱						
建筑总重量（体积）				711.84m^3	预制构件总重量（体积）：326.05m^3	
主体工程预制率②					45.8%	
其他	是否采用精装修（是/否）：是 是否应用整体卫浴（是/否）：否 列举其他工业化措施：BIM 技术，产业化生产及施工					

① 施工方法一栏请划√；
② 主体工程预制率＝预制构件总重量（体积）/建筑总重量（体积）。

2.2 两项指标计算结果

（1）主体工程预制率为45.8%，见表2

主体工程预制率 表2

类型	预制构件体积	预制与现浇总体积	预制率
叠合楼板	92.9m^3	241.54m^3	38.5%
叠合墙板	212.3m^3	445.83m^3	47.61%
预制梁	7.5m^3	11.12m^3	67.44%
预制楼梯	8.25m^3	8.25m^3	100%
预制阳台	5.1m^3	5.1m^3	100%

（2）工业化产值率

工业化产值率＝工业化生产产值/建筑总造价＝180万元/400万元＝45%

2.3 成本分析

西伟德叠合板式住宅推广试验楼工程已经完工。通过总结该工程及相关工程建设经验和研究成果，形成了叠合板式混凝土剪力墙住宅结构体系（以下简称“叠合板住宅”）经济分析报告。经济分析项目组在试验楼施工过程中，依据编制的施工图预算，全过程监测并记录施工数据，和同类型传统钢筋混凝土现浇住宅（以下简称“传统住宅”）进行比较，得出如下结论：

（1）人工工日：叠合板住宅现场施工用工较传统住宅少30%～35%。

（2）主体结构材料费用：叠合板住宅主体结构材料费用较传统住宅高60%～70%。

（3）机械使用费：叠合板住宅机械使用费用较传统住宅少15%～20%。

（4）周转材料：（主要是混凝土墙、板的模板）使用量较少，周转材料叠合板住宅较传统住宅少65%～75%。

（5）装饰材料：叠合板住宅较传统住宅省去了粉刷抹灰层。

（6）总造价：叠合板式住宅和同类型传统住宅相比高出10%～15%。如果同时建造两至三幢该住宅，将会摊薄项目管理成本、临时设施投入成本以及合理安排各班组人工流水作业，完全可以实现与传统建筑成本持平。

（7）施工工期：叠合板式住宅和同类型传统住宅相比，缩短施工工期约30%。

（8）由于叠合板住宅克服了传统住宅的施工质量通病，大大降低了住宅全寿命周期使用过程中的维修费用，该部分所节约费用在本经济分析中未考虑。

（9）建筑垃圾、现场噪声等：叠合板住宅在施工过程中，所产生的建筑垃圾、施工噪声等，较同类型住宅大大减少，具有良好的社会效益和环保效益，符合发展绿色建筑和住宅产业化政策。

2.4 设计、施工参数与图片

2.4.1 主要构件及节点设计图

（1）叠合楼板图纸见图4。

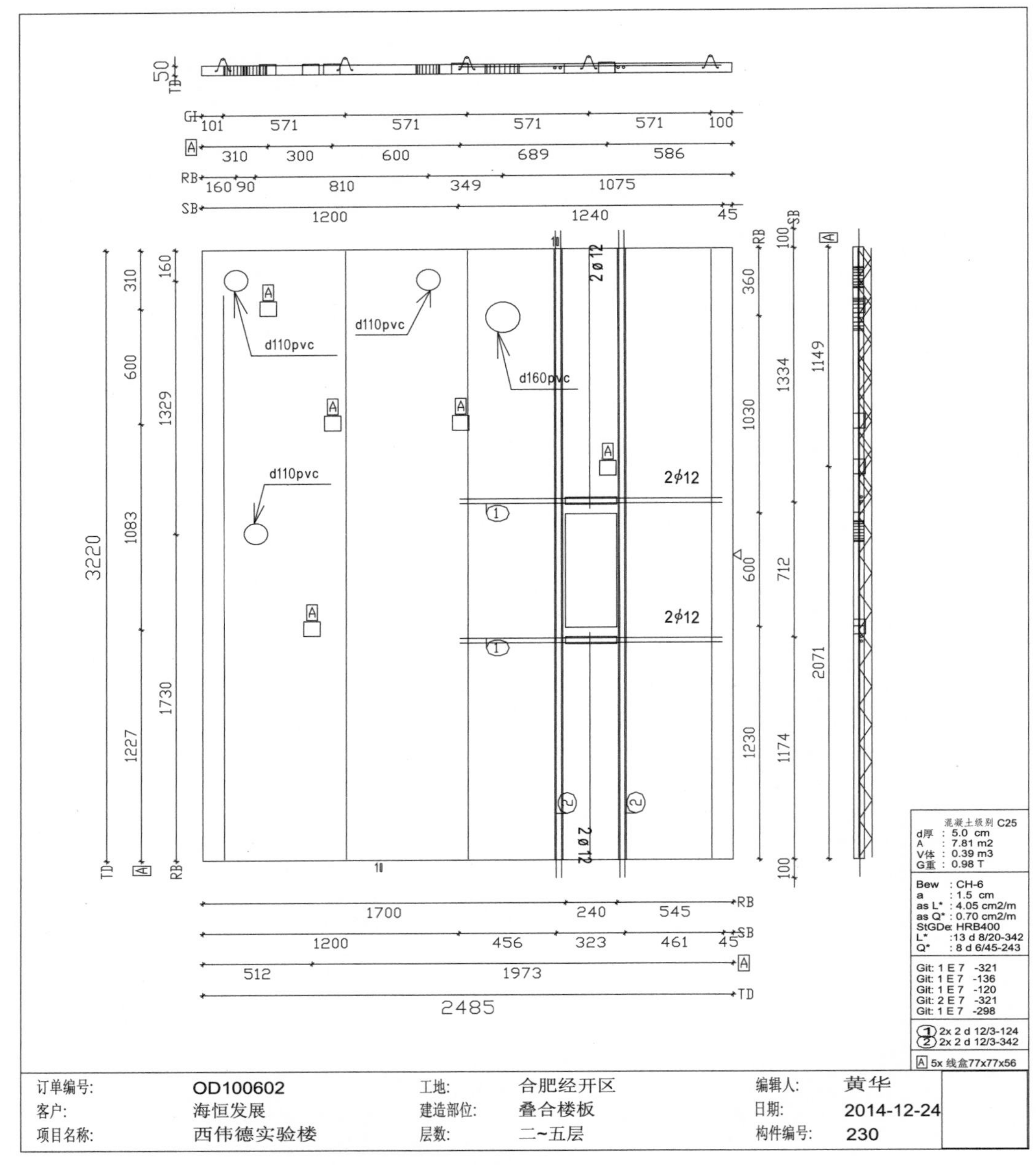

图 4　叠合楼板图纸

（2）叠合墙板图纸见图 5。

（3）预制楼梯见图 6。

（4）预制梁见图 7。

（5）节点设计图纸见图 8。

2.4.2　施工图片

本项目中楼板最大尺寸为 6.24m×2.485m×0.06m，重量约为 2t；墙板最大尺寸为 3.92m×2.72m×（0.05m+0.05m），约为 2.7t；施工现场采用一台 QTZ80 塔机。部分施工现场图片如图 9～图 16 所示。

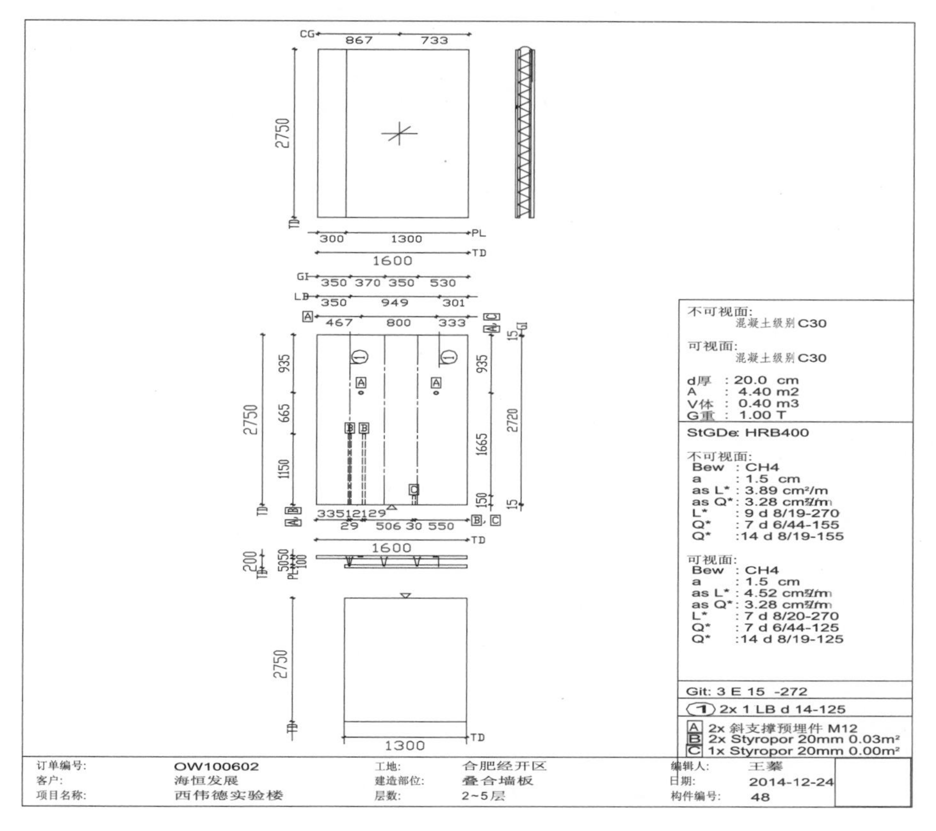

图 5　叠合墙板图纸

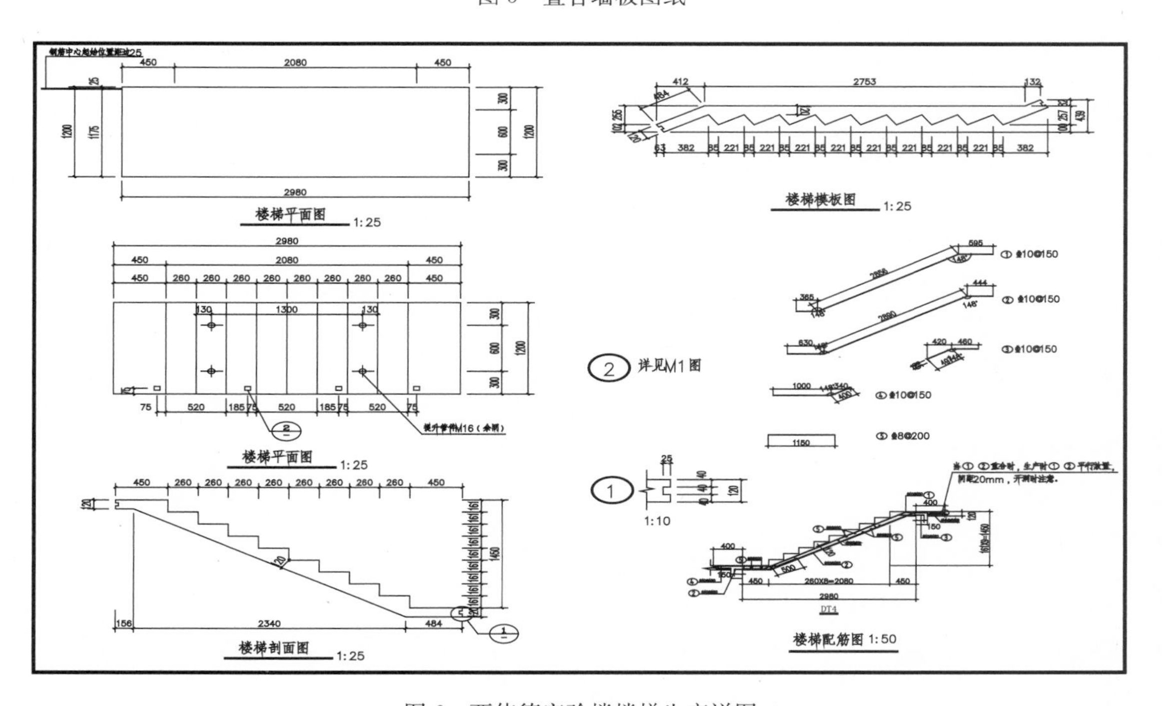

图 6　西伟德实验楼楼梯生产详图

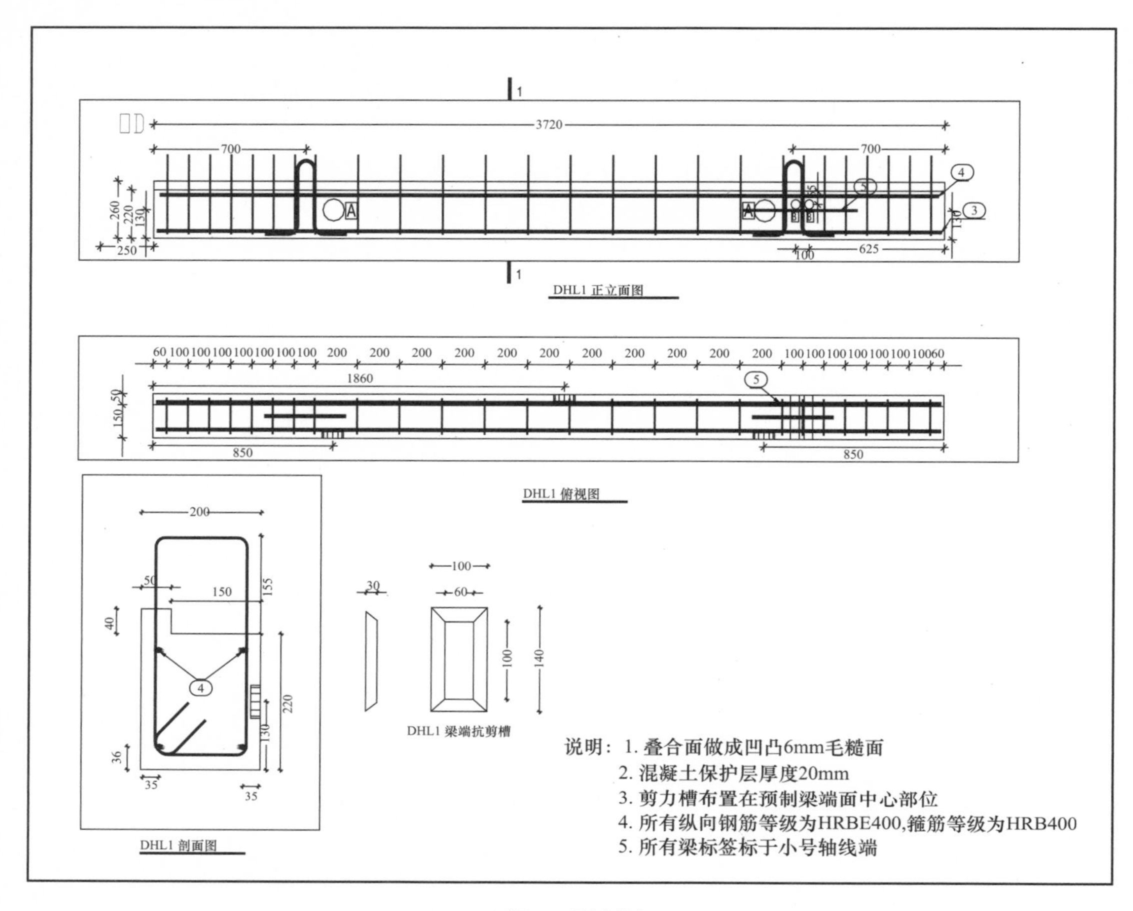

图 7　预制梁

3　工程科技创新与新技术应用情况

叠合板式钢筋混凝土剪力墙结构体系在该项目中的应用，解决我国多年来在推广工业化生产建筑构件产品中出现的质量、防水、隔声、构件尺寸、平整度等关键问题，拼缝节点和构件连接的构造设计满足我国抗震设防规范要求，填补了我国建筑结构体系上的一项空白，是科研成果转化为实际应用的成功范例。通过该工程的实施，参与方组织编写了《叠合板式混凝土剪力墙结构预制墙板安装施工工法》及《叠合板式混凝土剪力墙结构预制楼板安装施工工法》两部省级工法。工法是对施工工艺、施工方法进行系统的整理和总结，有利于保证工程质量和安全，降低工程成本和缩短施工工期，具有显著的经济效益和社会效益，且为叠合板式混凝土剪力墙结构施工及验收地方规程的编制，提供了科学、安全、合理、经济可靠的科学依据；最终为工程设计方法、施工工艺和降低施工成本，提高施工速度等提供可靠的理论和工程实践依据，具有十分重要的现实意义。此外，该项目还应用其他新技术与新工艺，如：①叠合楼、墙板支撑技术，该技术主要应用于叠合楼、墙板的支撑。其支撑的搭拆快、易管理，节省材料、绿色环保，材料科节省 2/3；②预拌砂

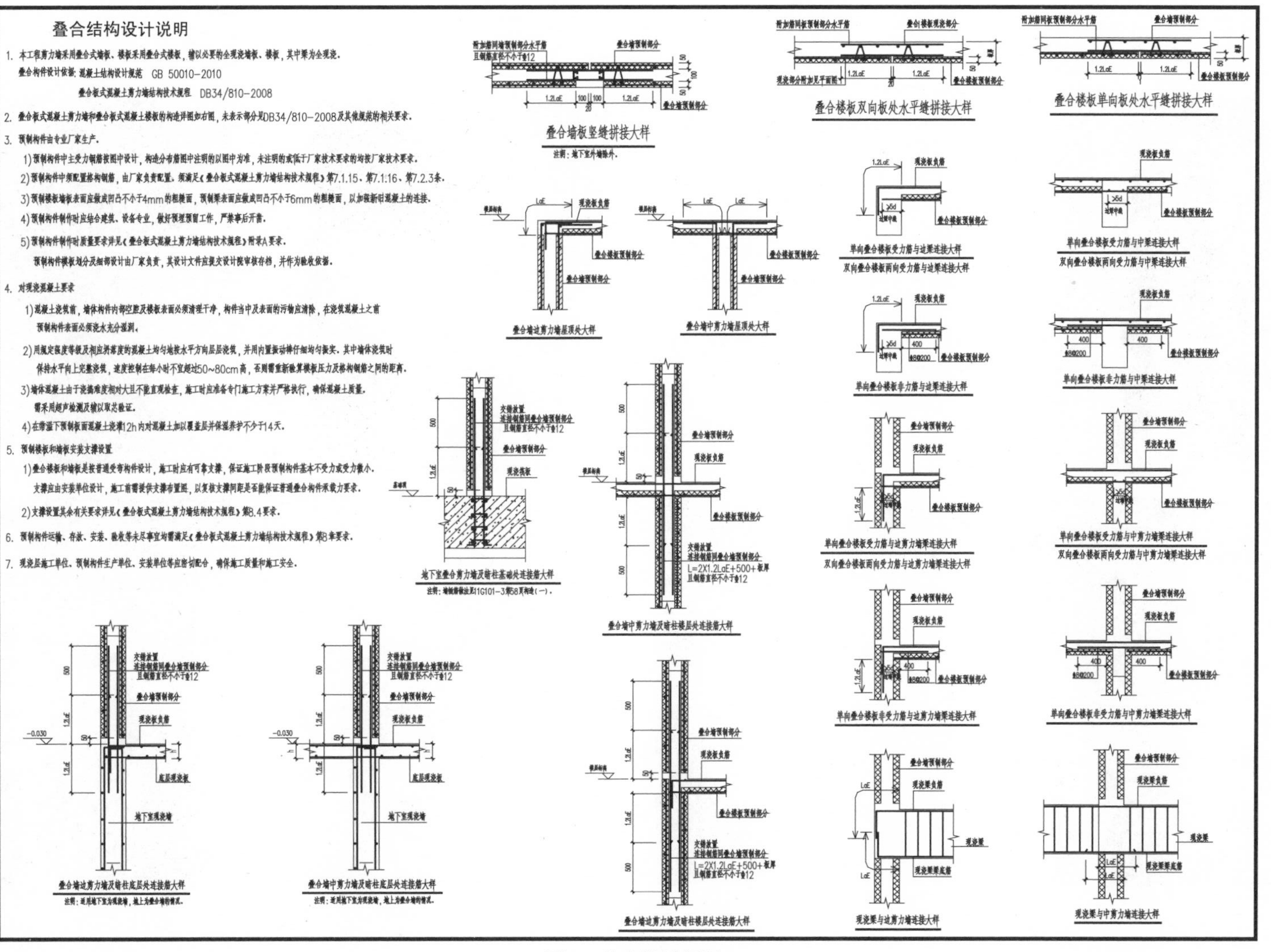
叠合结构设计说明
1. 本工程剪力墙采用叠合式墙板、楼板采用叠合式楼板，辅以必要的全现浇墙板、楼板，其中梁为全现浇。
叠合构件设计依据：混凝土结构设计规范 GB 50010-2010
叠合板式混凝土剪力墙结构技术规程 DB34/810-2008
2. 叠合板式混凝土剪力墙和叠合板式混凝土楼板的构造详图如右图，未表示部分见DB34/810-2008及其他规范的相关要求。
3. 预制构件由专业厂家生产。
1)预制构件中主受力钢筋按图中设计，构造分布筋图中注明的以图中为准，未注明的或低于厂家技术要求的均按厂家技术要求。
2)预制构件中须配置格构钢筋，由厂家负责配置。须满足《叠合板式混凝土剪力墙结构技术规程》第7.1.15、第7.1.16、第7.2.3条。
3)预制楼板墙板表面应做成凹凸不小于4mm的粗糙面，预制梁表面应做成凹凸不小于6mm的粗糙面，以加强新旧混凝土的连接。
4)预制构件制作时应结合建筑、设备专业，做好预埋预留工作，严禁事后开凿。
5)预制构件制作时质量要求详见《叠合板式混凝土剪力墙结构技术规程》附录A要求。
预制构件模板划分及细部设计由厂家负责，其设计文件应提交设计院审核存档，并作为验收依据。
4. 对现浇混凝土要求
1)混凝土浇筑前，墙体构件内部空腔及楼板表面必须清理干净，构件当中及表面的污物应清除，在浇筑混凝土之前预制构件表面必须浇水充分湿润。
2)用规定强度等级及相应坍落度的混凝土均匀地按水平方向层层浇筑，并用内置振动棒仔细均匀振实。其中墙体浇筑时保持水平向上完整浇筑，速度控制在每小时不宜超过50~80cm高，否则需重新验算模板压力及格构钢筋之间的距离。
3)墙体混凝土由于浇捣难度相对大且不能直观检查，施工时应准备专门施工方案并严格执行，确保混凝土质量。需采用超声检测及辅以取芯验证。
4)在常温下预制板面混凝土浇灌12h内对混凝土加以覆盖层并保湿养护不少于14天。
5. 预制楼板和墙板安装支撑设置
1)叠合楼板和墙板是按普通受弯构件设计，施工时应有可靠支撑，保证施工阶段预制构件基本不受力或受力微小。支撑应由安装单位设计，施工前需提供支撑布置图，以复核支撑间距是否能保证普通叠合构件承载力要求。
2)支撑设置其余有关要求详见《叠合板式混凝土剪力墙结构技术规程》第8.4要求。
6. 预制构件运输、存放、安装、验收等未尽事宜均需满足《叠合板式混凝土剪力墙结构技术规程》第8章要求。
7. 现浇层施工单位、预制构件生产单位、安装单位等应密切配合，确保施工质量和施工安全。
叠合墙板竖缝拼接大样
叠合楼板双向板处水平缝拼接大样
叠合楼板单向板处水平缝拼接大样
叠合墙边剪力墙屋顶处大样
叠合墙中剪力墙屋顶处大样
地下室叠合剪力墙及暗柱基础处连接筋大样
叠合墙中剪力墙及暗柱楼层处连接筋大样
叠合墙边剪力墙及暗柱底层处连接筋大样
叠合墙中剪力墙及暗柱底层处连接筋大样
叠合墙边剪力墙及暗柱楼层处连接筋大样
现浇梁与边剪力墙连接大样
现浇梁与中剪力墙连接大样

图8　节点设计图纸

图 9 叠合板复核

图 10 叠合檐板、叠合楼板及叠合梁安装

图 11 预制楼梯安装

图 12 楼板钢筋安装

注：楼板下层钢筋安装完成后，进行水电管线的敷设工作，完成后进行上层钢筋的工作。

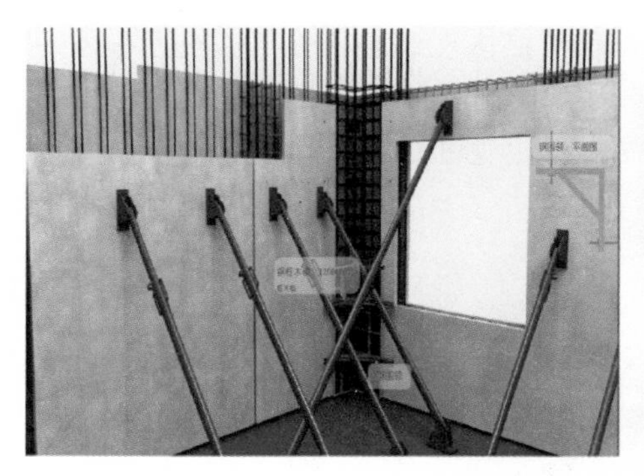

图 13　现浇节点钢模封堵及混凝土浇筑

图 14　施工完成后叠合墙板及楼板

图 15　施工完成并做好成品保护的楼梯

图 16　施工过程及完工后的项目

浆技术（图 17）；③BIM 技术；④薄层法（图 18）贴内墙砖施工技术，薄层法贴内墙饰面砖主要应用在卫生间的瓷砖施工，该技术大大减少了材料的使用，减少了大量人工及提高了瓷砖的施工质量，增加了卫生间净空面积，公司通过创新和总结完成了《薄层法贴内墙饰面砖施工工法》并通过了省级工法的评审。

图 17　成品砂浆储运罐

图 18　瓷砖薄贴法示意

4　工业化应用体会

4.1　设计体会

本项目中所采用的叠合板式混凝土剪力墙结构是顺应住房产业化发展趋势而引进的新型结构体系。该结构体系由经过两次浇筑叠合而成的钢筋混凝土板状构件一叠合墙板和叠合楼板组装而成。在工厂生产预制构件时，在预制墙板的两层之间、预制楼板的上面，设置格构梁钢筋，既可作为吊点，又增加平面外刚度，防止起吊时开裂。在使用阶段，格构钢筋作为连接墙板的两层预制片与二次浇注夹心混凝土之间的拉接筋，作为叠合楼板的抗剪钢筋，可提高结构整体性能和抗剪性能。该结构体系具有工厂化生产程度高、现场施工方便、易于控制产品质量且节材环保等优点，符合住房产业化发展方向。此外，安徽省地方标准《叠合板式混凝土剪力墙结构技术规程》DB34 810—2008 及《叠合板式混凝土剪力墙结构施工及验收规程》DB34/T1468—2011 已正式颁布和实施，为产品的市场准入创造了条件。

西伟德实验楼在项目设计时装修设计已经介入，水电设计配合建筑、结构设计预留预埋定位到位；真正做到电梯间，楼梯间四周墙体的预制，楼梯间平台板，梯段，阳台，空调板，墙体，楼板的预制，提高了预制率；在实际应用中多用叠合构件，如叠合楼板，叠合梁，叠合墙，整体叠合式预制阳台板，保证整体性；尽可能地利用剪力墙带门洞口及窗洞口来实现装配一体化，尽可能地统一 L，T 角异形柱的尺寸，来保证装配式模板的通用性。且在施工图设计、深化设计、构件生产及构件装配施工中采用 BIM 技术（图 19）。

深化设计阶段是装配式叠合板剪力墙结构建筑实现过程中的重要一环，可以说是起到承上启下的作用。通过深化阶段的实施将建筑各个要素进一步细化成单个的包含全部设计信息的构件（图 20）。一个建筑往往包含上千个构件，这里面又包含大量的钢筋、预埋的线盒、线管和设备。深化设计人员利用 BIM 平台对模型进行碰撞试验，检测不同构件之间，线盒、线管、设备和钢筋之间是否存在相互干涉和碰撞，并根据检测结果对各个要素进行调整，进一步完善各要素之间的关系，直到完成整个深化设计过程。

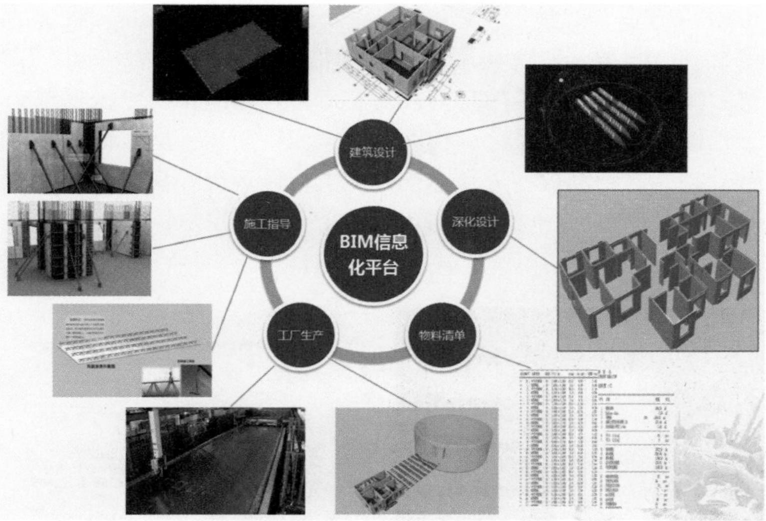

图 19　BIM 全流程信息管理平台

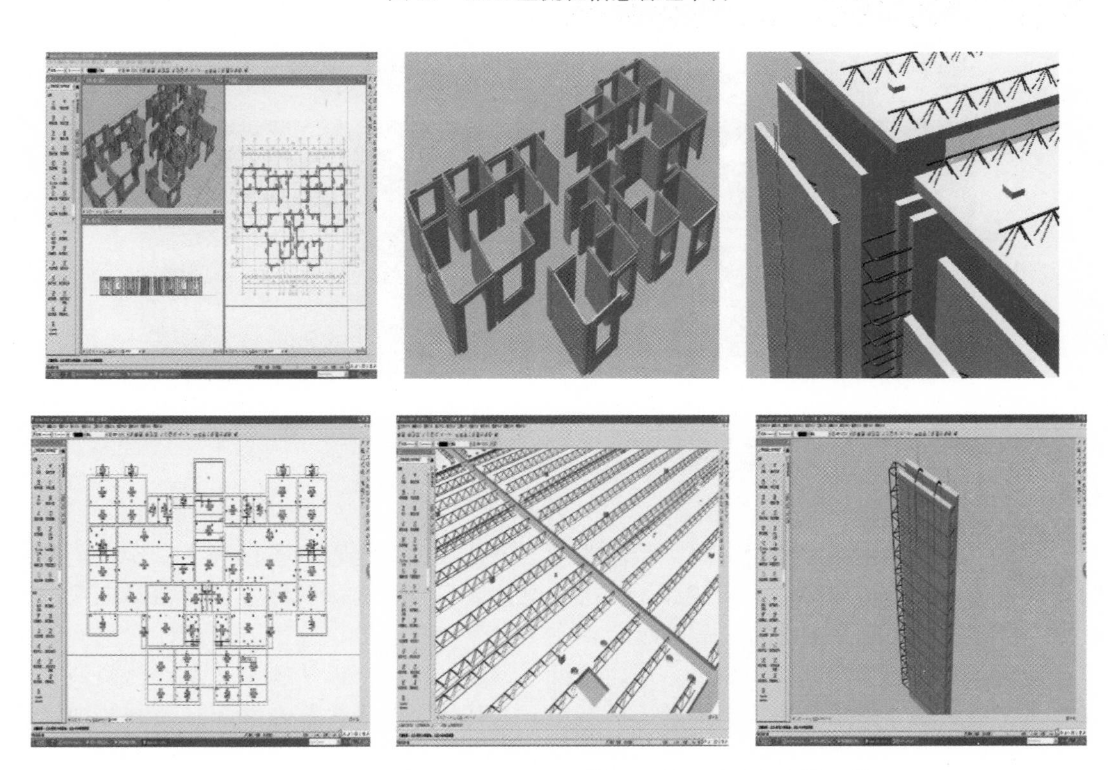

图 20　BIM 平台建立的楼、墙板整体及钢筋级精确构件信息模型

当深化设计完成时，构件所包含的所有元素都存在于构件模型中。这里面包含构件尺寸、重量、线盒、线管和设备预埋等基本信息以及构件堆放表，通过 BIM 软件生产数据的生成系统将构件所有元素信息进行归类整合，并储存在信息模型的中心数据库（图 21）。在生产前，深化设计人员通过 BIM 的内部信息传输功能将单个构件基础信息、整合后的

归类信息传输给 AV（生产管理系统见图 22）。生产管理人员根据其中的材料归类整合信息实现与财务 ERP（企业资源规划：Enterprise Resource Planning）系统的对读，从而快速实现对物料的统计、归类、采购和用量的精确控制。生产过程中利用 BIM 输出的钢筋切割信息，通过数控机床实现钢筋的自动裁剪和弯折。绘图系统则根据单个构件的基础信息自动进行精准绘图，包括构件尺寸、预埋定位。当钢筋和预埋敷设完成即可进行混凝土浇筑、振捣，并自动传送到养护室进行养护，直至构件运出厂房实现科学堆放。构件的整个生产过程在 BIM 的生产监控平台（图 23）上可视、可控，从而大大加强了对产品质量和生产周期的管理。

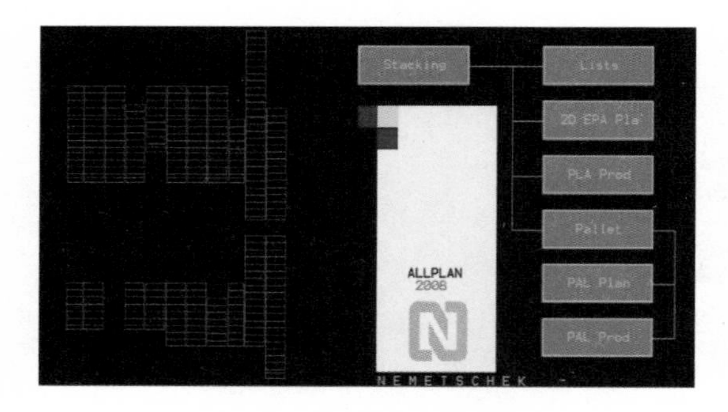

图 21　BIM 中信息数据库

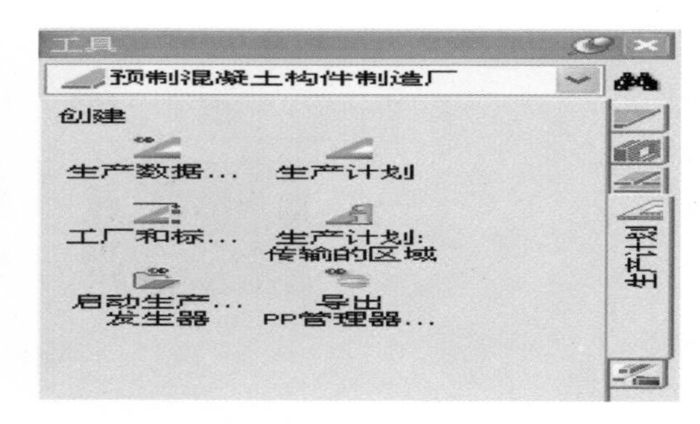

图 22　BIM 中生产管理系统

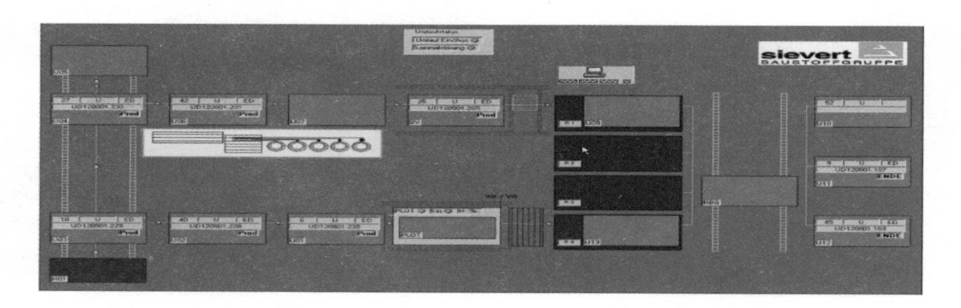

图 23　生产过程监控平台

4.2　施工体会

在整个建筑的生命周期里，施工阶段的投资最大，也是能否节省投资、减少安全事故的关键。传统施工过程中，由于建筑、结构、设备之间的内部协调性差，会频繁出现设计变更，造成大量不必要的浪费。故该项目在实施过程中，甲方、施工方、设计方及构件工厂全程参与，特别是在施工图阶段，从建筑设计到装修设计，再从施工图设计转换到叠合楼板、叠合墙板和预制楼梯等都实现了标准化。尤其叠合楼板、叠合墙板和预制楼梯等部品构件的设计真正实现了标准化、通用化和模数化。

该楼的主体结构部品部件都采用工厂化生产（图 24）。叠合楼板、叠合墙板和预制楼梯均由德国西伟德混凝土预制件（合肥）有限公司生产。主结构的部品件的工厂化大大提升了工程的结构质量，构件的垂直度、平整度、混凝土的质量、格构钢筋标准化等都得到了有效控制。因工厂化生产可以有效避免了因天气问题导致施工现场不能正常施工，可以做到提前根据计划进行生产和预制，大大节省工期和天气的不可抗力。另外，主结构部品件的工厂化生产可以避免建筑垃圾的大量产生和环境污染，又因叠合板的养护为 24 小时无水养护，从而缩短了混凝土的养护时间并避免了大量的污水产生。

图 24　工厂流水化生产

因该楼主结构体系的墙板、楼板、楼梯等施工实现了现场装配化吊装施工，每道工序环环相扣（图 25～图 27），而且均形成固定格式，避免交叉施工而产生的二次整改，传统作业交叉施工而产生的互相工种扯皮矛盾进行了消解（主要体现安装预埋和木工作业）。从而真正意义上实现了建筑主结构体系的装配化，土建装修的一体化。该工程为全装修，采用工厂化预制构件的生产和现场安装，从而使墙面、楼板面的平整度得到了大幅提升，在后期墙体及楼顶粉刷施工过程中，由于该结构体系无须再进行粉刷找平施工，只需涂料施工即可，从而节省了大量砂浆和人工，大大降低施工难度，室内面积也得到有效增加，从而使土建装修一体化的难度大幅度降低。采用叠合板结构体系使模板量大量减少，尤其外墙、电梯井内墙等模板施工难度大、安全维护较难的部位，降低了模板安装和拆除过程的安全风险，减小安全管理难度。相对于传统钢管脚手架，叠合板支撑体系不需要专业架子工架设，操作简易，质量更易控制，安全可靠性更高。新叠合板支撑体系工作量不足钢管支撑的 1/5，极大地减少了支撑周转消耗的人工，同时，较大的支撑间隙给施工人员提供了更大的操作空间；叠合板结构施工工期在标准层时缩短至每层 5 天，快于同体量传统结构体系单层施工工期。叠合板结构体系水电管线预埋工作在结构施工中基本完成，同时可省去墙面粉刷工序，在结构封顶后更可体现工期优势。其次施工难度大幅降低，叠合板结构体系采用机械化吊装施工，大幅降低了施工人员工作强度，大量水电管线、预留洞口在工厂内埋设（图 28），避免了传统结构体系水电安装施工可能出现的二次开孔、开槽，以及二次开孔、开槽处理不当可能出现的质量问题。故土建装修一体化可以实现节材和大量的建筑垃圾的产生，也避免了因装修时间不一致造成的噪声扰民。

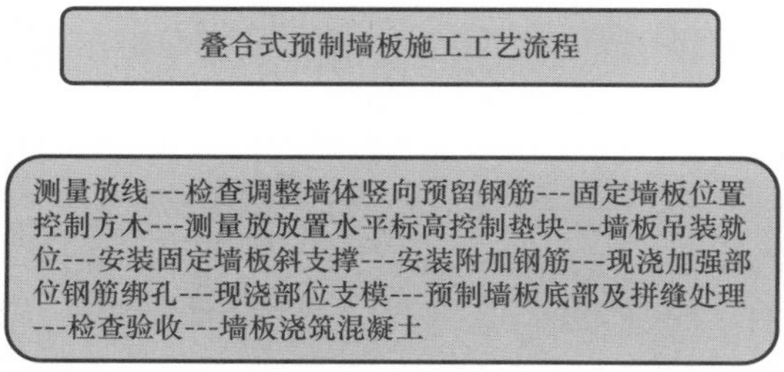

叠合式预制墙板施工工艺流程
测量放线---检查调整墙体竖向预留钢筋---固定墙板位置控制方木---测量放放置水平标高控制垫块---墙板吊装就位---安装固定墙板斜支撑---安装附加钢筋---现浇加强部位钢筋绑孔---现浇部位支模---预制墙板底部及拼缝处理---检查验收---墙板浇筑混凝土

图 25　叠合式预制墙板施工工艺流程

叠合式预制楼板施工工艺流程
检查支座及板缝硬架支模上平面标高---楼板支撑体系安装---楼板吊装---附加钢筋及楼板下层钢筋摆放---水电管线敷设、连接---楼板上层钢筋摆放---预留洞口支模---楼板板底拼缝处理---检查验收---楼板浇筑混凝土

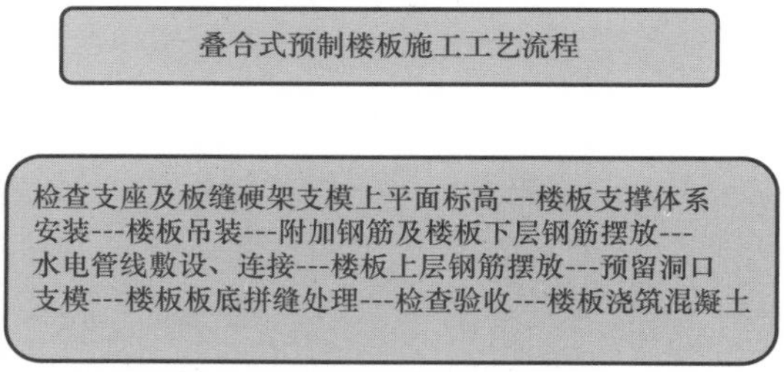

图 26　叠合式预制楼板施工工艺流程

测量放线
叠合板墙板安装
钢筋安装、现浇部位模板就位
框架梁模板支撑、钢筋安装
楼板支撑安装
叠合楼板安装
楼板底部筋绑扎
管线敷设
楼板上部钢筋及预留插筋绑孔
现浇部位楼板安装、预制楼板底部拼缝处理
检查验收
混凝土浇筑
技术间歇期
二层测量放线
（循环叠合板施工工艺）

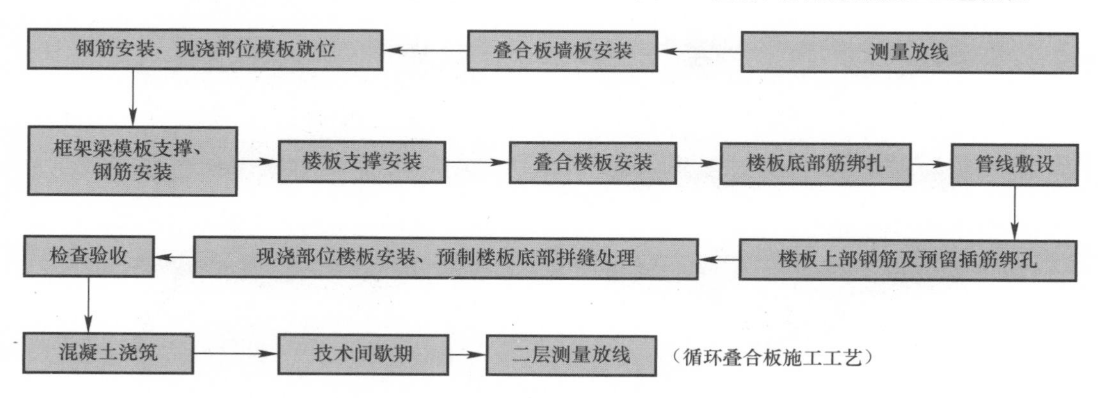

图 27　叠合板循环施工工艺

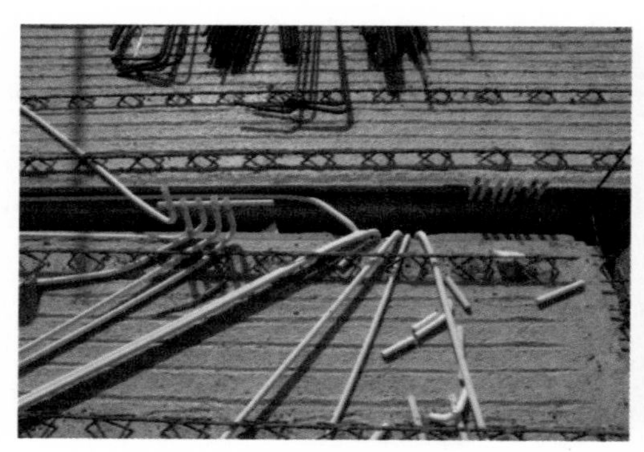

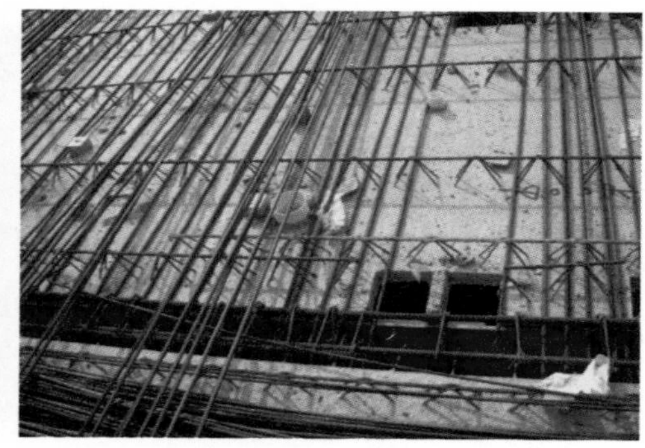

图 28　大量水电线盒、线管、套管及洞口预留预埋

在工程验收方面，由于叠合板式混凝土剪力墙结构体系建筑工程主要是混凝土结构，其验收应按照国家标准《建筑工程施工质量验收统一标准》GB 50300、《混凝土结构工程施工质量验收规范》GB 50204 和地方标准《叠合板式混凝土剪力墙结构技术规程》DB34 810—2008 的规定进行。叠合板式混凝土剪力墙结构体系建筑工程的主体结构分部工程按

照不同的施工方法、不同材料等，划分为叠合式墙板安装工程、叠合式楼板安装工程、其他预制构件安装工程、现浇钢筋混凝土工程、水电暖卫等预留预埋安装工程五个分项工程，并以每层楼划分为一个检验批。其中现浇钢筋混凝土工程的质量验收直接采用《混凝土结构工程施工质量验收规范》GB 50204的规定，其他均按照相关标准进行验收。此外，叠合式板预制构件生产厂家在提供构件时必须同时提供构件合格证和检验报告，预制构件的允许偏差应符合设计及《叠合板式混凝土剪力墙结构施工及验收规程》DB34 810—2008的有关规定。

通过该工程项目的实践，将装配式叠合板结构体系与传统结构体系进行比较，叠合板体系具有结构质量明显提升、施工安全有效提高、施工周期明显减短、施工难度大幅降低、建造成本有效可控、住宅低碳环保节能等优点。通过该项目的开工建设，积累了大量的装配式结构施工经验，并获取了宝贵数据，为合肥推广用住宅产业化方式建造保障性住房积累了宝贵经验。

5 总结

中央人口资源环境工作座谈会提出：要大力发展节能省地型住宅，全面推广节能技术，制定并强制执行节能、节材、节水标准，按照减量化、再利用、资源化的原则，搞好资源综合利用，实现经济社会的可持续发展。这就要求建筑行业必须以科学发展观为指导，推进住宅建筑工业化生产，使住宅建设从粗放型发展方式向集约型方向转变；努力提高住宅质量，进一步满足广大居民对高品质、低消耗住宅的要求，探索出一条适合建筑行业可持续发展的创新之路。叠合板式钢筋混凝土剪力墙结构住宅体系的应用，将大大改善本地区民用建筑建造质量和使用寿命，降低现场施工强度、费用以及对环境的影响，并将改变传统的住宅建造模式。这种新型结构体系的工业化、标准化程度高，精度好，效率高，该结构体系的推广与应用，对实现住宅建设的工业化、产业化具有重要意义。

一是完善住宅建筑部件标准化和通用化，形成住宅产业化设计、研发、结构和部件生产、产品展示的完整产业链条，构筑住宅产业链，建立住宅产业化工业园区，形成一个完整的产业化体系，提高住宅建筑的整体质量，实现促进住宅产业化发展推广的目的。

二是通过示范工程项目的建设，带动国家住宅产业化基地生产企业的研发和生产，以及住宅技术的集成和整合，实现工厂化的生产方式，形成规模，向全省和周边地区推广，真正发挥示范效应。

三是积极推广和应用叠合板式钢筋混凝土剪力墙结构住宅体系，极大地推进产业化基地建设速度，以四节一环保、面积适度、价格适当、质量性能好、运行成本低为目标，依靠科技进步，依托住宅建筑产业化生产方式，做到精密设计、精细建造、精心组织，打造精品住宅。

通过技术创新走新型工业化的发展道路是构建节约型的住宅产业结构、从根本上扭转住宅建设高能耗、高污染、低产出的状况的必由之路。该项目的实施将极大地推进产业化基地建设速度，帮助最终形成住宅产业化设计、研发、结构和部件生产、产品展示的完整产业链条，实现促进住宅产业化发展推广的目的。

供稿单位：宝业西伟德混凝土预制件（合肥）有限公司
中建四局第六建筑工程有限公司

香港理工大学专上学院红磡湾校区
全预制装配式教学大楼

项目名称： 香港理工大学专上学院红磡湾校区全预制装配式教学大楼

项目地点： 香港九龙红磡，所属气候区：夏热冬暖地区

工程业主： 香港理工大学

总承建商： 其士（建筑）有限公司

建筑设计单位： AD＋RG 建筑设计及研究所有限公司

创智建筑师有限公司（合作伙伴）

王维仁建筑设计研究室（合作伙伴）

结构顾问公司： 迈进万硕工程顾问公司

预制构件供应商： 深圳海龙建筑制品有限公司

项目功能： 学校

本项目是香港大学为配合副学士学位课程在红磡兴建的一座高层校园大楼，占地面积约 4386m^2，建筑总面积：26300m^2；建筑楼层为 19 层，裙楼为 5 层；项目从 2004 年开始设计到 2007 年 8 月竣工完成，2008 年开始试运营，2009 年正式运营。

图 1　实景图

本项目采用“全预制”的建筑施工方法建造，被称为香港第一座全预制大楼，所采用的预制构件有预制梁、预制柱、预制楼板、预制楼梯、预制外墙、预制女儿墙，共 3695 件预制构件，总方量为 4268.9m^3。

1　建筑、结构概况

该工程实景图、立面图、剖面图、平面图等如图 1～图 6 所示；工程结构类型为装配式框架结构体系；抗震设防烈度为 7 度（第一组），地震加速度值为 0.15g。

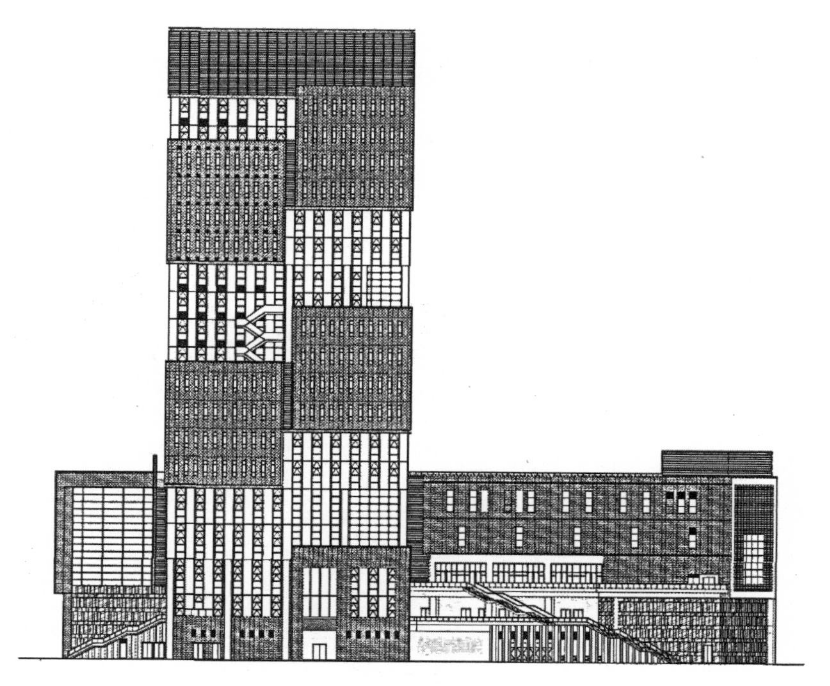

图 2　立面图

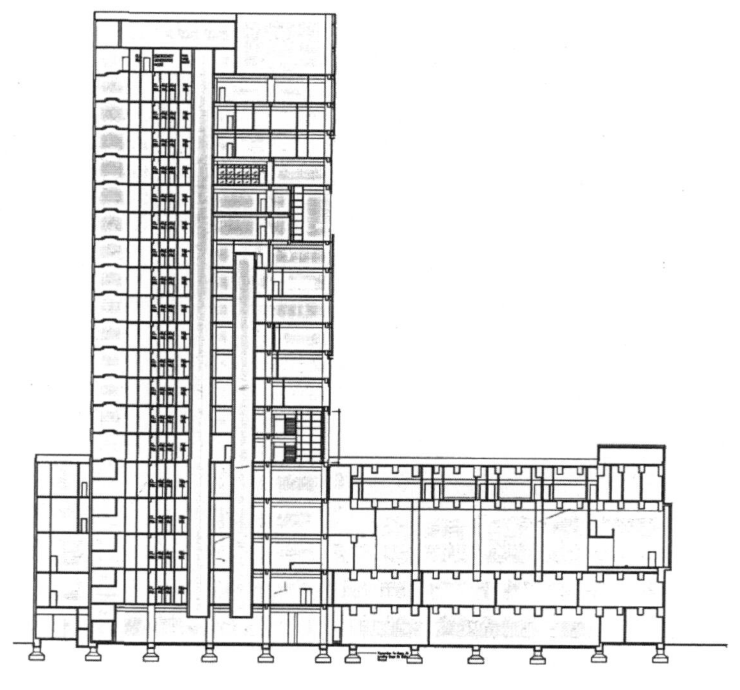

图 3　剖面图

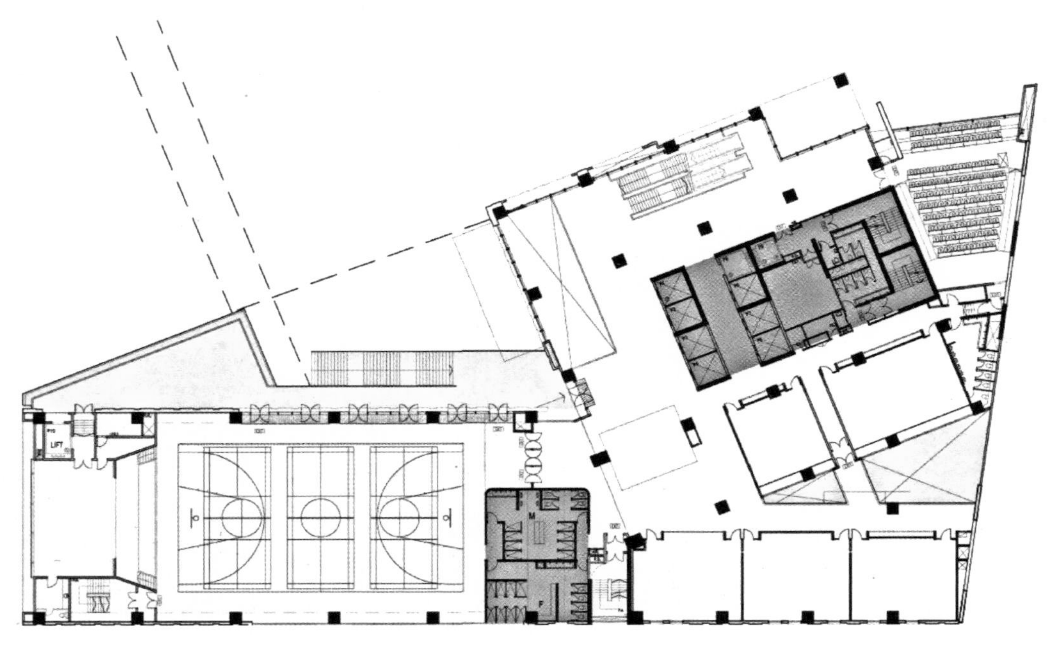

图 4　一层平面图

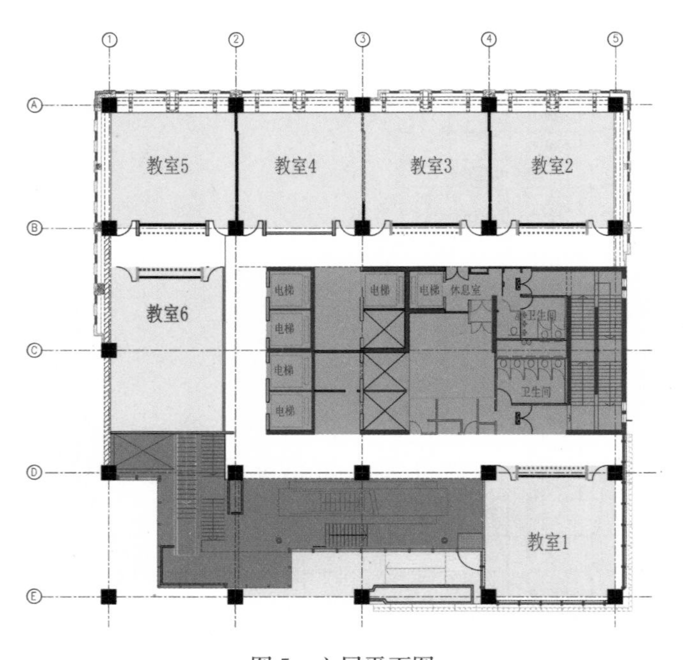

图 5　六层平面图

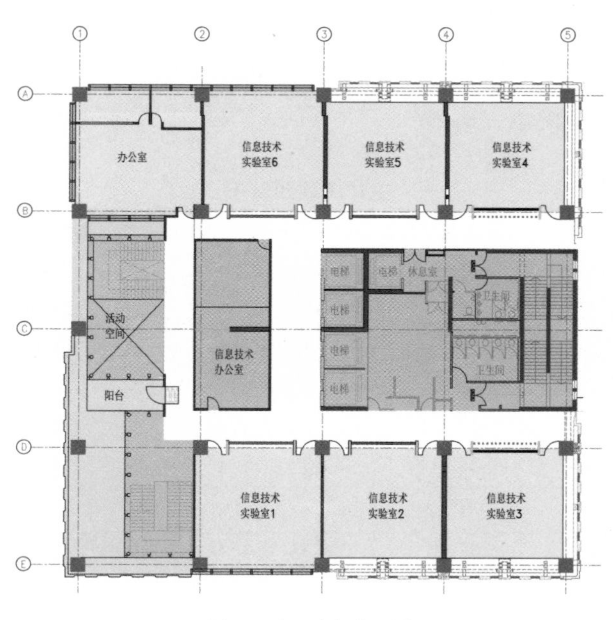

图 6　十二层平面图

2　建筑工业化技术应用情况

2.1　具体措施（表 1）

建筑工业化技术应用具体措施　　　　**表 1**

结构构件	施工方法①		预制构件所处位置	构件体系（详细描述，可配图）	体积（m^3）	备注
	预制	现浇				
外墙	√		4～17 层	预制混凝土外墙	723.52	
内墙		√	1～18 层			
楼板	√		1～18 层	预制混凝土叠合楼板、混凝土全预制楼板	1204.63	
楼梯	√		5～17 层	预制混凝土楼梯	30.60	
阳台						
女儿墙	√		屋面层	预制女儿墙	12.26	
梁	√		－1～18 层	预制混凝土梁	1230.27	
柱	√		－1～18 层	预制混凝土柱	1079.88	
建筑总重量（体积）②				6995.43m^3	预制构件总重量（体积）	4281.16m^3
主体工程预制率					61.2%	
其他	是否采用精装修（是/否）：否 是否应用整体卫浴（是/否）：否 列举其他工业化措施：无外脚手架、无抹灰					

① 施工方法一栏请划√。

② 主体工程预制率＝预制构件总重量（体积）/建筑总重量（体积）。

2.2 两项指标计算结果

2.2.1 主体工程预制率（表 2）

主体工程预制率　　表 2

类型	预制量（m^3）	预制与现浇的总量（m^3）	预制率
预制外墙	723.52	819.39	
预制楼面板	1204.63	1947.22	
预制楼梯	30.6	33.48	
预制梁	1230.27	1456.47	
预制柱	1079.88	1358.83	
预制女儿墙	12.26	12.26	
现浇内墙	—	1367.78	
总计	4281.16	6995.43	61.2%

2.2.2 工业化产值率

工业化产值率 = 工厂生产产值 / 建筑总造价

项目总造价 132161450 港元，工厂生产产值 13967590 港元，工业化产值率＝13967590/132161450＝10.6%。

2.3 成本增量分析

2.3.1 直接经济效益

本项目采用预制构件装配式施工技术相比于传统现浇施工技术，分别在无外脚手架支撑系统、预制构件吊装、地盘现浇模板使用量、建筑材料利用率四个方面取得了较好的经济效益，总计产生经济效益 1311.92 万港元。

（1）本项目的外墙采用了预制外墙，在施工现场通过塔吊设备吊运安装。预制外墙在安装的整个过程用斜撑杆作临时支撑，且安装人员都在建筑物内部完成，无需安装外脚手架支撑系统，所产生的经济效益为 368.37 万港元。

（2）建筑物的基本组成元素由散乱的钢筋、混凝土等转变成为预制构件单元，在同等建筑面积下，减少了塔吊等施工设备的工作量与施工工具使用量，从而节省了相关的工具设备成本，所产生的经济效益为 68.28 万港元。

（3）建筑物大面积采用预制构件，使得现浇部分大大减少，随之工地大钢模与木模的使用量也大大降低，从而产生的经济效益为 8.73 万港元。

（4）整个大楼经拆分成预制构件后，构件部分的建筑原材料可以精确的计算，并在构件生产过程中精确控制原材料的使用量，最大限度地减少材料地浪费损失，达到了材料的高效利用，所产生的经济效益为 866.54 万港元。

2.3.2 施工用工及工效分析

通过将本项目与采用传统现浇施工技术建造项目对比可以看出，在同样的工程量下，使用装配式施工技术所需要施工人员将减少一半；在同项目下，钢筋绑扎、混凝土搅拌、模板安装、围护墙体等方面的工程量将会大大减少。故而采用装配式施工技术将施工人员数量降到最低，也减缓建筑行业对劳动力的需求。同时，预制构件吊装施工技术也将大大缩短竣工时间，在本项目中5～8天/层的修建速度是传统现浇混凝土施工技术所不能相比的。施工人员的减少与施工时间的缩短双重效应相叠加大大降低工程成本，具有较好的经济效益。

此外，预制构件装配式施工环境舒适，改变了传统施工现场混乱不堪、干湿作业混合、建筑垃圾污染等状况，取得了较好的环境效益。

2.3.3 社会效益

（1）采用预制构件装配式施工技术之后，避免了因现浇混凝土振捣而带来的噪声污染，同时也尽量避免了建筑垃圾与周围居民生活垃圾的交叉污染。

（2）预制构件生产有完整的生产流程与质量监控体系，保证了构件的质量与美观，从而提高了预制大楼的安全与品质，满足了现代社会对建筑的要求。

（3）在装配式施工技术的基础上，集成了一系列的先进工业化绿色技术，推动了建筑工业化的进程。

2.4 设计、施工特点与图片

2.4.1 主要构件及节点设计图

本项目为框架结构体系，其中结构部分与非结构部分均采用了预制工艺，主要预制柱、预制梁、预制楼板、预制楼梯、预制外墙、预制女儿墙；其构件连接方式采用现场绑扎构件预留外露搭接钢筋，再现浇混凝土的施工连接技术。预制构件从生产、运输到安装全部采用标准化的操作，提高了建造速度、保证了建筑质量，真正实行了建筑工业化。

预制柱为主要受力结构部分，采用C80的高强混凝土以保证对结构强度的需求；通过采用立模生产、大小振动棒共用以及特殊的养护技术等新工艺，确保生产的预制柱内部结构密实、柱面光滑平整，无结构损伤。预制柱节点的处理采用上述的现场绑扎连接钢筋再现浇混凝土的方式，不采用套筒灌浆连接方式，主要有以下两方面因素：①预制柱受力筋为T45粗钢筋，搭接长度长，使用套筒不方便或不能满足搭接长度要求，且对预制柱内钢筋位置精度要求高，增加预制工艺难度的同时增加了构件报废率；②节点部位除了柱与柱的连接，还有柱与梁的连接，采用钢筋绑扎方式使得现场安装工艺简单易行。

如图7所示，预制柱以层高为标准，每层一节，这样做便于控制与调节预制柱安装时的垂直度，从而保证整座大楼的垂直度。在本项目创新性地设计了预制柱安装爬升梯，用于简化预制柱的安装与保证安装垂直度。

图7 预制柱

通过结构力学计算，本项目中主梁截面为800mm×550mm，次梁截面为300mm或

400mm×475mm。如图 8 所示，预制主梁在预制时预留有键槽，预制次梁外露环形钢筋，主要作用在于保证与楼板现浇连接时的整体性。

图 8　预制主、次梁

本项目预制楼板分为预制叠合楼板和全预制楼板两种，预制叠合楼板的厚度为 80mm，全预制楼板的厚度为 150mm。传统的现浇楼板存在施工量大，湿作业多，搅拌混凝土性能不稳定，材料浪费多，楼板易出现裂缝等问题，预制楼板在稳定的工厂环境下生产，质量好，且解决了以上现浇楼板的一系列问题。

如图 9 所示，预制楼板下表面光滑平整、上表面需拉毛增加表面积，提高与现浇混凝土的粘接强度。大楼每层采用多快楼板拼接而成，楼板两端通过预留钢筋搭接到梁上，楼板与楼板之间不需要搭接钢筋，但需要在现浇前打密封胶。

叠合楼板施工技术是把楼板分为预制与现浇两部分，预制部分在工厂预先生产完成，以梁或柱作为安装施工施工节点，不需要底模板，待安装完成后，再绑扎楼面钢筋现浇混凝土，使整个楼面层形成一个整体的施工技术。全预制楼板则直接通过节点与梁、柱连成一个整体，没有现浇楼面部分。预制楼板的施工技术减少了现场钢筋绑扎与混凝土工程量，同时也减少了模板的使用量。

本项目 5～17 层采用了预制楼梯，每层楼由两节预制楼梯折叠安装，形成剪刀式楼梯组；每件预制楼梯有 12 个踏步（踏步高度为 150mm），楼梯两端带休息平台（高度为 160mm），如图 10 所示。

图 9　预制楼板

图 10　预制楼梯

本项目外墙采用预制构件，相比传统现浇混凝土或砖砌作业施工，不需要使用外脚手架支撑系统，具有施工环境好、施工人员少、工程量少等优点，明显降低了经济成本。

本工程属于校园大楼，设计上有较多窗户，处理不好容易出现铝窗边漏水、渗水等问题。故采用铝窗预埋再浇筑混凝土的工艺，使铝窗与预制外墙形成一个整体，从而提高铝窗的密封性。此外，为保持香港理工大学标志性绯红色建筑风格，预制外墙在工厂预制成型后，需贴好绯红色瓦仔保养之后才能作为成品运输至地盘，相比传统后期贴瓦仔的工艺，减少了高空危险作业，稳定的施工环境提高了瓦仔的粘贴强度与整体美观。预制外墙如图 11 所示。

图 11　预制外墙

预制外墙安装在大楼主体部分修建完成之后，采用外挂方式安装连接，通过斜撑杆临时固定，再利用螺丝连接到预制柱、梁预先留好的孔洞，最后绑扎钢筋现浇混凝土。

2.4.2　预制构件最大尺寸（单位：mm）

预制柱：长×宽×高＝1010×1010×3870

预制梁：主梁，长×宽×高＝7520×800×550

次梁，长×宽×高＝9800×300×475 或 9300×400×475

预制外墙：长×厚×高＝4400×200×4185

预制楼板：长×宽×厚＝4160×2630×80

预制楼梯：长×宽×高＝3948×1530×2120

2.4.3　运输车辆参数、吊车参数

本项目包括梁、柱等跨度较大的预制构件以及超高预制外墙。部分构件的方量/重量大，最大预制件柱重量为 20t，预制外墙重量为 16t。考虑构件产品生产及装车安全吊运和成本控制两方面因素，在工厂起重吊运设备上选用了 10t、20t 的龙门吊车，在地盘安装施工现场同样考虑构件重量分布范围大，而选用相应的塔吊起重设备。

本项目的所有预制构件均在深圳构件工厂生产完成，通过平板拖车运输至香港施工地盘。在构件正式运输前考虑并确认了以下几方面的事宜，以确保构件安全运输：①讨论拟定构件运输路线，通过路线试运行确定路线可靠性；②与货运商签订运输协议；③到交通部、海关等有关部门办理好运输文件；④对运输司机进行技术交底，严格控制行车速度，并制定跟车人员。

预制外墙高达 4.4m 且表面贴有瓦仔，使得运输难度大。垂直装车将使运输车重心高，在转弯、刹车时易造成构件损伤或车辆不稳。针对这一情况，工程师特别设计制定了对应尺寸的运输存放架，构件通过斜靠降低车辆重心，同时在与存放架接触位置均有弹性橡胶予以保护，具体装车方案如图 12 所示。

预制柱、梁、楼板、楼梯的运输方案如图 13 所示。

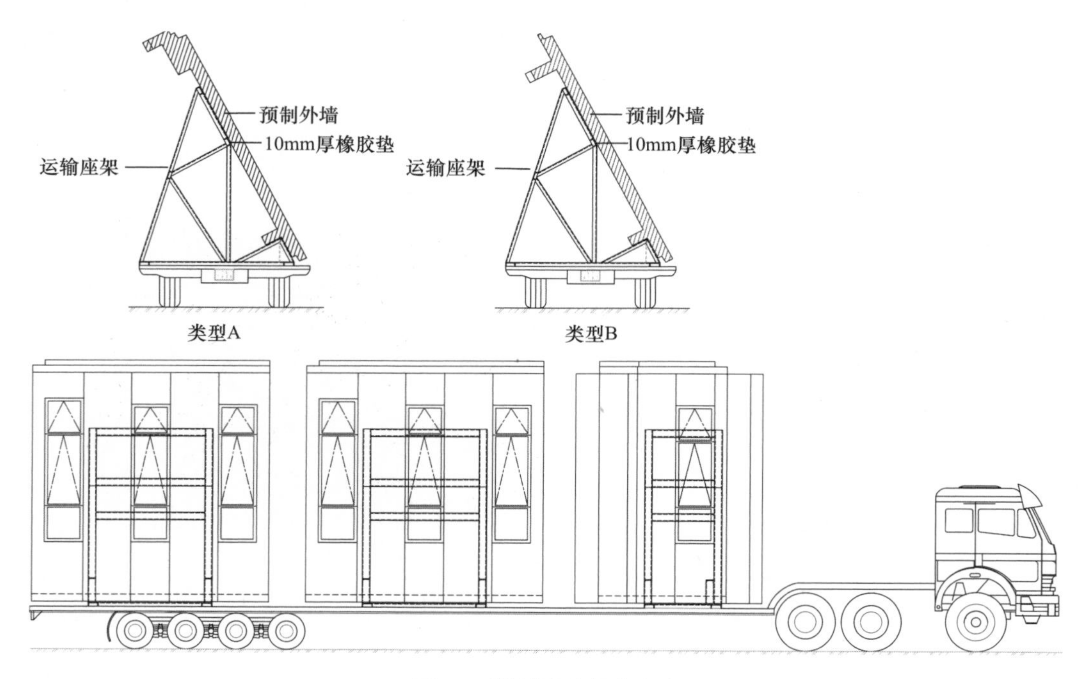

图 12 预制外墙装车方案

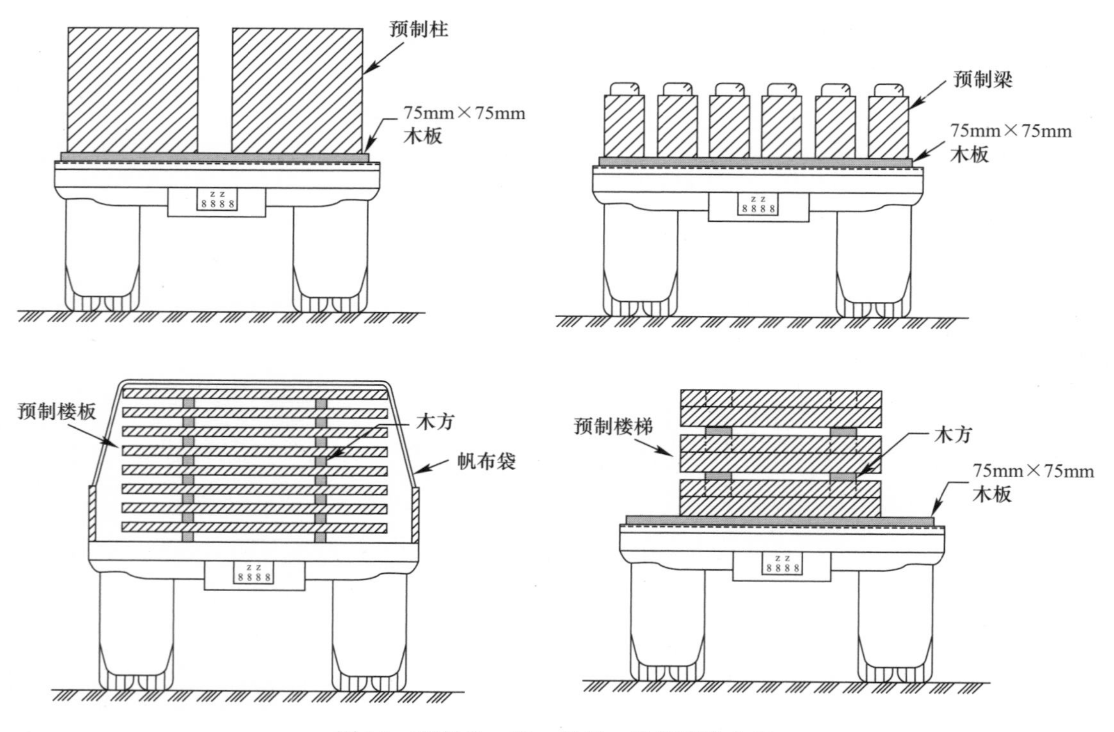

图 13 预制柱、梁、楼板、楼梯运输方案

2.4.4 主要节点示意图、安装施工图片（图 14～图 16）

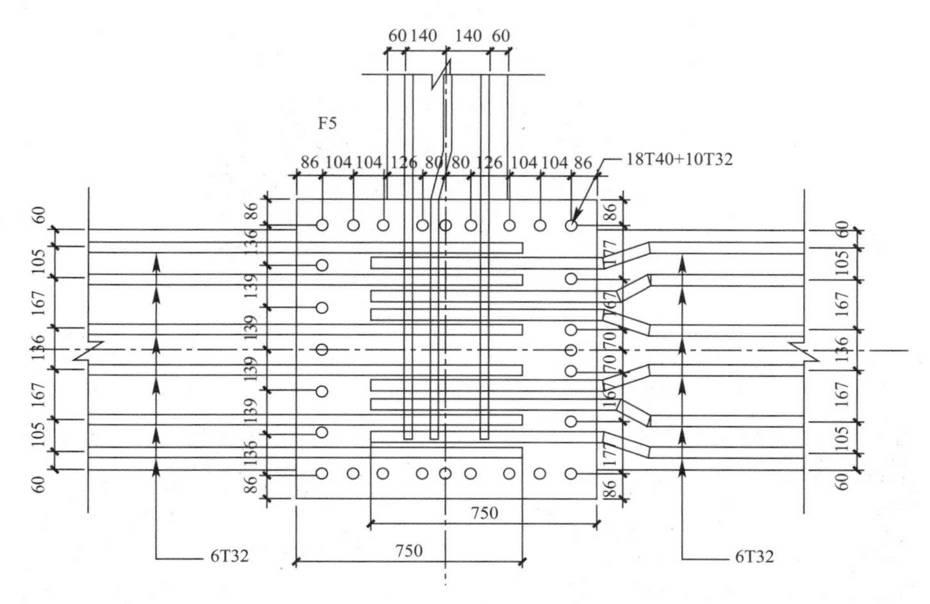

图 14 柱梁连接示意与实景图

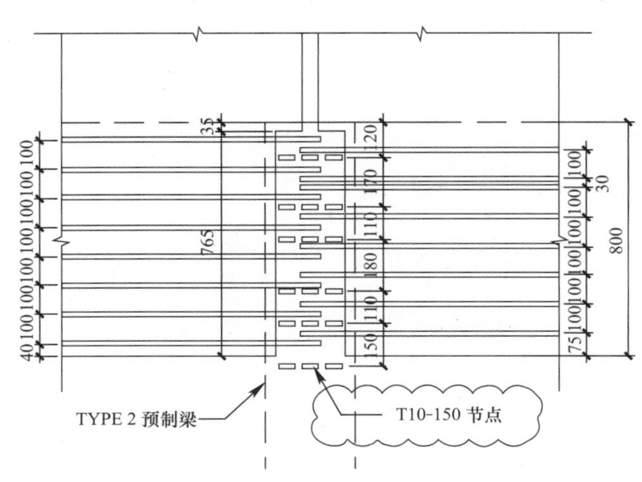

图 15 梁板连接示意与实景图（一）

图 15　梁板连接示意与实景图（二）

(*a*)　(*b*)　(*c*)　(*d*)　(*e*)

图 16　主要节点安装实图

(*a*) 吊装预制柱；(*b*) 吊装预制梁；(*c*) 吊装预制次梁；(*d*) 吊装上层预制柱；(*e*) 吊装预制楼板

3 工程科技创新与新技术应用情况

3.1 工业化建筑集成设计技术创新

本项目采用的是框架-剪力墙结构体系，完成了柱、梁、外墙等预制构件的拆分以及后期的构件深化设计，同时设计完成了预制构件节点连接技术，确保了结构体系的完整性与稳定性。

（1）在预制结构体系方面：本项目的结构部分以及部分非结构部分（除内部剪力墙体以外）采用了预制构件装配施工，其预制装配率达到 61.2%；预制外墙采用外挂方式连接，避免了建筑高空危险作业，实现了无外脚手架、无现场砖砌等绿色施工。

（2）在绿色建筑集成技术方面：本项目在设计之初便把装配式施工技术与绿色建筑理念完美地融合到一起，应用并推广了先进的空调系统、太阳能技术、先进的通风与采光技术以及照明系统等，使得香港这个繁荣的国际都市中出现了一座现代文明与自然风光相结合的校园大楼，为未来的绿色建筑提供了新的视野。

（3）在设计模式方面：本项目不同的设计阶段，利用计算机辅助设计绘制透视图、立面图甚至模拟立体图，使得业主、设计师、建造师等各方人员都能参与到整个设计，从设计到建筑形成一条完成的工业化产业链；计算机仿真预制件的结构设计及装配过程，使得设计团队、业主和承接商等对预制设计以及整个项目的施工有更深入的了解，促使各方在实际施工中配合更加协调紧密，保证项目的顺利竣工。

（4）在建筑信息化方面：本项目加入了“免疫建筑”的建筑新策略，编制了 EOMM（Electronic Operation and Maintenance Manual）手册。免疫建筑的核心内容是：通过各种工程技术手段防御、控制和消除出现于建筑环境中各类生化及放射性污染。在改善室内空气品质、控制疾病传播、防范技术事故、应对恐怖袭击等方面找到技术和经济的结合点，为现实建筑环境的舒适、健康与安全提供切实可行的保证。EOMM 是从免疫建筑发展出来的一套系统，由一些数据及数据转化而成的系统，其目的在于形成一套完整的方案，协助解决使用及维修过程中遇到的问题，打造健康可持续的校园环境。

3.2 工业化建筑施工集成技术

（1）装配式施工技术的应用，取消传统外脚手架施工技术。

（2）全预制装配式框架结构吊装安装施工技术。

（3）预制柱、预制梁预留键槽和叠合楼板整体浇筑施工技术。

（4）预制楼梯安装定位施工技术。

（5）预制楼板安装时，支撑脚手架安装施工技术。

（6）预制构件节点连接施工技术。

（7）保证预制柱垂直度的安装施工技术。

3.3 预制构件生产和制作技术

本项目由深圳海龙建筑制品有限公司负责所有预制构件的拆分、设计与生产。本项目中对预制构件质量、外观等各方面都有严格要求，如：预制外墙要求贴绯红色瓦仔一并出厂；预制柱清水外观且无色差、平整光洁等，故在生产过程中采用了多种新工艺、新技术以保证预制构件的顺利生产。同时，预制构件的生产从原材料到成品有一套完整严格的质量监控系统，保证所有出产的预制构件都具有最好的质量与外观。

预制构件钢筋笼制作质量要求：

① 所用钢筋需检验合格。②钢筋笼整体尺寸准确。③扎点牢固无松动，扎丝头不可伸入保护层。④在钢筋网上装垫块飞轮，需要合理使用数量，不能用错型号，飞轮开口一定不能向模板方向，垫块在钢筋网上要稳固，特殊位置要用扎丝固定；胶砖、飞轮及铁凳子间距不超过 600mm。⑤钢筋保护层厚度不超过指定厚度的±5mm。⑥所有外露铁应成一条直线，且必须保证外露铁长度在允许误差+10mm 或－5mm 内。⑦间距不大于指定距离 30mm 或指定间距 10％。⑧稳固及搭接长度不小于指定长度减 25mm。

预制构件生产模具安装质量要求：

① 模具内表面干净光滑，无混凝土残渣，钢筋出孔位及所有活动块拼缝处无累积混凝土，无粘模白灰。洗水面板无累积混凝土。模具外表面（窗盖、中墙板等）无累积混凝土。②模具内表面打油均匀，无积油，手指摸模具表面手指上无明显油渍，无明显黑物，窗盖，底座及中墙板等外表面无积油，慢干剂涂刷均匀无遗漏。③整个模具拼缝处无漏光，产品无漏浆及拼缝接口处无明显纱线状。④安全转运，钢筋网无损坏。⑤铝窗的型号位置正确、窗框无刮花保护纸完好。水线码电阻测试合格，不超过 0.5Ω。⑥磨耳至边不超过 100mm，中至中不超过 300mm。⑦所有模具螺丝、线耳螺丝无松动无遗漏，拼缝平整。模具尺寸，线耳尺寸及 PVC 配件尺寸误差不超过 3mm（灯箱倾斜 2mm 内）。⑧线管、灯箱内部不能有水泥等脏物，灯箱螺丝口打上玻璃胶，用六根普通电线试穿，通畅后穿上引线。⑨灯箱与模具接缝处打上玻璃胶防止漏浆。⑩模具尺寸正确，对角偏差不超过 5mm。⑪板模夹口应尽量平贴。⑫板模形状、尺寸不超过规范标准。⑬板模上留孔位置依照原则及不超过规范标准。⑭混凝土伸缩缝根据合约要求。⑮模具每生产 10 件产品需全面检查尺寸、角度、平水等。

预制构件混凝土表面处理质量要求：

① 抹面时防止预埋件移位或被埋藏。②涂刷慢干剂的混凝土表面要压平整，慢干剂涂刷均匀，洗水面与光面交界处要成一条直线且宽度尺寸正确。③混凝土表面误差（产品厚度）不超过 3mm。④表面平整度用 2m 水平尺检查误差不超过 3mm，表面光洁无灰匙印。无沙子颗粒印，局部无凹凸不平，窗盖边、底座边等混凝土与模具交界边应分界明显且无凹凸，光面与洗水面交界处应成一条直线并且平整光洁，转角窗下部内外光面应与其他光面处的质量一样。扫花面应均匀、线条粗细一致、无浮浆。⑤钢印在产品上的位置正确，日期正确，日期内的字体顺序正确，整个钢印无倾斜。

3.4 工程质量监督合并

本项目在地盘实施安装之前，首先会邀请业主、承建商、设计师、工程师等到构件生产工厂参与项目样板房的安装试验，通过实际模拟预制构件的安装、节点处理等，查看在安装过程中可能出现的问题，并提前解决，且记录好相应数据参数以为现场安装提供数据支持与指导。

同时，定期派遣地盘工程师到构件生产地监督检查构件生产情况；对地盘每件构件安装质量、节点连接质量等做严格检查。

4 工程获奖情况

本工程已获得“香港环保建筑大奖 2008 新建建筑类别优异奖”；被评为香港第一座“全预制”施工公共大楼。

5 工业化应用体会

5.1 设计体会

本项目要求在占地面积仅有 4386m^2 的狭小空间内修建一座尽可能多空间的都市校园大楼，怎样的大楼设计才能向社会交出一份满意的答卷成了设计师们考虑的难题。在项目大楼设计之初通过向社会公众调查收集意见，并利用计算机辅助进行模拟预测等，针对公众反馈问题意见制定解决方案。经过努力的探索，设计师们将可持续发展理念贯穿于整个设计当中，把模块化设计、绿色环保技术、建筑智能化技术等先进建筑理念、技术推广应用到实际，力求在新型绿色建筑工业化的道路上探索出新的方向，为后来者提供宝贵的借鉴经验。

模块化的设计：建筑平面以 9m 的教室宽为设计模数，建筑立面以每 4 层 16m 为一个设计模数。建筑模块之间的螺旋式叠加、虚实交错的设计，在实体部分采用绯红色瓦仔外观，虚体部分为玻璃透光开放空间，使得整个建筑物具有良好的通风与采光效果，同时空中花园的设计给予了使用者优雅的环境和心旷神怡的感觉。模块化设计同样应用到了大楼的各个方面，如外墙铝窗模块化设计提升了大楼视觉上的美感。此外，开放的空间设计也为未来建筑空间的扩展提供了条件，体现了可持续发展理念；立面模数化设计方便了机电管线排版与未来检修工作的进行。

绿色环保技术：设计师们绿色建筑理念为大楼集成了先进的绿色环保技术。首先是太阳能的利用，大楼屋顶安装了太阳能电池板予以配备相应的太阳能热水器，为整座大楼提供部分热水淋浴，在考虑到水温的问题，并同时在楼顶安装了太阳能集热器，通过水循环加热提高水温，保证热水温度。大楼的不同平面与立面设计了多个空中花园，种植了精心挑选的植被花草，让使用者走在其中，就好像走进了童话中的世界，为社交活动提供了广阔的空间与优雅的环境，植被呼吸作用更能起到净化空气的作用，使得大楼中的空气质量更加新鲜优质。

智能化设计：大楼采用 4 台大型和 1 台小型水冷式制冷机组系统，在不同的环境下智能控制使用不同制冷组合来满足使用者需求，优化了设备系统效率，并在部分位置采用了自然冷源制冷技术，进一步节约能效；根据不同区域功能确定不同的节能亮度标准，选取合理的照明度指标值。空调系统和公共照明实行智能建筑管理和控制，可通过各地方的传感器实时调节空调温度与照明度。此外，在自动扶梯前安装了运动传感器，自动检测扶梯是否空载状态，保证在无人时扶梯以低速运行，在乘客使用时通过变频器快速达到全速运行。

本项目设计上的大胆创新，融入了多元化的建筑理念，实现了建筑物与自然风光完美的结合，是当代绿色建筑的标榜。

5.2 施工体会

所有建筑的规划设计细节处理均进行过深入的可行性研究，包括介质和材料的选择、绿化植物的品种选择及配套设施、建筑运营和维护问题。

本项目是香港地区首次采用全预制式结构组件建筑技术的高层公共建筑。该项目使用预制件式建筑方法改善环境和建筑施工管理，在工期减少之余亦减少工地对外围环境的污染。外墙、结构柱、楼板、梁及楼梯采用全预制的钢筋混凝土建筑方法，可以有效地评估材料耗用量；采用金属工地围板，尽量减少使用木材模板使拆建废料/碎片减量化；基地的混凝土工程则可以减少使用振动器，以减少噪声声源；采用钢筋混凝土清水饰面外墙，减少了外墙施工过程中产生的废弃物。

供稿单位：中国建筑工程总公司

新加坡环球影城项目

项目名称：新加坡环球影城
项目地点：新加坡环球影城位于新加坡圣淘沙岛，属于热带海洋性气候地区
开发单位：（云顶集团）新加坡圣淘沙名胜世界有限公司
设计单位：DP 建筑咨询公司、AECOM 结构咨询公司、BECA 电气设备咨询公司
施工单位：中国京冶工程技术有限公司
监理单位：AECOM 建筑技术有限公司（新加坡）、DPA 建筑事务所
工程功能：新加坡环球影城是世界上第四个美国环球影城公司具有自主知识产权的主题公园

本工程总建筑面积 20 万 m^2，由多个建筑单体组成，主要单体均采用建筑工业化技术，建筑面积为 30858m^2，均为地上单层，层高为 13.5～22.5m 之间，详见表 1。本工程于 2009 年 12 月 31 日竣工；2010 年 3 月 18 日投入运营。

工程主要建筑单体 **表 1**

序号	建筑名称	建筑面积（m^2）	建筑高度（m）
1	DARK RIDE 2 黑暗骑士 2	6333	22.2
2	FLUME RIDE 2 木箱漂流	4475	17.9
3	4D CINEMA 1 4D 影院 1	3377	14.5
4	4D CINEMA 2 4D 影院 2	3500	14.5
5	HOLLY WOOD THEATRE 1 好莱坞剧院	4280	21
6	SOUND STAGE FACILITES 音乐厅	1057	20
7	DARK RIDE1 黑暗骑士 1	4728	13.5
8	DARK RIDE 3 黑暗骑士 3	797	13.5
9	SHOW FACILITIES 演示厅	2311	19.5
合计		30858	

1 建筑、结构概况

建筑总平面图、标准层平面图、立面图见图 1～图 8，本项目的主要建筑单体均采用如下结构类型：

基础：条形基础＋独立基础；

主体结构：钢结构框架＋桁架屋盖体系；

外墙体结构：预制混凝土或轻质蒸压加气混凝土体系；

屋面：绿色金属屋面体系。

因项目位于新加坡，设计未有明确的抗震设防烈度。

图 1　新加坡环球影城建筑平面图

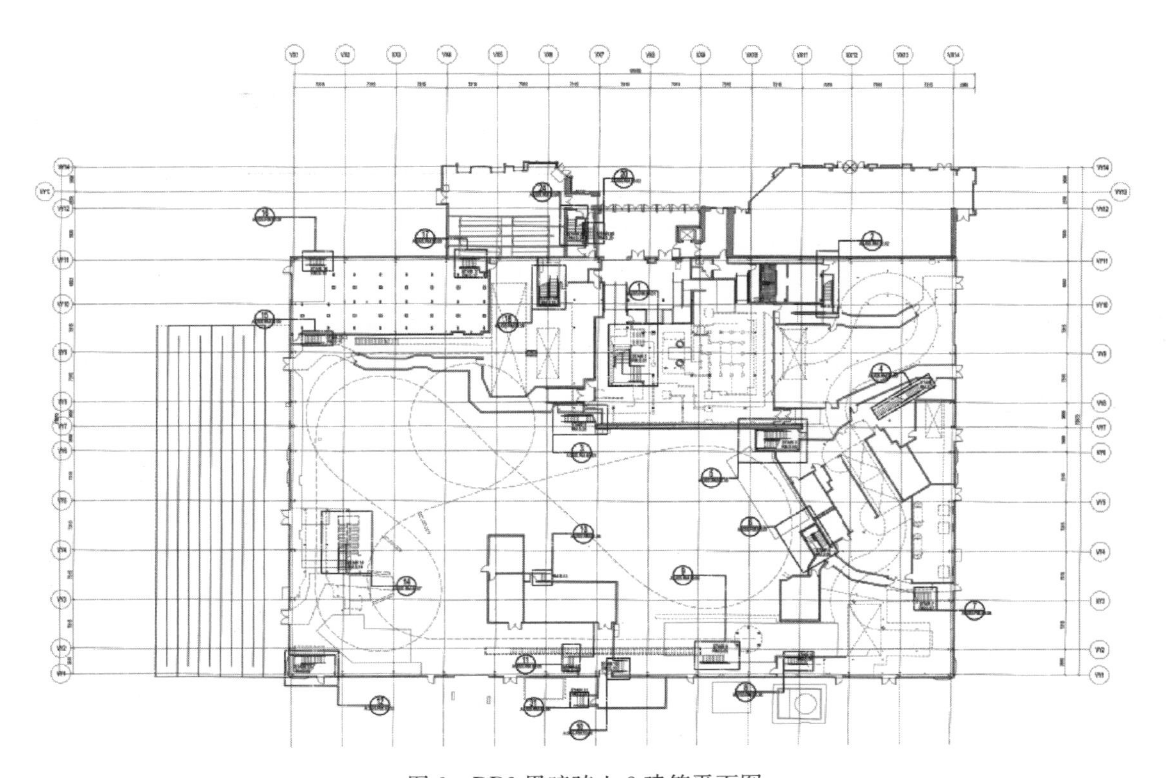

图 2　DR2 黑暗骑士 2 建筑平面图

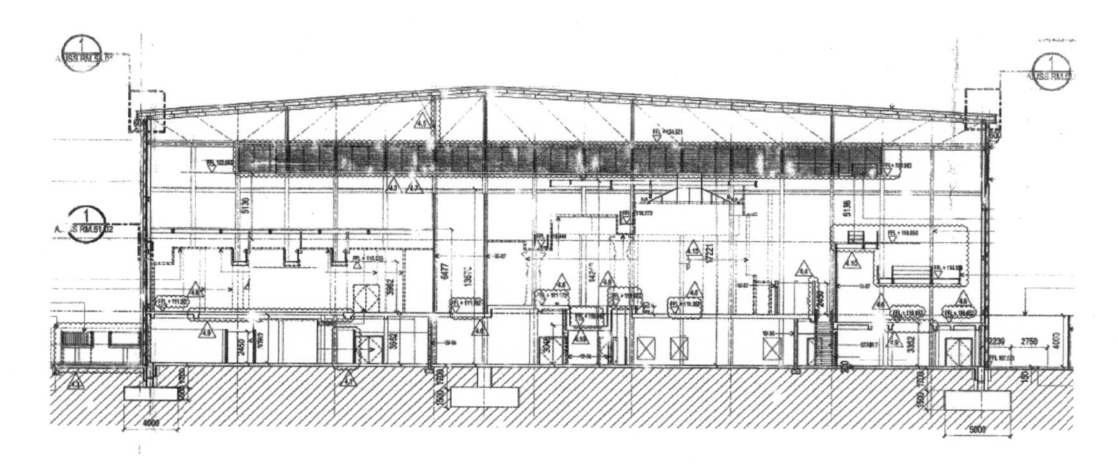

图 3　DR2 黑暗骑士 2 横向剖面图

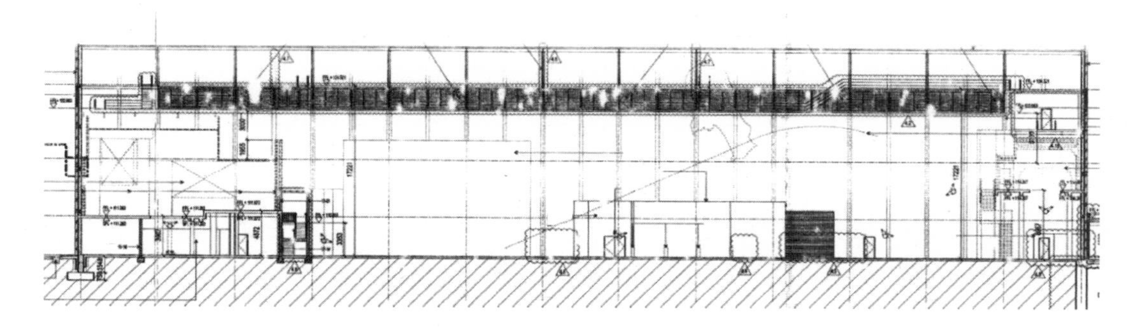

图 4　DR2 黑暗骑士 2 纵向剖面图

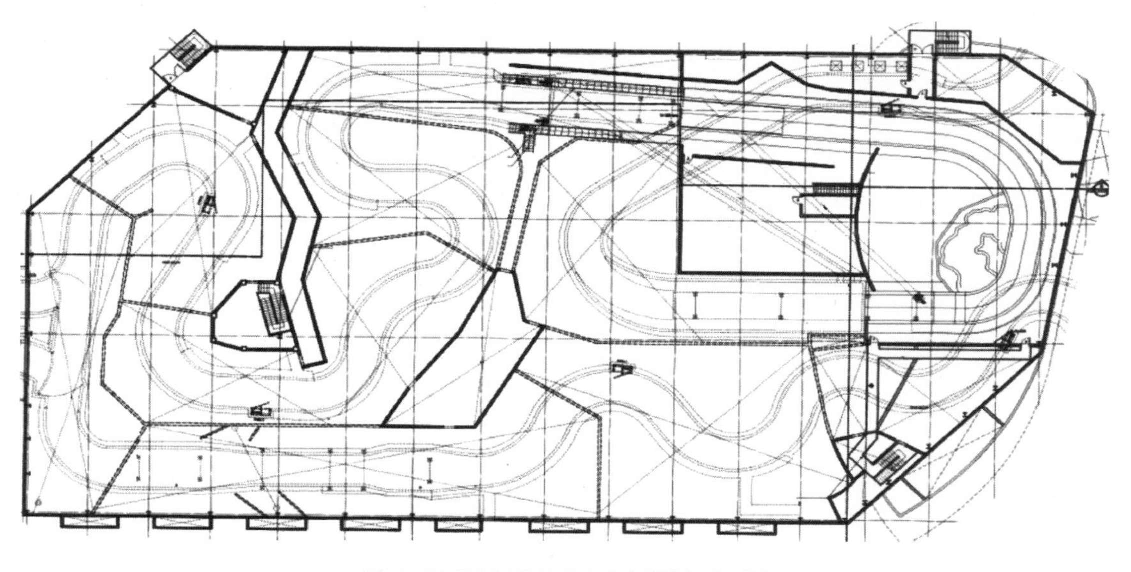

图 5　FLUME RIDE 2 木箱漂流平面图

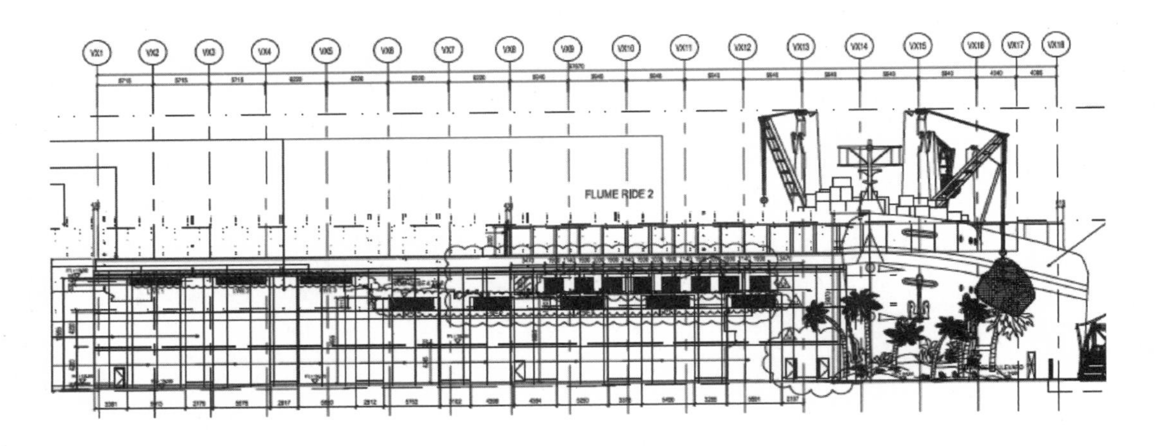

图 6　FLUME RIDE 2 木箱漂流立面图

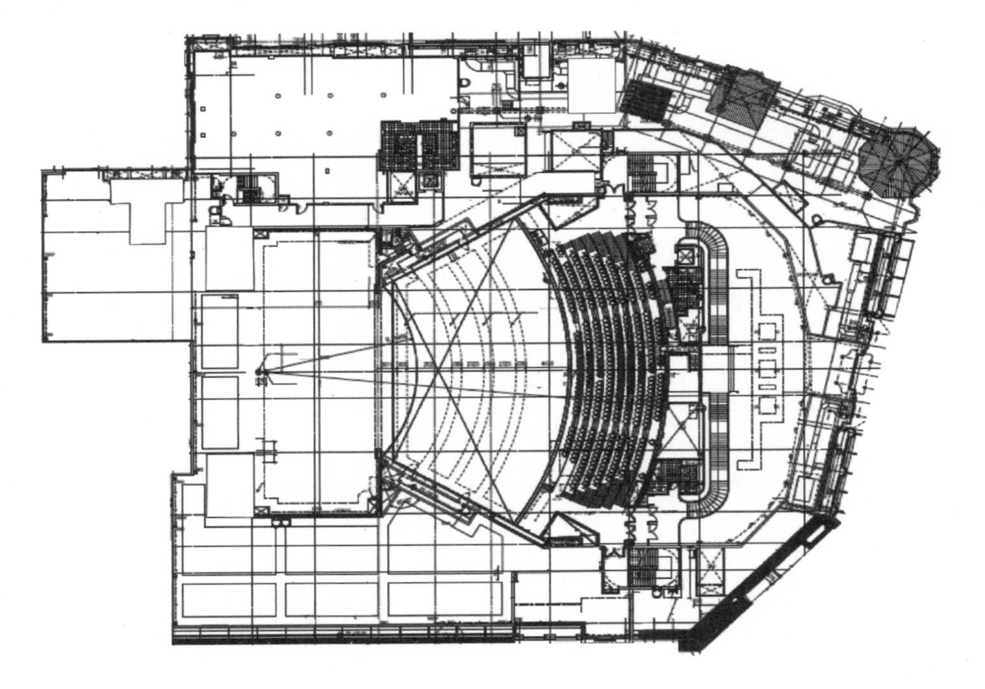

图 7　好莱坞剧院建筑平面图

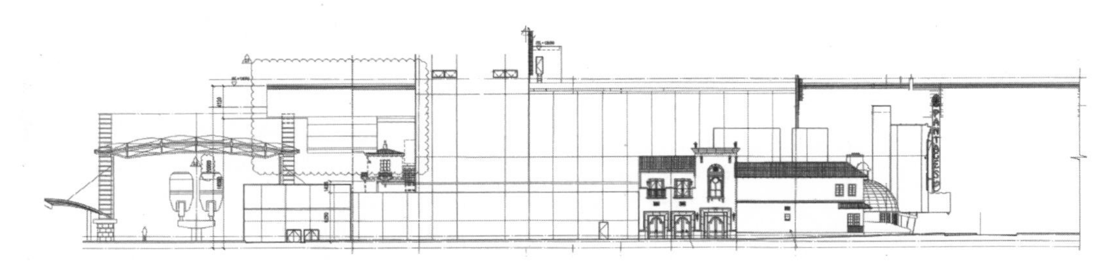

图 8　好莱坞剧院建筑立面图

2 建筑工业化技术应用情况

2.1 具体措施（表 2）

建筑工业化技术应用具体措施 **表 2**

结构构件	施工方法①		预制构件所处位置	构件体系（详细描述，可配图）	重量（或体积）	备注
	预制	现浇				
外墙	√		围护墙	采用了预制混凝土和蒸压加气轻质混凝土墙两种外围护墙体系。预制混凝土墙体标准单元规格为 3.6m×2.4m×150mm，每块板重约 3t；蒸压加气轻质混凝土墙的标准单元规格为 5.2m×0.6m×150mm。在混凝土墙板内侧设置 100mm 厚岩棉来增强墙板的隔声和保温。外墙板单元采用标准化设计，仅有最顶端一层和底层转角处的墙板采用非标准板	预制混凝土墙板重量：360kg/m²；蒸压加气轻质混凝土墙板：75kg/m²	
外墙	√		围护墙	150 12 76 12 100 12 12 12 230 12 12 12 100 250 300 100 ALC板 吸声纸卡带方条 木条支撑 50mm×50mm铝制方管 吸声板 100mm厚8kg/m³密度的岩棉 1梁 填满120kg/m³岩棉 外部 内部 柱子	预制混凝土墙板重量：360kg/m²；蒸压加气轻质混凝土墙板：75kg/m²	
内墙	√			内墙均采用满足隔音要求的现场复合组合墙（drywall），墙体厚度为 125mm，墙体由高度 77mm 的镀锌槽钢为龙骨，墙面两外边均为 2 层 12mm 的石膏板，中间填充岩棉		

续表

结构构件	施工方法①		预制构件所处位置	构件体系（详细描述，可配图）	重量（或体积）	备注
	预制	现浇				
楼板			无	无		
楼梯			无	无		
阳台			无	无		
女儿墙			无	无		
梁	√			采用焊接H型钢，节点用高强度螺栓连接，屋盖采用桁架体系		
柱	√			采用焊接H型钢，节点用高强度螺栓连接，屋盖采用桁架体系		
建筑总重量（体积）					预制构件总重量（体积）	
主体工程预制率②					100%	
其他	是否采用精装修（是/否）：是 是否应用整体卫浴（是/否）：未涉及 列举其他工业化措施： 1. 屋面采用绿色金属屋面； 2. 大量使用施工机械，减少手工劳动； 3. 钢结构立柱、柱间支撑、屋盖和檩条均采用现场整体拼装起吊，减少人力投入； 4. 采用与建筑工业化相适应的项目管理模式					

① 施工方法一栏请划√。

② 主体工程预制率＝预制构件总重量（体积）/建筑总重量（体积）。

2.2 两项指标计算结果

（1）主体工程预制率（表3）

主体工程预制率 **表3**

构件	基础	梁	柱	墙	屋面
工业化率（%）	0	100	100	100	100

（2）工业化产值率

工业化产值率为75%。

2.3 成本增量分析

（1）缩短工期的成本增量：采用场外预制的工业化生产，缩短工期6.75个月，由此节约成本约1015万元人民币，并避免了在合同中约定的业主工期延误索赔。

（2）建筑材料及施工成本增量：经估算，采用工业化生产，成本增量约为10%。

2.4 设计、施工特点与图片

2.4.1 主要构件及节点设计图

（1）钢结构

钢结构构件均采用焊接H型钢，梁柱刚接，屋面结构采用桁架结构，跨度在20～30m之间，全部采用中国钢材，在中国完成加工制作，装船运输到新加坡，连接节点均采用高强度螺栓连接。在施工中，采用现场整体拼装起吊，最大限度地减少人力投入，提高劳动生产率。设计及施工图片见图9～图13。

（2）围护墙体系

外围护墙体系采用两种类型：蒸压加气轻质混凝土墙板与预制混凝土墙板，基于这两种材料的密度和强度的差异，以及加工的不同，采用了不同的设计节点。预制混凝土墙板的加工，分别在两个加工厂中进行，一个加工厂在新加坡，一个加工厂在马来西亚，全部采用定制钢平台模板，每个加工厂一批次加工量不少于 5 片，非标准墙板均有特别编号。采用自带吊车的自卸式货车，一车次运输不少于 8 片。根据现场进度计划，分批次运送到施工现场就近卸货，现场存货量不大于两天的安装量，详细准确的施工组织，标准化设计等措施，保证了现场最少的存货量和顺畅的安装。蒸压加气轻质混凝土墙板，是在中国加工，标准尺寸是宽度 600mm，长度有多种规格，运输到新加坡现场后，存放在现场加工厂，在安装前，再根据设计要求进行二次切割、拼装，组装成大板后再进行吊装。围护墙节点示意图可见图 14～图 16。

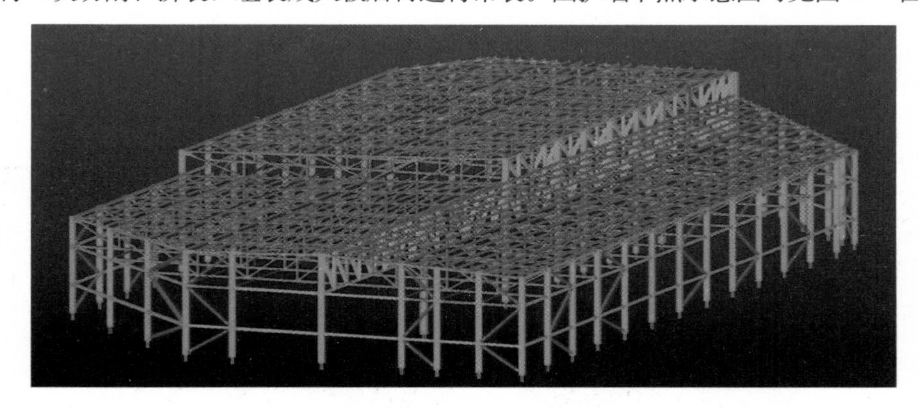

图 9　典型钢结构轴测图

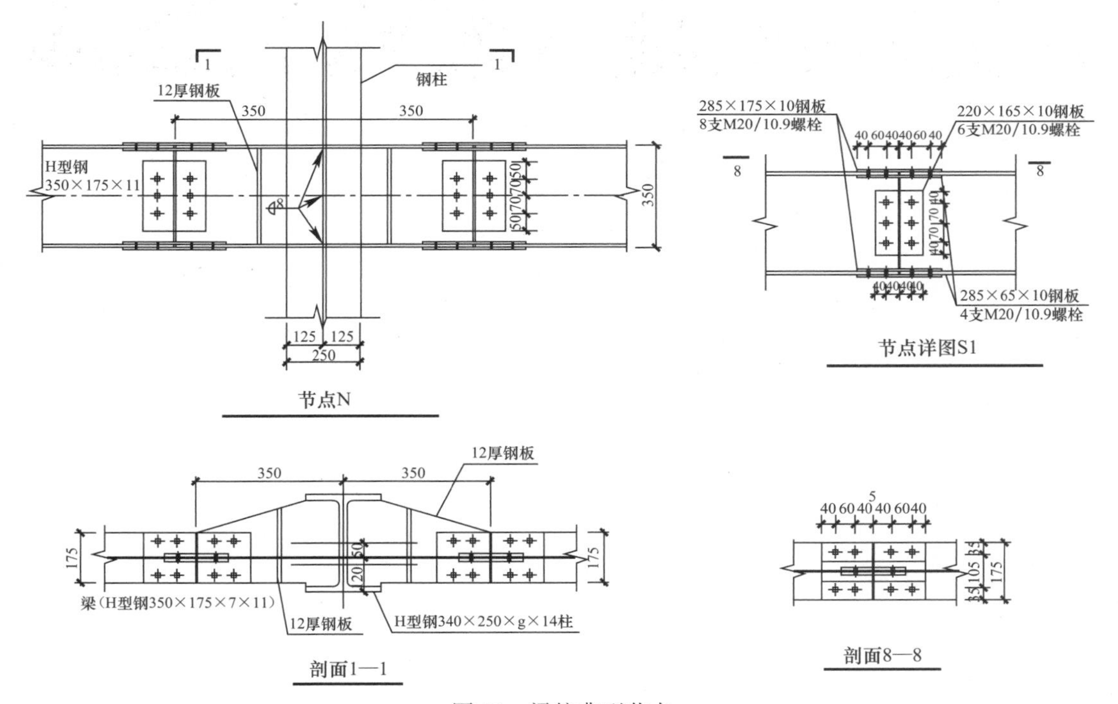

图 10　梁柱典型节点

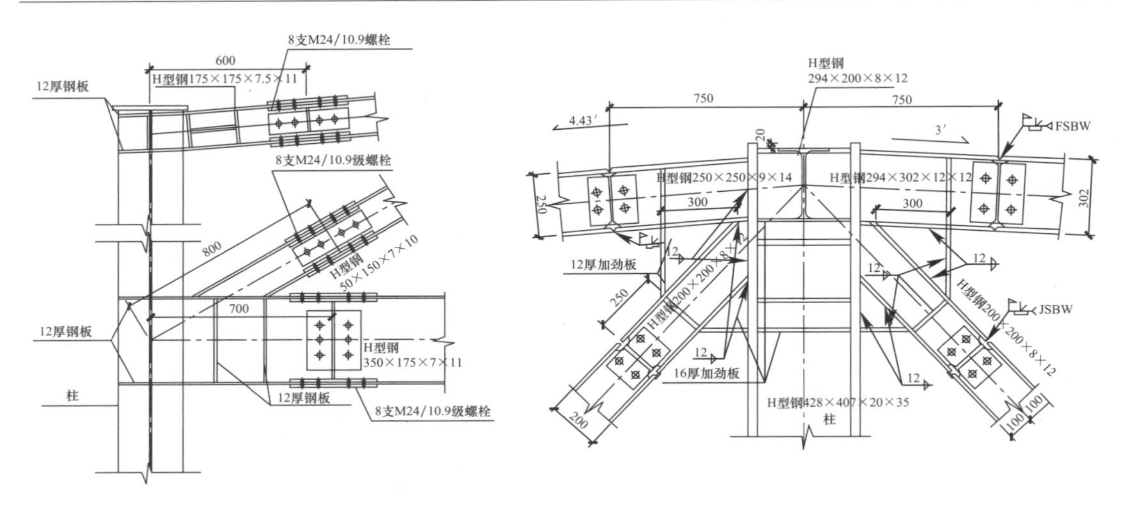

图 11　屋盖桁架典型节点

图 12　钢结构屋面桁架整体吊装

图 13　屋面檩条整体吊装

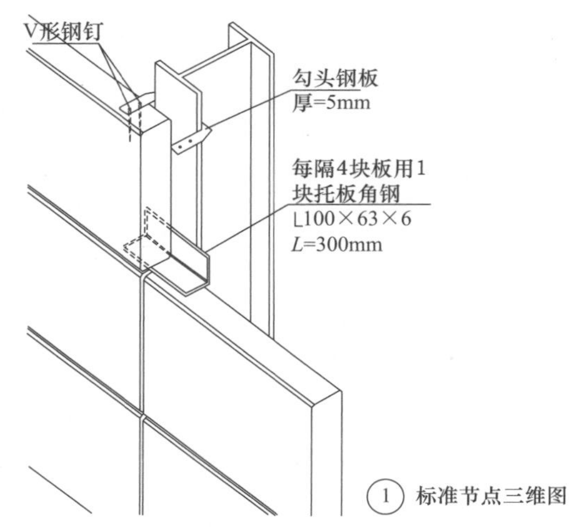

图 14　蒸压加气轻质混凝土墙板典型节点

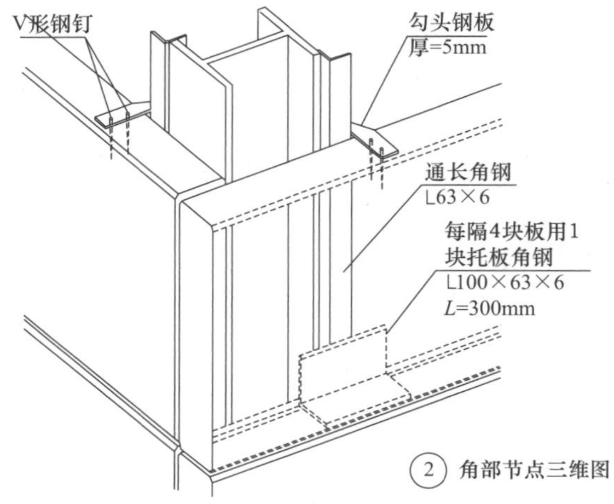

图 15　蒸压加气轻质混凝土墙板角部节点

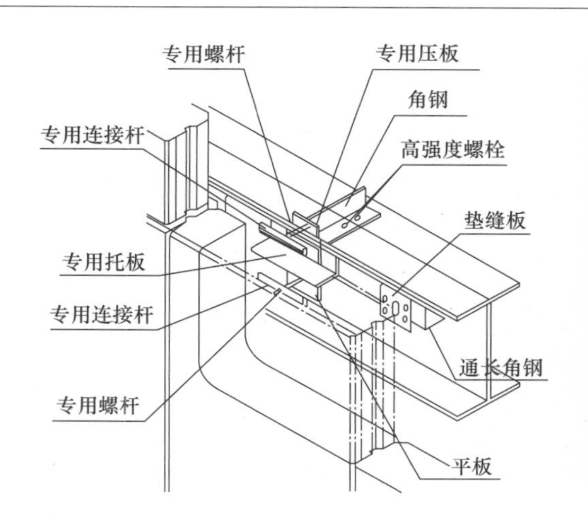

图 16　蒸压加气轻质混凝土安装节点样板

混凝土外墙板应设计成四点支撑的结构板块。下部两点应承担板块的重量和风载，还应考虑安装时上部板块叠加产生的安装荷载，因此，下部支撑点应考虑至少能够承担 2 倍的板块重量；上部两点承担风载作用，并预留垂直椭圆孔，允许板块产生垂直变形，设置成相对活动的支撑点，可以防止温度应力使板材发生破坏。在有抗震设防的建筑，还应考虑地震作用的影响。板块与板块之间至少留 20mm 的伸缩变形缝，当主体有发生变形时，板块的变形缝能够起到一定的调节作用，防止主体变形时，板块过早发生挤压破坏。预制板相关图片见图 17～图 20。

隔声设计：本项目中主要建筑单体均有至少一套游乐设施，为了保证游客能舒适地尽情享受，室内都装有空调，并且对墙体提出了较高的要求，其中好莱坞剧院、4D 影院 1 和 4D 影院 2 两座剧院的隔声标准为 STC65，其余建筑单体的隔声标准为 STC45。设计节点图见图 21、图 22。

水平方向板缝防水构造设计：水平方向的板边采用楔形倒流设计，将雨水阻挡在外不至于内渗，斜口坡度设计使得雨水在整个预制混凝土墙板外侧面顺势流淌，有效地防止雨水冲刷防水密封胶。考虑到防水密封胶易受阳光暴晒、雨水冲刷、气候变化等不利条件的影响而加速老化，失去材料防水性能，黑暗骑士 2（DARK RIDE 2）工程在结合墙板自身设计特点，突破常规，采用内置式单道密防水封胶设计，减少建筑外界环境对防水密封胶的影响，特别是阳光中的紫外线和雨水，这大大地延长了防水密封胶的使用寿命。

图 17　预制混凝土板的纵剖面图

同时配合背衬材料，直径为缝宽的 1.3～1.5 倍的发泡聚乙烯圆棒等材料，形成一个封闭的防水分隔缝。防水密封胶的寿命是影响防水性能的关键，发泡聚乙烯圆棒的主要作用是控制板缝防水材料的设置厚度和避免防水密封胶接缝的三面粘接，使防水密封胶处于双面受力的良好工作状态，当主体发生变形时，防水密封胶能够适应主体的变形，从而抵抗胶体开裂。

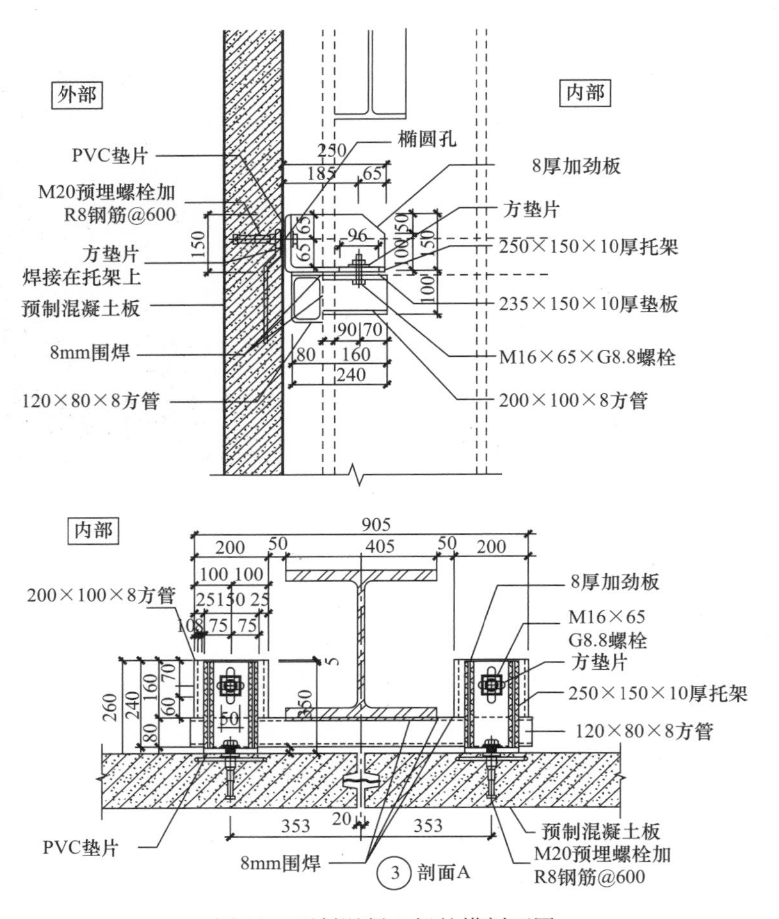

图 18 预制混凝土板的横剖面图

图 19 加工厂预制板钢筋绑扎

图 20 加工厂制作好的预制板

垂直方向板缝防水构造设计：在垂直方向板缝设计上，以橡胶挡水板为第一道防水，配合防水密封胶为第二道防水共同作用，橡胶挡水板也起到一个缓冲作用，有效阻止雨水直接对防水密封胶冲刷，而防水密封胶则同时有效地防止雨水渗漏，从而大大提高预制混凝土墙板的使用寿命与建筑物防水性能，见图 23、图 24。

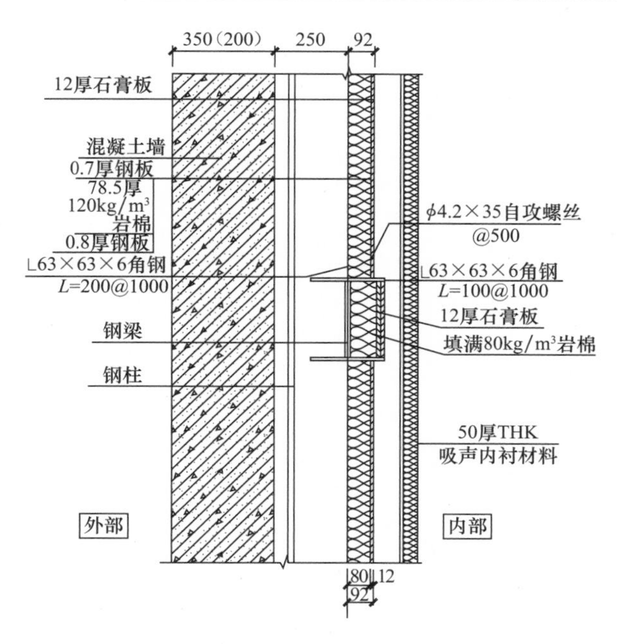

图 21　预制混凝土围护墙隔声设计节点

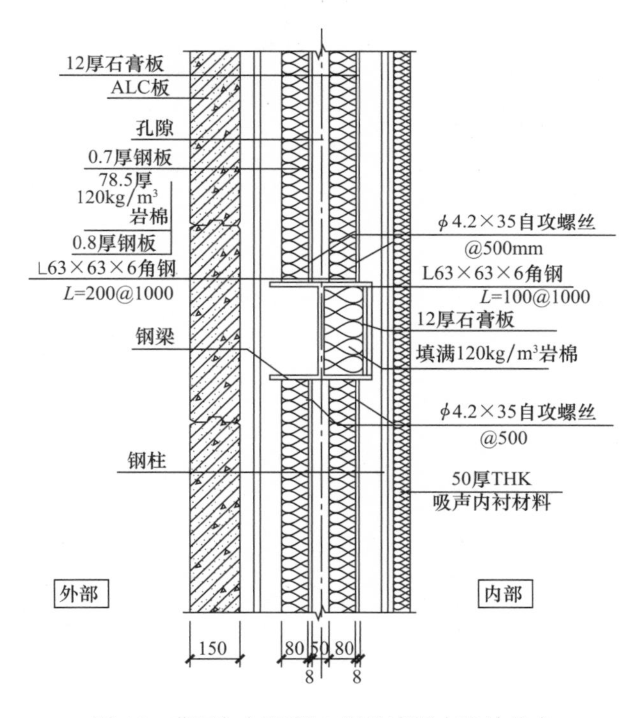

图 22　蒸压加气混凝土围护墙隔声设计节点

十字板缝防水构造设计：在水平缝与垂直缝的十字交界处，是防水的薄弱位置，DARK RIDE2 预制混凝土墙板设计上采用 300mm 长铝箔面自粘防水板来加强交界处的防水性能，该铝箔板分隔了上、下部橡胶挡水板，当上部挡水板有水时，会自然流到铝箔板上，然后再沿着楔形倒流缺口流出预制混凝土墙板外侧，从而起到了防水的作用。见

图 25～图 28。

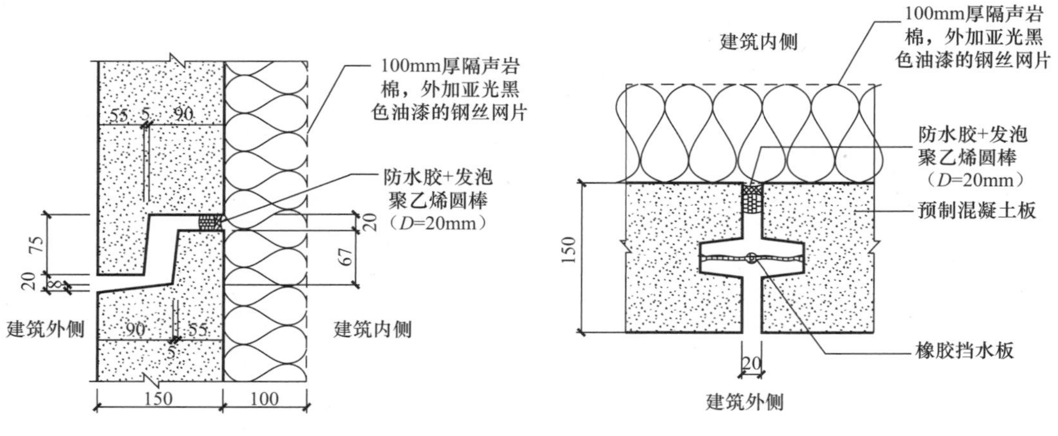

图 23　水平缝防水构造设计图

图 24　垂直缝防水构造设计

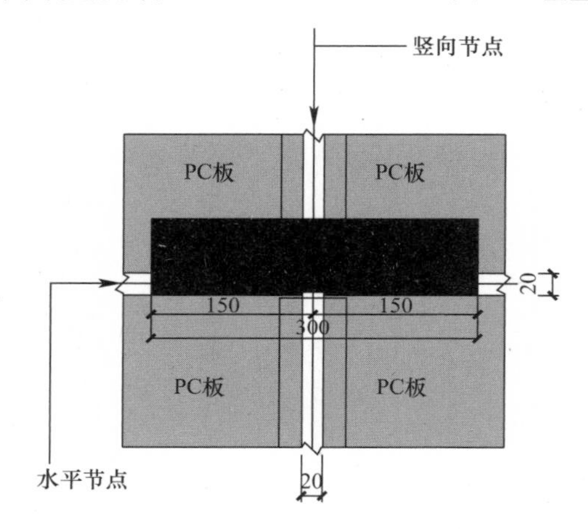

图 25　十字板缝部位防水构造设计立面图

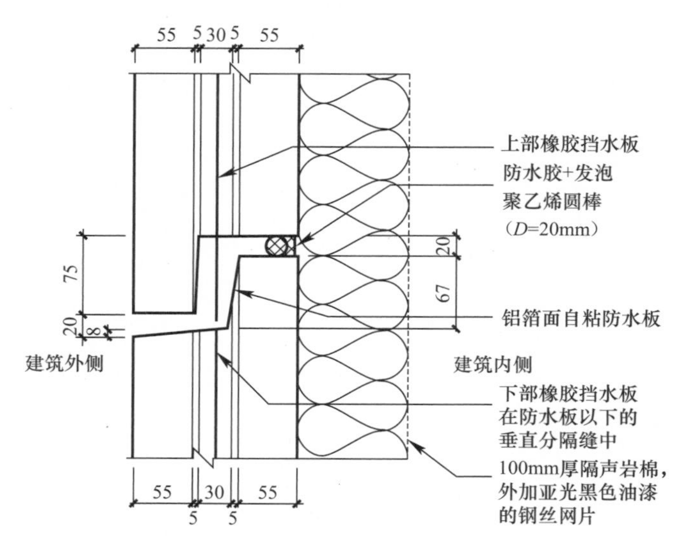

图 26　十字板缝部位防水构造设计

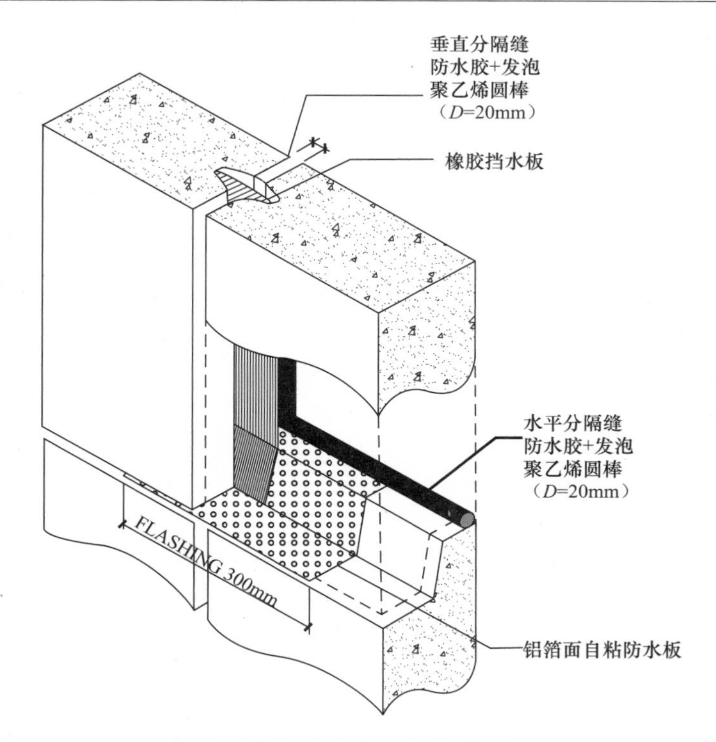

图 27 防水系统构造三维图

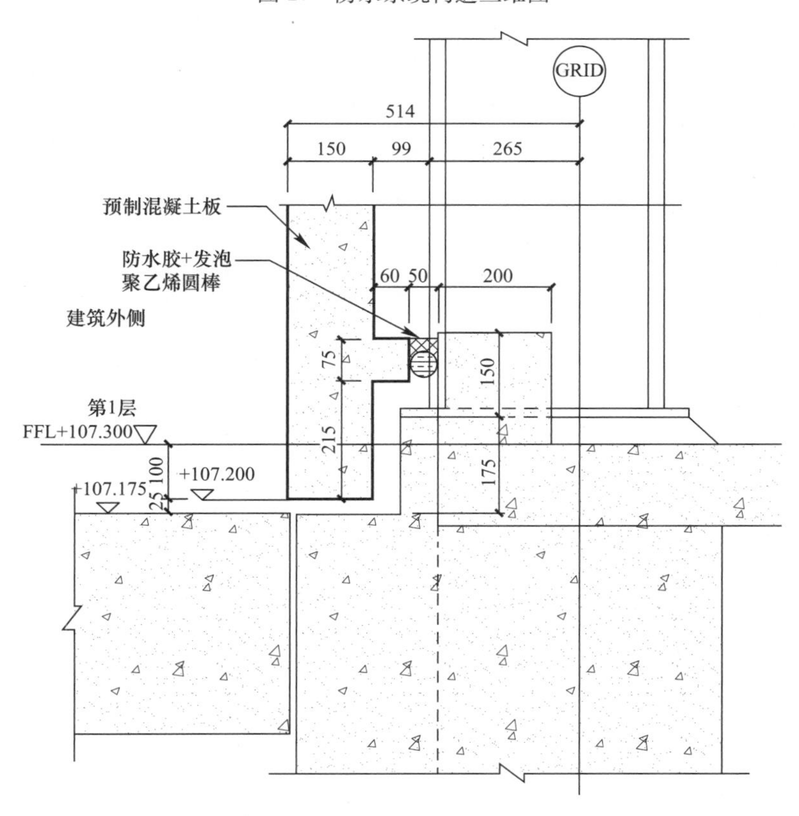

图 28 底部基础分缝连接节点图

底部基础连接板缝防水构造设计：墙基础部分的分隔缝同样采用内置式防水分隔缝，配合混凝土小矮墩，形成封闭的防水带，即方便施工又能保证防水胶的寿命。

转角L形板块设计：在板块转角分隔缝的交界处，也是防水相对薄弱的部位，为了加强板块的整体性，把转角的板做成L形，与相邻板块分隔缝采用普通分隔缝设计，从而提高墙板的防水性能，见图29。

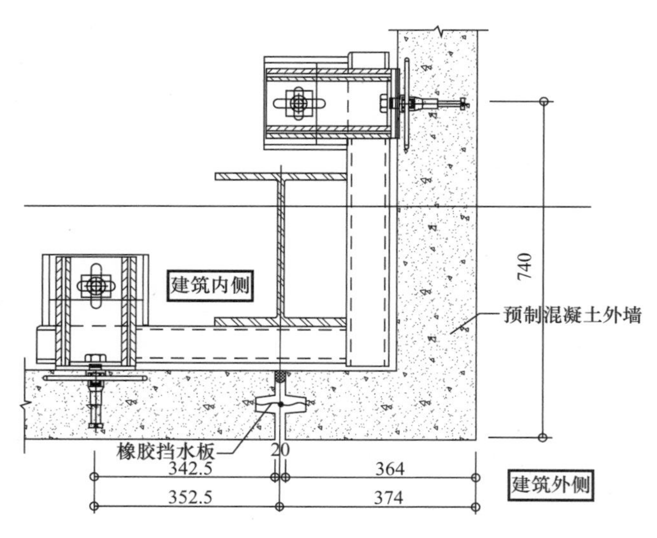

图29　转角L形板构造图

通过对水平方向板缝、垂直方向板缝、十字板缝、底部基础连接板缝、转角L形板块等部位的一系列创新设计，配合预制混凝土墙板的板边楔形倒流口设计、内置式防水分缝设计，防止雨水渗漏、减少阳光紫外线和雨水对防水密封胶老化的不利影响，有效地提高了预制混凝土墙板防水性能，延长整个预制混凝土墙板系统的使用寿命。

表4～表7列出了预制混凝土板外墙性能。

预制混凝土板外墙性能　　　　**表4**

名称	外墙防水	外墙防火	外墙节能	隔声	说明
150mm厚预制混凝土板	高压水现场测试不漏水	2h	40W/m^2	STC55	

蒸压加气轻质混凝土墙板性能表　　　　**表5**

性能指标		单位	蒸压加气轻质混凝土墙板检测值	检测标准	标准值
干体积密度		kg/m^3	500±20	GB/T 11970—1997	500±50
立方体抗压强度		MPa	≥4.0	GB/T 11971—1997	≥2.5
干燥收缩率		mm/m	≤0.3	GB/T 11972—1997	≤0.8
导热系数（含水率5%）		W/（m·k）	0.11	GB/T 10295—2008	0.15
抗冻性	质量损失	%	≤1.5	GB/T 11973—1997	≤5.0
	冻后强度	MPa	≥3.8		≥2.0
抗冲击性（30kg砂袋）		次	≥5.0	JC/T 666—1997	3
单点吊挂力		N	1200	JC/T 666—1997	≥800

续表

性能指标		单位	蒸压加气轻质混凝土墙板检测值	检测标准	标准值
钢筋与蒸压加气轻质混凝土粘结强度		MPa	平均值 3.5 最小值 2.8	GB/T 15762—2008	平均值≥0.8 最小值≥0.5
蒸压加气轻质混凝土墙板耐火极限		h	150mm， 4h 以上	GB/T 9978—2008	
水软化系数		%	0.88		
平均隔声量	100mm 厚蒸压加气轻质混凝土墙板两面 1mm 腻子	dB	36.7	GBJ 75—84 GBJ 121—88	
			40.8		
	125mm 厚蒸压加气轻质混凝土墙板两面 3mm 腻子		41.7		
			45.1		
	150mm 厚蒸压加气轻质混凝土墙板两面 3mm 腻子		43.8		
			45.6		
	175mm 厚蒸压加气轻质混凝土墙板两面 3mm 腻子		46.7		
			48.1		
尺寸误差		mm	长±2，宽 0—2， 厚±1	GB/T 15762—2008	长±7，宽 2-6 厚±4
表面平整度		mm	≤1	GB/T 15762—2008	3
线膨胀系数		/℃	7×10^{-6}		
弹性模量		N/mm²	1.75×10^{3}		
抗渗透性（6 天 300mm 高水柱下降高度）		mm	88.3（对比试验标准红砖 4 天下降 283.3mm）	参照 JISA5416-2007	≤100

预制混凝土板和蒸压加气轻质混凝土墙板基本性能比较表　　表 6

	预制混凝土板	蒸压加气轻质混凝土墙板	比较说明
厚度	150mm	150mm	
单块板面积	约 10m²	约 3m²	蒸压加气轻质混凝土墙板的宽度较小，仅为 600mm，设计接缝较多，不如预制混凝土板
自重	360kg/m²	75kg/m²	蒸压加气轻质混凝土墙板远比预制混凝土板轻，解决了使用预制混凝土板无法解决的荷载和结构安全问题
隔热	隔热性能好	隔热性能比较好	隔热性能优于预制混凝土板
隔声	STC55	STC32	隔声效果不如预制混凝土板，尤其是在低频部分，隔声效果较差，对于隔声要求为 STC50、STC55、STC65 的墙体还需要进行新的优化设计
防水	板材防水性能好	板材防水性能一般	蒸压加气轻质混凝土墙板的防水性能不如预制混凝土板，需要采取相应的技术措施
设计	必须有洞口、荷载设计信息，设计等待时间长，严重影响生产	设计无需等待，只要完成排版设计，便可组织生产	蒸压加气轻质混凝土墙板的设计过程比预制混凝土板简单，可以先组织生产，再在现场切割

续表

	预制混凝土板	蒸压加气轻质混凝土墙板	比较说明
生产与运输	在新加坡和马来西亚生产，没有运输问题，但两个厂家的生产能力都不足	在中国生产，一个月时间便可完成所有外墙板的生产，制作能力不是问题，但要从中国运到新加坡，路途遥远，必须注意运输问题	采用了蒸压加气轻质混凝土墙板，解决了业主担心预制混凝土墙板生产能力不足的后顾之忧。 由于在中国生产，运输路途遥远，必须做好运输管理工作
安装	必须使用重型吊车，需要占用大片场地、道路	可以使用吊车，也可以使用小型吊装工具，不一定要占用大片场地	新加坡环球影城项目工期紧、场地紧、空间紧，交叉作业严重，采用蒸压加气轻质混凝土墙板搬走了新加坡环球影城项目按时竣工的拦路虎
成本	成本较高	成本较低	在成本方面，蒸压加气轻质混凝土墙板比预制混凝土板更具优越性

预制混凝土板和蒸压加气轻质混凝土墙板优缺点比较表　　表 7

序号	外墙板	优点	缺点
1	预制混凝土板	工厂化预制复合墙板； 生产速度快； 隔声设计灵活，调整墙体的厚度和板材，以调节隔声能力； 采用蒸压加气轻质混凝土墙板与金属面岩棉夹芯板的组合，弥补了蒸压加气轻质混凝土墙板低频隔声能力不足的缺点； 隔声设计能力强，可达 STC71；解决隔声 STC65 的高隔声要求； 减薄了墙体厚度； 节能； 轻质； 节材； 安装施工方便、快速； 无需搭设安全脚手架	预制混凝土板自重较大，设计略复杂，现场安装需占用大片场地，成本较高
2	预拼装蒸压加气轻质混凝土墙板	工厂化预制，生产速度快； 节能； 可以在现场拼装，也可以设立流水拼装工作平台，实现拼装流水作业； 在地面完成拼装缝的填补； 在地面完成防水处理工作； 无需搭设安全脚手架	蒸压加气轻质混凝土墙板易碎，需要加强运输保护措施；加强施工安装保护措施

(3) 绿色金属屋面系统

绿色金属屋面系统见图 30、图 31。

2.4.2 预制构件最大尺寸

本项目中的预制钢结构构件，因此采用了高强度螺栓连接的钢结构框架体系，屋盖采用了桁架体系，预制构件的尺寸均不大，方便加工运输。

为了便于加工运输，预制混凝土板的尺寸定为：厚为 150mm，标准板长宽为 3.6m×2.4m，局部大板长宽为 4.4m×2.1m，板重约 3t。

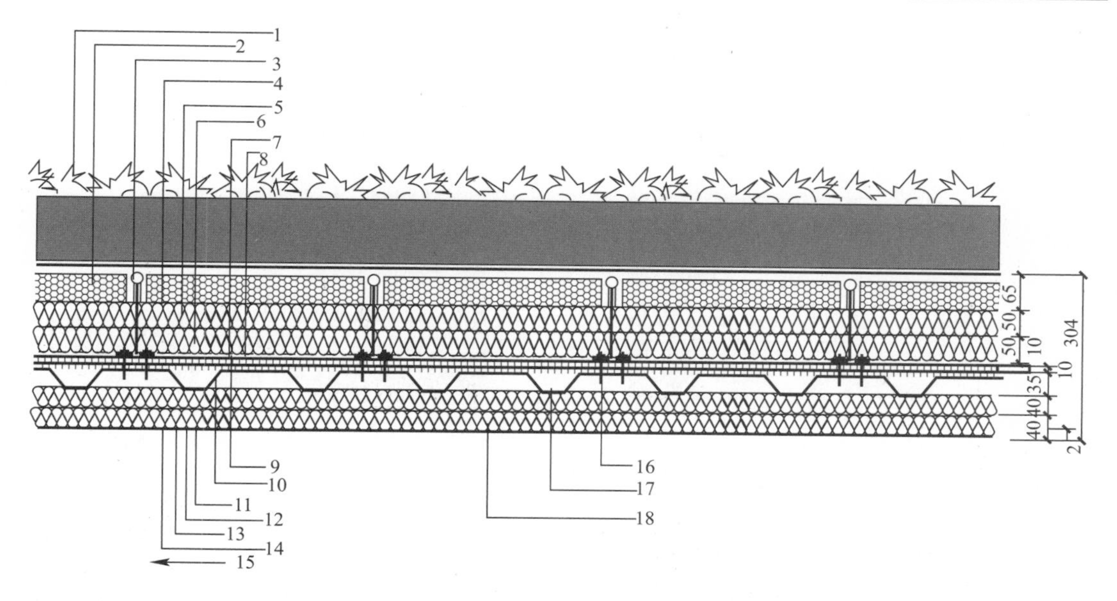

图 30 金属屋面系统构造详图

1—植被和花圃；2—轻质排水塑料格板；3—0.9mmKAL-ZIP65/400 型 PVDF 白铝灰色不锈钢泛水板；4—L100 铝夹片及隔热垫；5、6—50mm 厚保温岩棉，120kg/m³；7—1.5mm 厚镀锌次龙骨；8—防辐射膜；9—2 层 10mm 厚混凝土板；10—0.7mm 厚 KALBAU 铝合金板；11—2 层 50mm 厚保温岩棉；12—1.5mm 厚镀锌次檩；13—黑布；14—钢丝网；15—3.00mm 厚不锈钢 Z 檩；16—六角头自攻螺钉（每个夹子用 2 个螺钉）；17—六角头自攻螺钉，间距 400mm；18—六角头自攻螺钉，间距 500mm

(*a*)

(*b*)

图 31 绿色金属屋面系统

(*a*) 金属屋面完成后照片；(*b*) 绿色屋面系统完成后照片

2.4.3 运输车辆参数、吊车参数（表 8）

预制混凝土外墙板的安装设备 **表 8**

序号	施工安装	所需设备
1	运输车辆	3t 吊车自卸式货车
2	吊装预制混凝土外墙板	200t 吊车一台 100t 吊车一台
	固定连接预制混凝土外墙板	两台 25m 臂长升降车
3	接缝处理	25m 臂长升降车两台

2.4.4 现场施工全景、构件吊装、节点施工照片（图 32～图 45）

图 32 施工现场全景 1

图 33 施工现场全景 2

图 34 钢结构吊装 1

图 35 钢结构吊装 2

图 36 预制墙板挂件施工

图 37 预制墙板挂件定位

图 38 混凝土预制板吊装施工照片

图 39 混凝土预制板现场施工照片

图 40　混凝土预制板吊装完工照片

图 41　轻质外墙施工

图 42　轻质板单块吊装

图 43　轻质板拼装大板吊装

图 44　预制墙板内侧隔声板施工

图 45　金属屋面施工

3　工程科技创新与新技术应用情况

结合本项目，主要进行了如下工程科技创新与新技术应用：

（1）中国国产钢材的设计指标在新加坡的直接应用

通过对中国、英国标准间的对比分析、国产钢材性能试验研究及钢厂认证等工作，使国产钢材满足了新加坡钢材替代设计的要求（BC1：2008），达到了直接采用屈服强度值等作为中国标准钢材与英国标准（BS5950）的转换设计指标的目的，首次实现了国产钢材直接在新加坡工程应用，与以前工程相比，钢材强度设计指标提高了25%，减少了钢材用量5%以上，缩短了采购时间3个月。

（2）轻质环保围护墙体系设计与施工技术

研发了一种采用轻质加气混凝土外墙板和岩棉夹芯板、石膏板等组合而成的围护墙体系，适用于钢结构以及混凝土结构外墙围护体系，具有良好的保温、隔声性能，可以达到 STC65 以上的隔声要求。并获得专利：蒸压轻质加气混凝土组合隔声墙（专利号：ZL201020138073.4）、预制混凝土外墙板防雨水渗漏结构（专利号：ZL 201020224681.7）、一种蒸压轻质加气混凝土大板（ZL201020254597.X）。

（3）预制外墙板的整体吊装技术

针对预制外墙的安装，研发了一种经济实用的整体吊装方法，并获得专利：一种蒸压轻质加气混凝土大板及安装方法（ZL201010223535.7）。

（4）预制外墙板防渗漏技术

新加坡属于热带海洋性气候，终年多雨，因此，外墙板的防雨水渗漏就是一个很重要的课题。在这个项目中，我们研制成功了一种新型有效的预制混凝土外墙板防雨水渗漏结构，并获得了专利（ZL201010200176.3）。

（5）金属屋顶维修人员防跌落锚固装置

在这个项目中，我们研制成功了一种金属屋顶维修人员防跌落锚固装置，确保了金属屋面的施工及运营维护中的安全，并获得了专利（ZL201020139320.2）。

（6）在金属屋顶上成功种植绿植

在这个项目中，在满足施工进度、工程质量、室内游乐设施设备的隔音要求等多项严格的技术要求之下，成功在金属屋面上种植绿植，开发出一系列的专利技术（ZL201020138035.9、ZL201020138049.0、ZL201010129536.5、ZL201020138067.9、ZL201020139268.0）。

（7）在施工过程中持续优化外墙板设计

原设计的外墙板采用预制混凝土，也就是黑暗骑士单体中所使用的外墙板，但设计周期长、施工难度大，在后续的几个单体中几乎无法实施，因此，我施工单位进行了设计优化，提出用蒸压加气轻质混凝土板替代预制混凝土板，通过一系列试验研究和技术创新，最终成功实现了工期、质量和造价三者均最优。主要创新点有：

1）经济：本工程所有材料均为国内采购，ALC 板、岩棉夹心板、石膏板比其他常用的隔声材料更为经济，货源选择也更为广泛；同时，这些轻质材料大幅度地减少了建筑主体结构的荷载，减少了主题结构投资。

2）施工方便：本工程使用的所有板材，都具有重量轻、能随意切割等特点，施工方便快捷；

3）环保：所用的材料均为环保材料，满足国家有关节能环保的相关要求。

4）成果的创新性、先进性：

① 国内尚没有“轻质混凝土板＋岩棉夹心板”组合而成的节能、隔声的复合墙体系的工程应用；

② 首次在新加坡这个热带海洋性气候环境中成功应用；

③ 首次在环球影城项目中成功应用；

④ 设计制造了以卷扬机为主要动力设备的便捷吊装设备；

⑤ 成功解决了大型卷帘门门框和墙体衔接处隔音难的技术难题；

⑥ 成功解决了大型 facade（建筑外表皮装饰）和节能隔声复合墙体衔接难的技术难题；

⑦ 成功解决了大型广告牌和节能隔音复合墙体衔接难的技术难题；

⑧ 首次采用 ALC 轻质加气混凝土外墙板＋岩棉夹心板的设计，克服了传统外墙加工周期长、安装难度大的缺点，大大加快了隔声系统的施工进度；

⑨ ALC 轻质加气混凝土外墙板有效地减少了建筑主体结构的荷载；

⑩ 节能隔音复合墙体高效的隔热性能显著降低了建筑物的能耗；

⑪成功提高了 ALC 轻质加气混凝土外墙板的防水性能。

5）作用意义（直接经济效益和社会意义）

① 加快施工速度，减少资源投入。确保了新加坡环球影城项目的如期完成。墙板系统施工工期由 8 个月缩短至 1.25 个月，总缩短工期 6.75 个月，由此带来的直接经济效益约 203 万新元（人工费、设备费、现场管理费），折合人民币 1015 万元，同时避免了在合同中约定的工期延误索赔，给公司带来了经济效益。

② 降低了加工制作成本。节能隔音复合墙板（隔音要求 STC65）加工与运输的造价仅是是普通预制混凝土板的一半，本工程使用了该墙板共 7000m^2，节省造价约 210 万新币，约 1050 万人民币。

③ 降低了安装成本。仅从预制混凝土板（原投标安装总价 755.6 万新币）改为节能隔声复合墙板（安装成本总价 453.3 万新币），节省直接成本约 302 万新币（节省 40%），折合人民币 1510 万元。

以上合计直接经济效益 715 万元新币，折合人民币 3575 万元。

4　工程获奖情况

新加坡环球影城工程获得如下主要奖项：

（1）国外奖项 5 项

新加坡科技创新奖金奖（新加坡建设局）、新加坡绿色建筑标志金奖（新加坡建设局）、新加坡安全和职业健康奖（新加坡劳工部）、新加坡绿色友好施工星级奖（新加坡建设局）、钢结构设计施工奖（新加坡钢结构协会）。

（2）国内奖项 10 项

中国建设工程鲁班奖、国家优质工程奖、国优工程 30 年经典（精品）、国资委中央企业红旗班组、企业管理现代化创新成果国家级二等奖、IPMA 国际项目管理（中国）特大项目金奖、第七届全国建设工程优秀项目管理成果奖一等奖、冶金行业优质工程奖、中冶集团企业管理现代化创新成果一等奖、中国中冶优质工程奖。

5　工业化应用体会

（1）建筑工业化的经济适用性

通过加工厂预制的方式，减少施工现场的工作，降低了现场的施工能耗，提升了施工质量，同时，也节约了施工工期，合理的结构、建筑体系也降低了运营维护成本，因此，从建筑全寿命周期来说，建筑工业化具有很好的经济适用性和环境友好性。

（2）大力推广我国建筑工业化的紧迫性

包括新加坡在内的国外发达国家，在建筑工业化的理论研究和工程实践已经做了很多，而我国的建筑工业化一直处于缓慢增长的阶段，在目前阶段益发显得紧迫，政府应加大推广力度，从政策方面给予鼓励，比如降低税费、规划调整等方面的优惠政策，这也是在国外业已证明行之有效的经验。

5.1 设计体会

（1）施工单位参与设计

常规的施工单位仅需按照设计要求和图纸，在规定的时间内完成施工即可，而在推行建筑工业化时，应加大施工单位在设计方面的参与，由施工单位将设计与施工紧密结合，将会大大降低建筑工业化的成本增量，达到建筑工业化的成本最优状态。

（2）系统化的设计创新理念

在本项目的设计中，从建筑结构体系、外围护墙体系、屋面体系等多方面，结合建筑使用功能，对荷载、防水、防火、隔音等诸多方面进行综合考虑，并结合施工工期要求、造价水平等多项要求，对设计工作进行了系统化的创新，采用了最优的设计组合。

（3）标准化设计助力建筑工业化的应用

在本项目的设计中，从主体结构——钢结构、外围护结构、屋面结构到内墙等，均尽量归并构件类型，减少构件类型，采用标准化设计，并编制了《围护墙体系标准图集》，这些设计措施既提升了工厂的构件加工制作生产率，又为现场的采用整体拼装起吊创造了条件，是实现建筑工业化的前提。

（4）设计与施工管理结合，持续优化，挖掘建筑工业化的效益潜力

在建筑工业化的实施中，设计标准化是基础，但设计做完之后，如果能和施工管理进行结合，充分理解把握施工组织的要求，设计团队和施工团队紧密合作，对设计进行持续优化，则能挖掘建筑工业化的更多效益。

本项目在设计之初，所有单体虽然满足了新加坡政府建筑工业化的指标要求，但和以往新加坡的其他常规的住宅、公建一样，采用的是预制混凝土外墙板，在本项目的黑暗骑士 2 中，就是按照设计要求采用的预制混凝土墙板，但是，在施工过程中，发现这种设计方案无法满足后续其他几个建筑单体的现场施工条件，因为本项目是主题游乐园，且施工场地狭窄，在建筑隔音、防水要求高，施工工期紧，专业施工深度交叉而无法满足预制混凝土墙板吊装的情况下，施工单位和设计单位一起，对设计进行优化，最终比较优化设计的基本流程。正是由于这些简单朴素的比较优化解决了大量工程优化设计、工程规划和成本控制甚至是质量问题。所以可以在大量的文献中发现“设计优化”、“施工规划优化”、“质量控制优化”、“成本控制优化”以及“施工管理优化”，这些都是工程施工中常用的解决工程施工问题的方法。比较优化设计的基本流程见图 46。

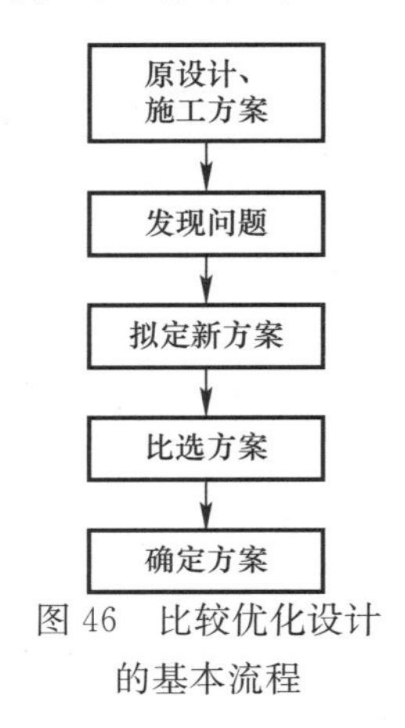

图 46　比较优化设计的基本流程

5.2 施工体会

（1）建筑工业化能大大加快施工进度

从美国奥兰多第一个环球影城开张以来，新加坡环球影城已是世界上第四个环球影城了，无论是美国的环球影城，还是日本的环球影城，都花费了 4 到 5 年时间，而新加坡环

球影城只用了1年半的时间就完成了建设工作，建筑工业化在这方面有很多的功劳，正是因为采用了全钢结构体系，创新性地应用了轻质外围护组合墙体系和绿色金属屋面体系，才能大大节约施工工期，降低了劳动强度，增强了施工质量保证率，减少了人工消耗，大幅度提高了劳动生产率，创造了环球影城建造史上的奇迹。

(2) 建筑工业化能缓解施工现场场地组织的难度

本项目场地小、工期紧、多专业施工深度交叉，施工场地组织难度大，没有足够与合适的场地来布置施工吊装场地和堆放材料设备，施工现场物流管理显得异常重要。在这种现场情况下，充分利用建筑工业化的优势，加大了场外预制量，优化了现场安装方法，并针对性研发了轻质外围护墙体系，确保了工期和施工质量。

(3) 先进的项目管理，也是建筑工业化的重要部分

建筑工业化，不仅仅是设计标准化和场外加工，先进的项目管理，也是建筑工业化不能分割的一部分。其实任何一个工程施工的优化都离不开成本、工期、方便施工、提高施工质量。这些优化工作可能是单一的成本、工期、质量优化，或成本、工期、质量的组合优化。但我们总可以找出一条或几条关键施工技术路线，并确定关键节点，一旦确定了关键节点和关键施工技术路线，就完全确定了一个设计、一个施工方案的关键问题，再设定优化目标，拟定新方案，而拟定的新方案必须具有旧方案的基本功能，并具有一定得优点，但它可能还存在一些缺点，我们同样可以使用关键节点和关键技术路线法来确定所拟定的新方案的优缺点，通过比较新旧方案关键技术路线成本、工期、质量，便可以确定方案。这种关键节点和关键路线方法我们可以称之为工程施工优化关键技术节点、路线法，简称为优化关键节点路线法（图47）。

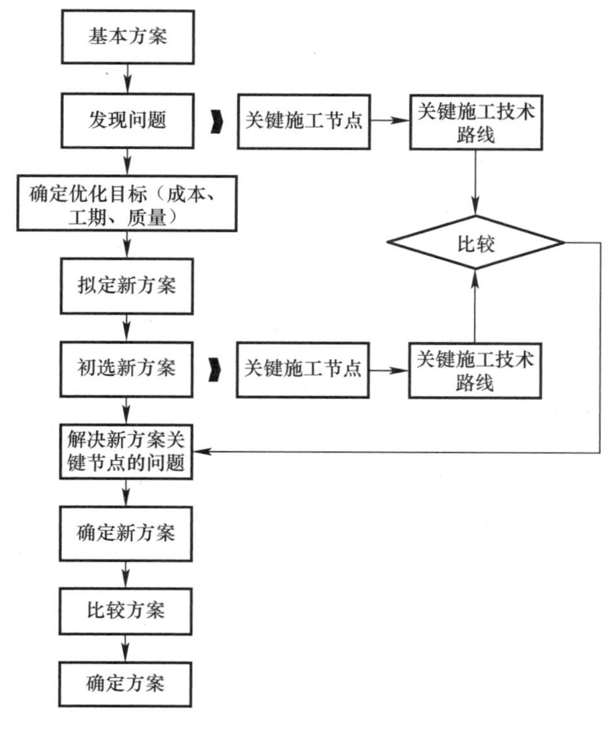

图47 优化关键节点路线法的基本流程

在项目管理和工程施工优化中，编制网络计划的基本思想就是在一个庞大的网络图中找出关键路线，并对各关键活动，优先安排资源，挖掘潜力，采取相应措施，尽量压缩需要的时间。而对非关键路线的各个活动，只要在不影响工程完工时间的条件下，抽出适当的人力、物力和财力等资源，用在关键路线上，以达到缩短工程工期，合理利用资源等目的。在执行计划过程中，可以明确工作重点，对各个关键活动加以有效控制和调度。

在这个优化思想指导下，我们可以根据项目计划的要求，综合地考虑进度、资源利用和降低费用等目标，对网络图进行优化，确定最优的计划方案。

供稿单位：中国京冶工程技术有限公司

万科南京南站 NO. 2012G43 地块项目 E-04、F-04、G-02 楼

项目名称： 万科南京南站 NO. 2012G43 地块项目 E-04、F-04、G-02 楼
项目地点： 位于南京市雨花台区，南京高铁南站东南，所属气候区：夏热冬冷地区
开发单位： 南京万融置业有限公司
设计单位： 南京長江都市建筑设计股份有限公司
施工单位： 浙江海天建设集团有限公司
构件生产单位： 南京大地建设新型建筑材料有限公司
监理单位： 扬州建苑工程监理有限责任公司
工程功能： 住宅混合用地，1～3 层均为商业，4 层及以上为公寓式办公

万科南京南站 NO. 2012G43 地块项目中，E 地块用地面积 18212.7m²，F 地块用地面积 19483.1m²，G 地块用地面积 12093.2m²。其中 E-04 楼共 19 层，高度 61.050m，地上建筑面积 22196.02m²，F-04 楼共 15 层，高度 49.050m，地上建筑面积 16400.93m²，G-02 楼共 13 层，高度 43.050m，地上建筑面积 13822.01m²。目前工程正在施工中。

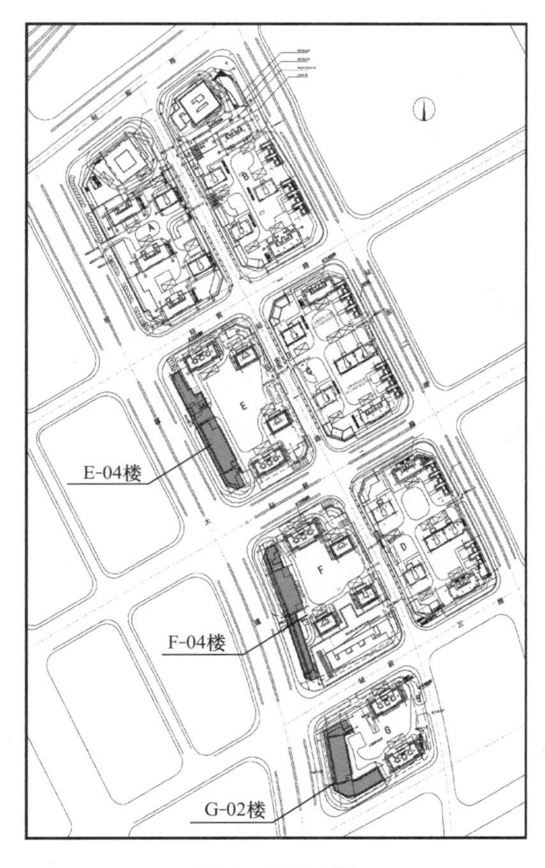

图 1　总平面图

1　建筑、结构概况

建筑总平面图、标准层平面图、立面图见图 1～图 6。E-04 栋建筑采用装配整体式框架—现浇剪力墙结构，F-04、G-02 栋建筑采用装配整体式框架结构。本工程抗震设防烈度为 7 度。

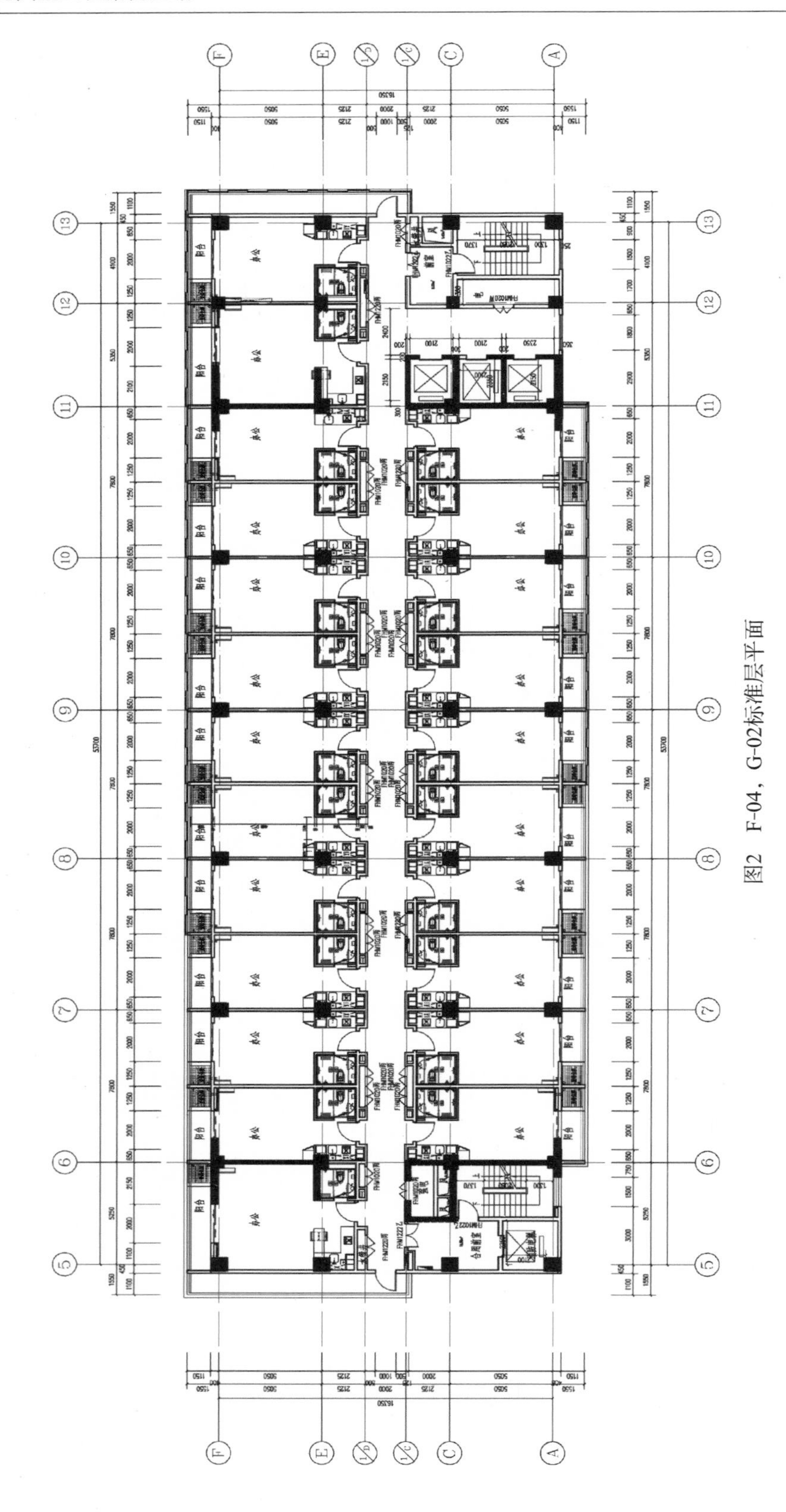

图2　F-04，G-02标准层平面

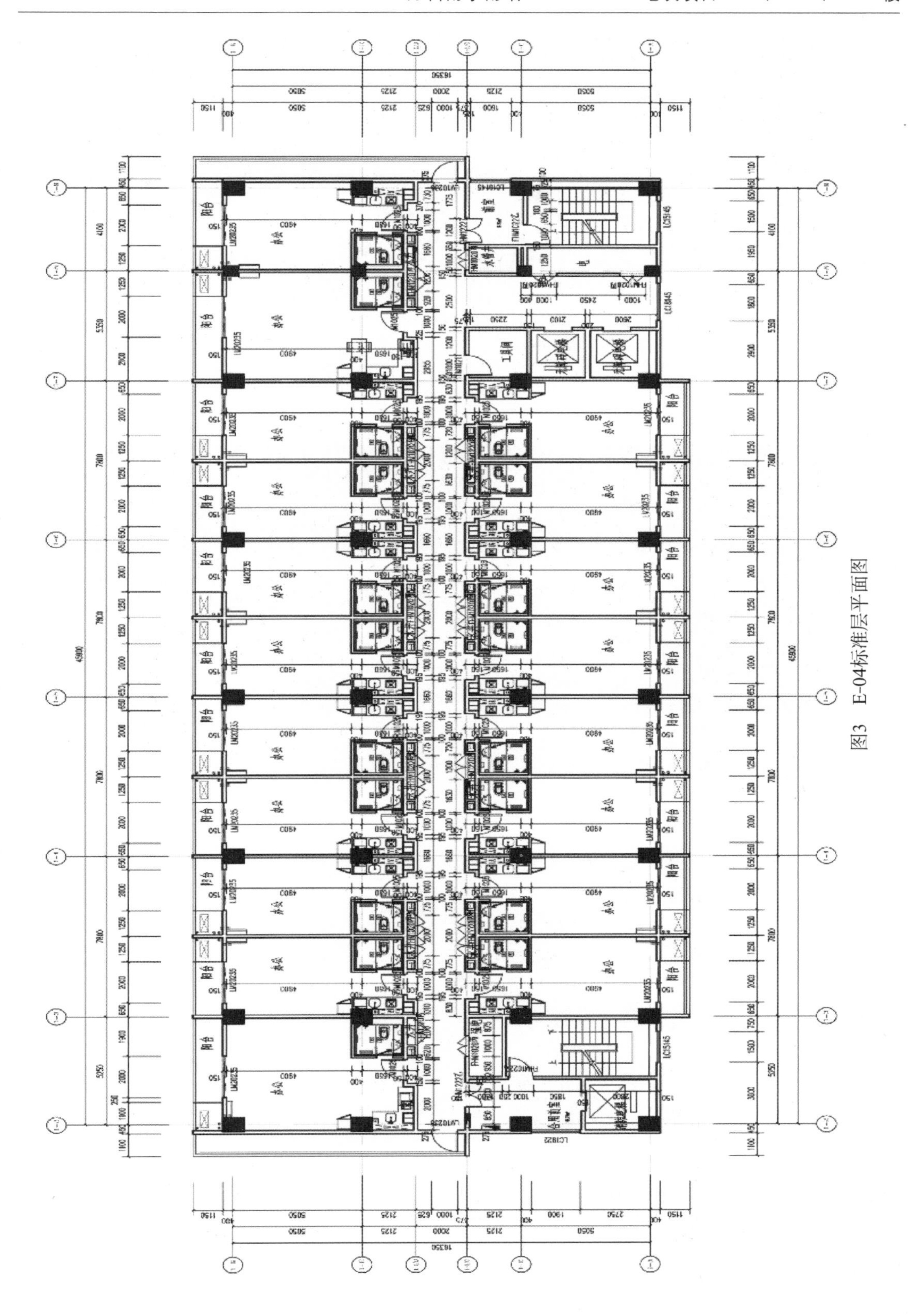

图3 E-04标准层平面图

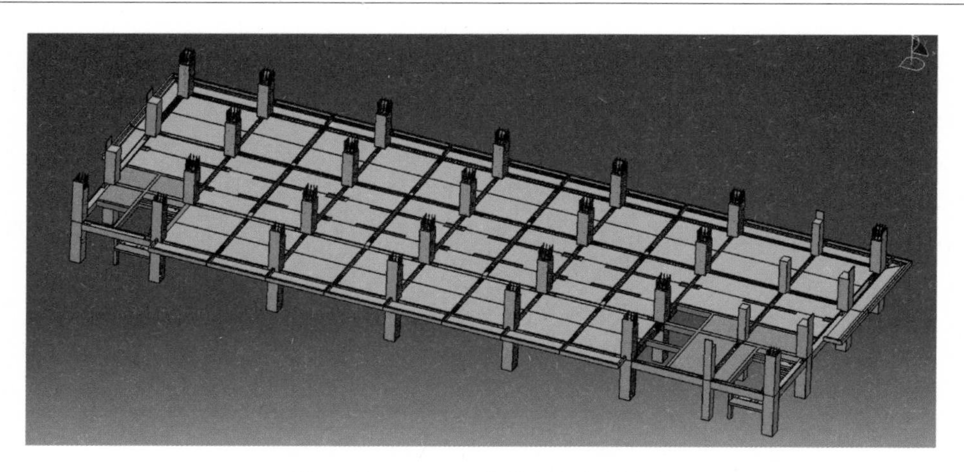

图 4　F-04、G-02 号楼预制装配模型

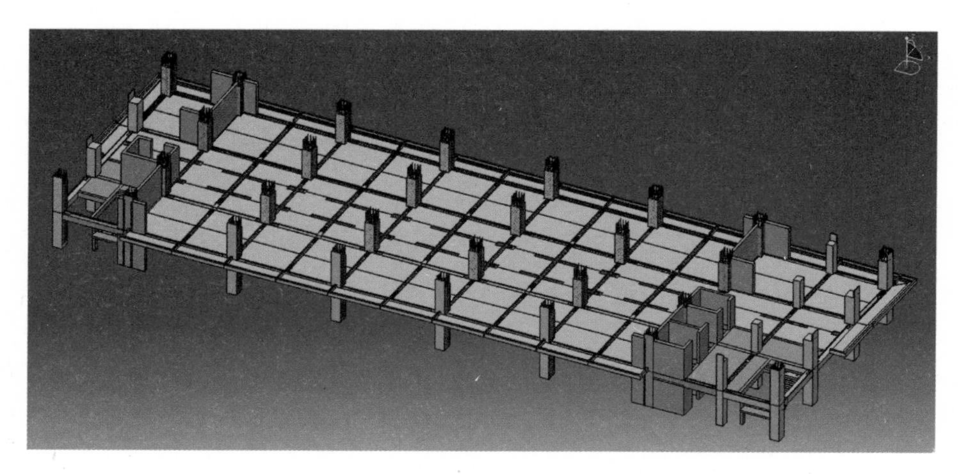

图 5　E-04 号楼预制装配模型（灰色为预制部分）

图 6　立面效果图

2 建筑工业化技术应用情况

2.1 具体措施（表 1、表 2）

建筑工业化技术应用具体措施（F-04、G-02） 表 1

结构构件	施工方法①		预制构件所处位置	构件体系（详细描述，可配图）	重量（或体积）	备注
	预制	现浇				
外墙	√		四层以上	NALC 板	189.66m³	
内墙	√		四层以上	NALC 板		
楼板	√		四层以上	非预应力混凝土叠合板	34.60m³	
楼梯	√		四层以上	预制混凝土梯段板	3.17m³	
阳台	√		四层以上	预制叠合阳台板	13.66m³	
女儿墙	√		屋面	预制女儿墙	5.32m³	
梁	√		四层以上	预制混凝土叠合梁	57.20m³	
柱	√		四层以上	预制混凝土框架柱	41.68m³	
建筑总重量（体积）				429.60m³	预制构件总重量（体积）	345.28m³
主体工程预制率②					混凝土部分预制率为 64.86%；整体结构预制率（包括 ALC 板）为 80.37%	
其他	是否采用精装修（是/否）：是 是否应用整体卫浴（是/否）：是 列举其他工业化措施：建筑地坪免找平，无外脚手架，无砌筑，无抹灰					

① 施工方法一栏请划√。
② 主体工程预制率=预制构件总重量（体积）/建筑总重量（体积）。

建筑工业化技术应用具体措施（E-04） 表 2

结构构件	施工方法①		预制构件所处位置	构件体系（详细描述，可配图）	重量（或体积）	备注
	预制	现浇				
外墙	√		四层以上	蒸压轻质加气混凝土板材（NALC 板）	213.31m³	
内墙	√		四层以上	蒸压轻质加气混凝土板材（NALC 板）		
楼板	√		四层以上	非预应力混凝土叠合板	39.39m³	
楼梯	√		四层以上	预制混凝土梯段板	3.17m³	
阳台	√		四层以上	预制叠合阳台板	15.58m³	
女儿墙						
梁	√		四层以上	预制混凝土叠合梁	46.57m³	
柱						
建筑总重量（体积）				466.97m³	预制构件总重量（体积）	318.02m³
主体工程预制率②					混凝土部分预制率为 41.28%；整体结构预制率（包括 ALC 板）为 68.10%	
其他	是否采用精装修（是/否）：是 是否应用整体卫浴（是/否）：是 列举其他工业化措施：建筑地坪免找平，无外模板，无外脚手架，无砌筑，无抹灰					

① 施工方法一栏请划√。
② 主体工程预制率=预制构件总重量（体积）/建筑总重量（体积）。

2.2 两项指标计算结果

2.2.1 主体工程预制率

主体工程预制率：F-04、G-02 约为 80%；E-04 约为 68%，见表 3、表 4。

F-04、G-02 预制率　表 3

混凝土部分预制率			
类别	预制量（m^3）	建筑总量（m^3）	预制率
柱	41.68	50.30	
梁	57.20	72.53	
楼板	34.60	80.72	
其他构件	22.15	24.81	
现浇		11.57	
合计	155.63	239.94	64.86%
整体结构预制率			
ALC	189.66	189.66	
合计	345.28	429.60	80.37%

E-04 预制率　表 4

混凝土部分预制率			
类别	预制量（m^3）	建筑总量（m^3）	预制率
柱	0	52.56	
梁	46.57	82.22	
楼板	39.39	91.91	
其他构件	18.75	18.75	
现浇		8.23	
合计	104.71	253.66	41.28%
整体结构预制率			
ALC	213.31	213.31	
合计	318.02	466.97	68.10%

2.2.2 工业化产值率

工业化产值率＝工厂生产产值/建筑总造价

还未招标计算。

2.3 设计、施工特点与图片

三栋建筑预制装配楼层（四层以上），采用标准的户型模块单元，建筑部品构件的标准化程度高，充分发挥了工业化建造建筑的优势，最大限度地提高效率降低成本，采用工业化建造建筑的经济性特点在这三栋建筑得到较好的体现。结构布置平面图见图 7、图 8，图中红框部分为标准户型拼装部分。

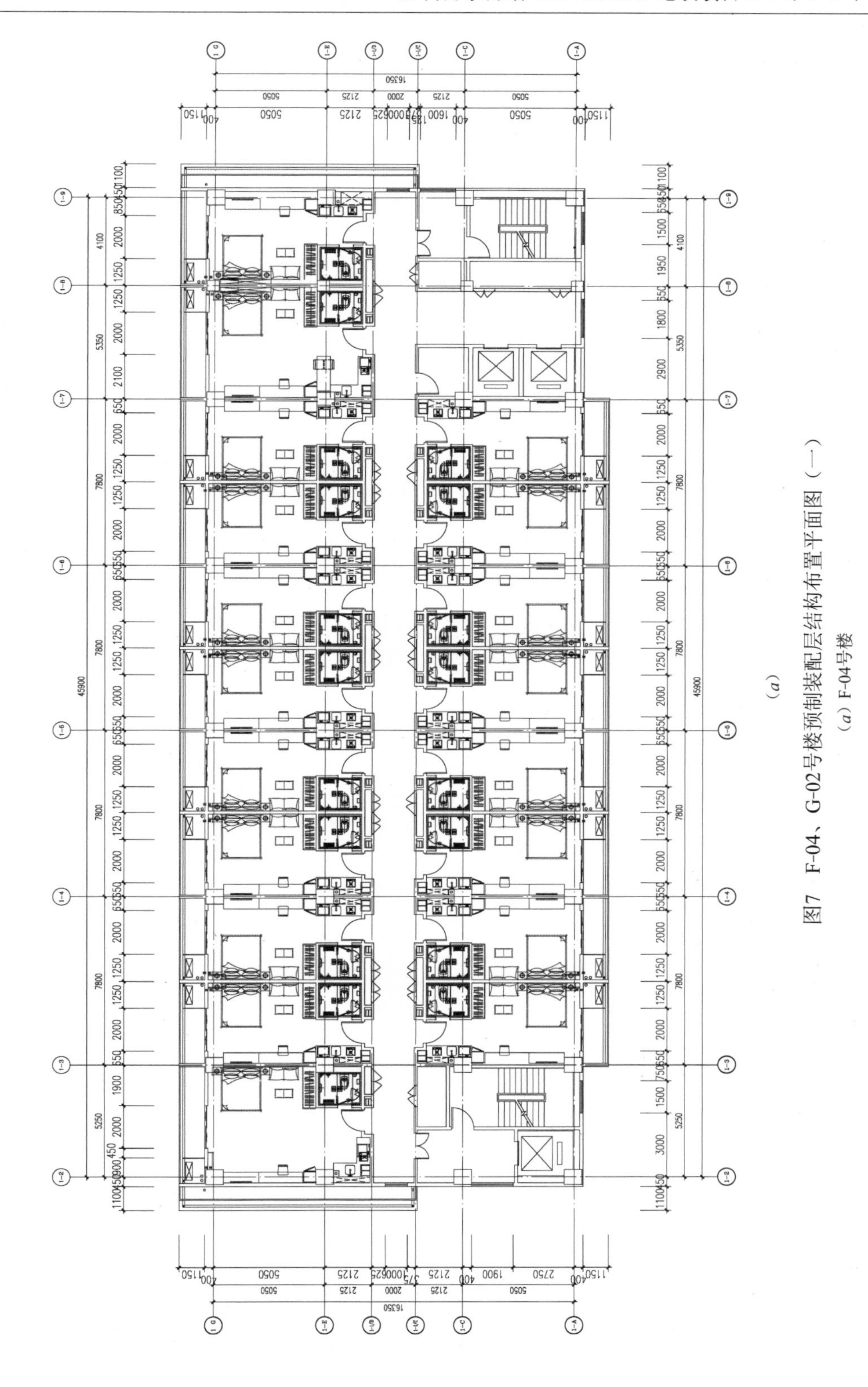

(a)

图7 F-04、G-02号楼预制装配层结构布置平面图（一）

(a) F-04号楼

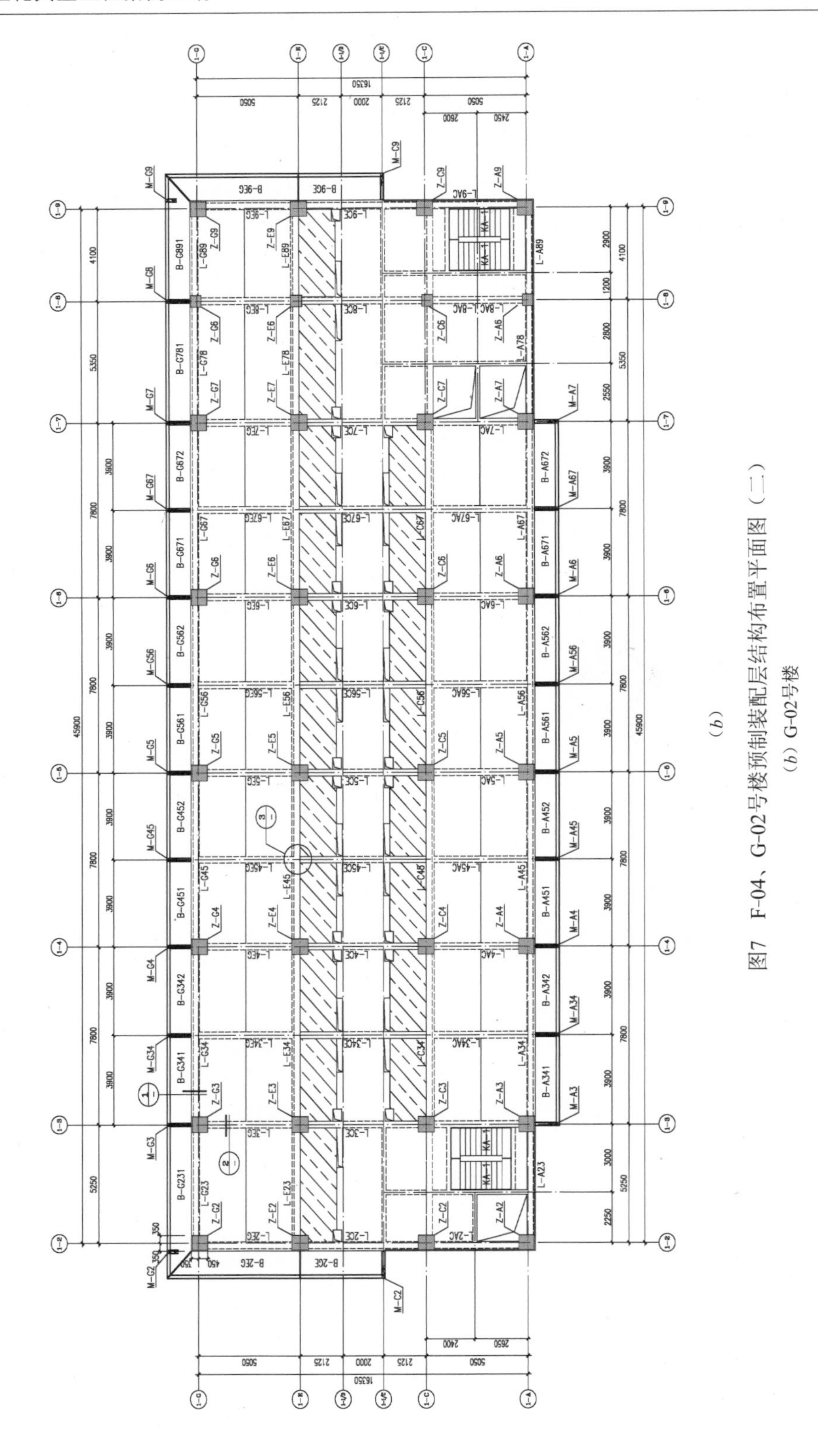

(*b*)

图7 F-04、G-02号楼预制装配层结构布置平面图（二）

（*b*）G-02号楼

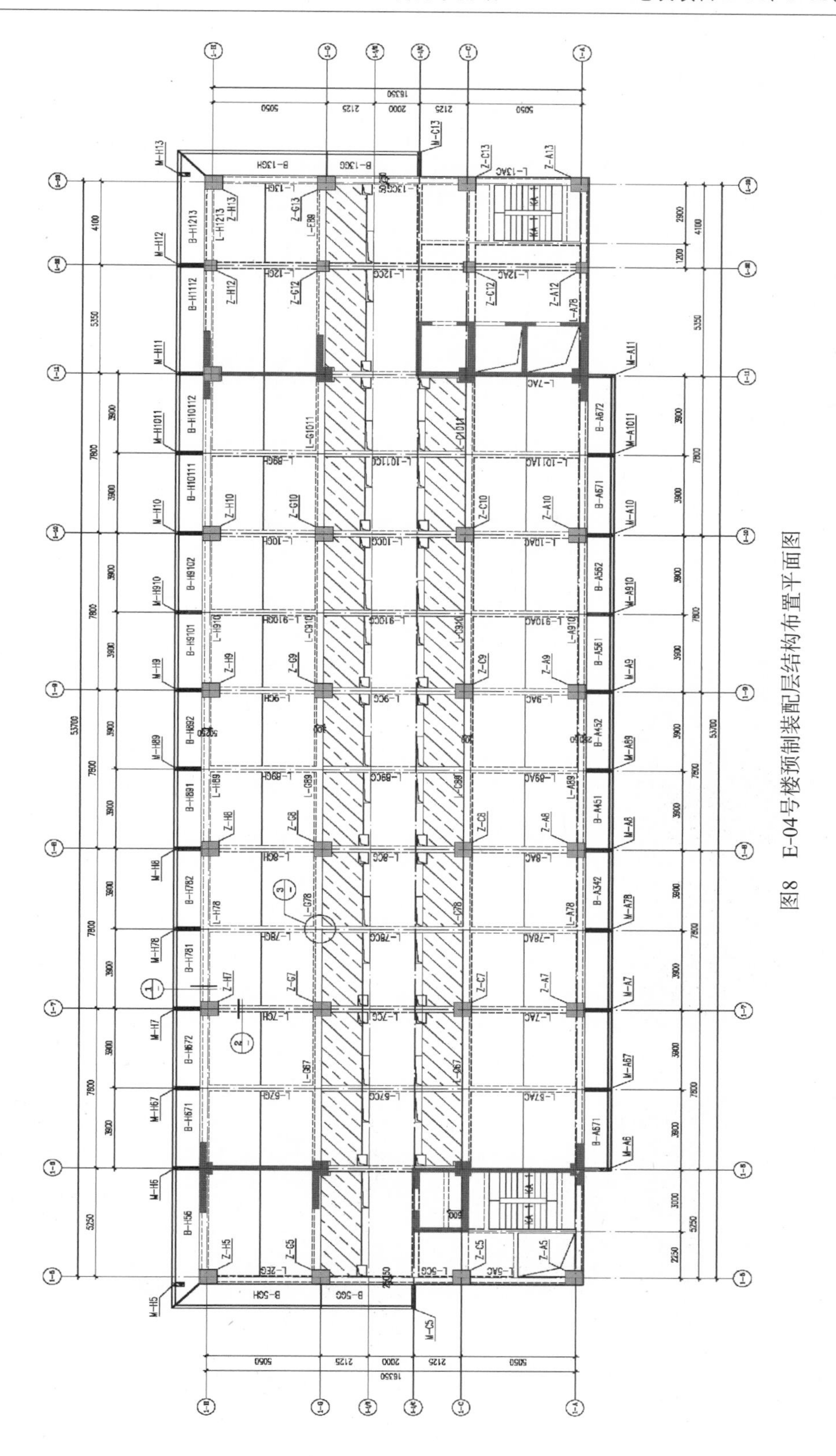

图8 E-04号楼预制装配层结构布置平面图

本项目预制构件采用少规格、多组合模式降低建造成本。

采用了标准户型设计，从而预制构件的种类很少（表5），预制构件的利用率提高，三栋建筑的建造成本明显降低。

预制构件种类 **表5**

构件种类	尺寸（mm）
预制框架柱	700×800，500×600
预制叠合梁	300×600，250×600
预制叠合楼板	60（预制层）+80（现浇层）

本工程预制柱的上下连接接头设置于每层预制柱底，通过南京保障房上坊项目的实践和相关试验研究，在预制柱底每根柱主筋的位置埋设钢套筒（直螺纹+灌浆），套管壁上的灌浆及排浆口设置于柱侧，如为外侧框架柱且外侧无法施工操作时，需将灌浆及排浆口引至预制的柱内侧面。吊装上层预制柱时需在下层预制柱顶四角放置20mm厚的钢垫片将上下预制柱隔开作为灌浆的填充面。预制柱顶留出钢筋，并保证钢筋伸入上层预制柱钢套管内满足$8d$。上下预制柱间及连接钢套管内采用高强度灌浆料压力填充，灌浆料强度远大于柱自身混凝土强度，可以很好地弥补钢套管及灌浆管对柱混凝土截面削弱的影响，同时确保了上下预制柱间的整体受力性能，见图9、图10。

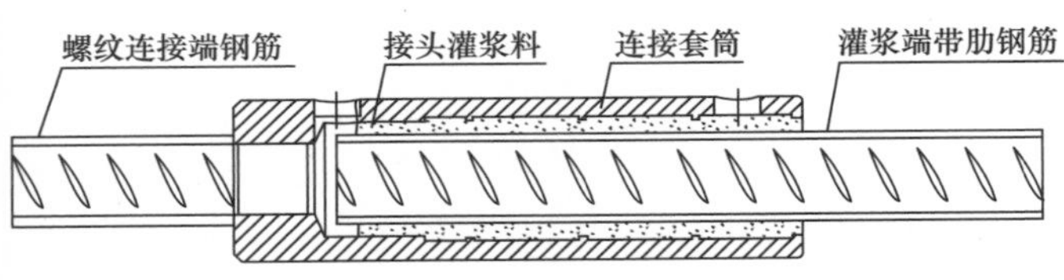

图9 钢套筒

图10 工厂制作和现场施工

预制梁采用热处理带肋高强度钢筋 HTRB600，减少预制梁内钢筋数量，使节点构造简单，方便了施工，提高了效率。

在《预制预应力混凝土装配整体式框架结构技术规程》JGJ 224—2010 的基础上将预制框架梁键槽端部梁底钢筋根据设计要求伸出部分钢筋直接锚入框架节点内，从而减少了梁端键槽内 U 形槽的数量，同时提高了节点的抗震性能，见图 11。

图 11　预制梁

楼梯采用预制梯段，预制梯段板端部不伸出钢筋，预制梯段板简支于楼梯梁上，并采取相应措施保证楼梯的抗震性能，从而简化了构件的预制及运输，同时构件的现场吊装及固定更方便快捷，见图 12。

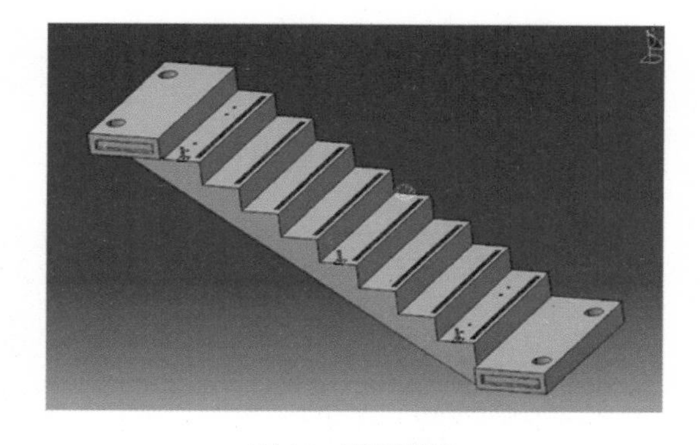

图 12　预制楼梯

2.3.1　主要构件及节点设计图

结合本工程的特点，梁、柱连接节点设计主要构造措施创新如下：

(1) 预制框架梁的下部纵筋尽量集中在梁两侧布置，方便柱纵筋穿过。

(2) 现浇梁柱节点混凝土等级采用 C45 以上，减小梁纵筋的锚固长度，尽量采用直锚，直锚不够时采用加端头螺帽直锚。

(3) 通过调整某一方向框架梁的梁底筋保护层厚度，方便节点区两个方向纵筋的交叉穿越，实现梁底筋拉通。

(4) 梁下部钢筋按弯矩包络图设计，部分纵筋不锚入节点区，同时锚入节点区的梁下部钢筋满足《建筑抗震设计规范》GB 50011—2010 第 6.3.3 条的相关要求，以减少锚入节点区梁下部纵筋的数量。

(5) 主次梁连接按规范《预制预应力混凝土装配整体式框架结构技术规程》JGJ 224—2010 采用缺口梁方式，此连接方式简洁，施工方便，设计中梁截面的抗剪承载力需满足要求。见图 13～图 15。

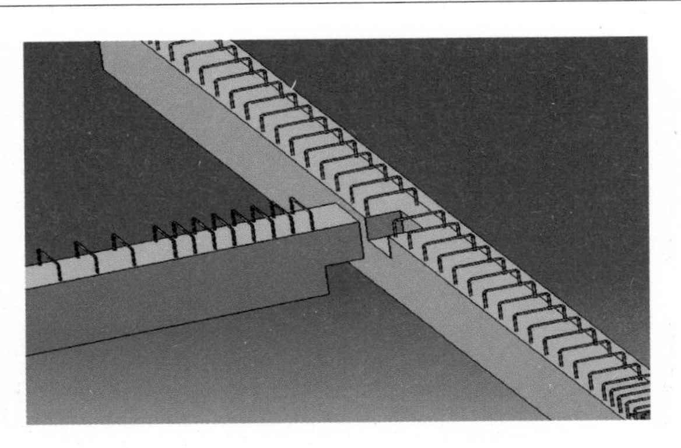

图 13　预制主次梁三维模拟图

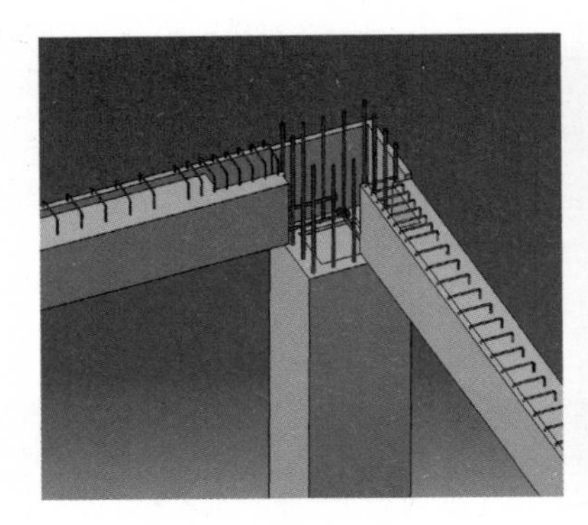

图 14　预制梁与楼层角柱连接节点三维模拟图

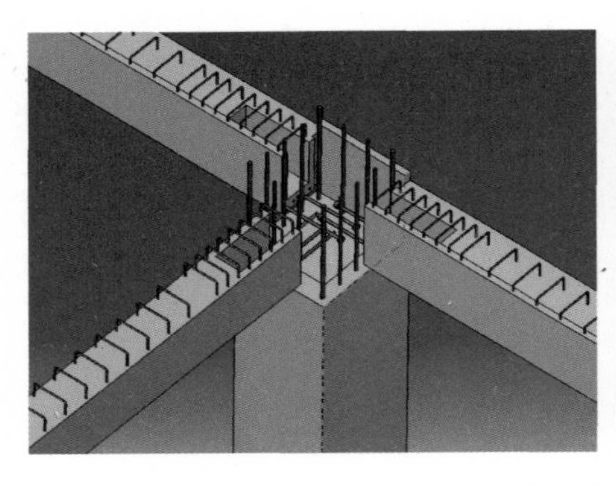

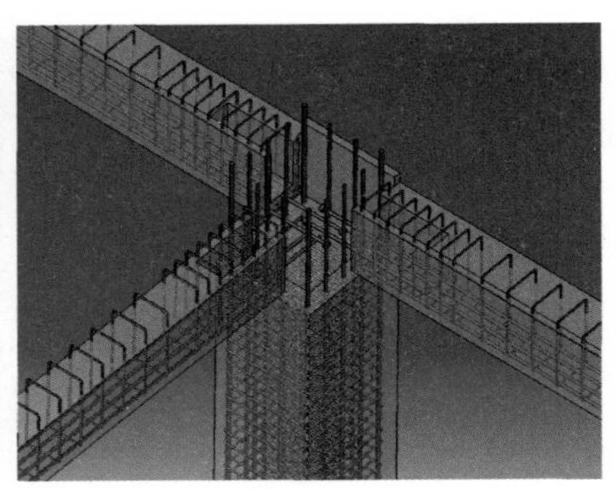

图 15　预制梁与楼层边柱连接节点三维模拟图

2.3.2　预制构件最大尺寸（长×宽×高，单位：mm）

梁：7140×300×600

柱：800×700×2980

板：5080×2630×140

楼梯：3050×1345×1650

阳台板：5330×300×1215

2.3.3　运输车辆参数、吊车参数

50t 的运输车辆。

36B 型塔式起重机（起重力矩 3600kN · m），起重臂长 60m。

3　工程科技创新与新技术应用情况

三栋建筑预制装配楼层采用标准的户型模块单元，建筑部品构件的标准化程度高，充分发挥了工业化建造建筑的优势，最大限度地提高效率降低成本，三栋建筑的建造成本明显降低，和现浇结构的成本基本相同。

4　工业化应用体会

本项目采用标准化户型设计，从而减少预制构件的种类，预制构件的利用率提高，预制构件达到少规格、多组合的设计原则。三栋建筑的建造成本明显降低，力求预制装配建造成本与现浇结构成本持平。

通过结构体系与施工技术整合创新，实现无外模板，无外脚手架，无现场砌筑、无抹灰的绿色施工。四层以上主体结构中除剪力墙及与其相连的梁采用现浇外，其他结构构件柱、梁、楼梯等均采用工厂预制、现场现浇连接。

本项目预制装配式技术与绿色建筑技术整合创新应用达到公共建筑二星级设计标识的要求。装配技术集成应用度高，建筑的围护结构采用蒸压轻质加气混凝土隔墙板（ALC板），建筑节能达到了 65%，卫生间采用整体卫浴，取消卫生间湿作业，避免传统卫生间渗漏问题，消除质量通病。

预制梁采用热处理带肋高强度钢筋 HTRB600，减少预制梁内钢筋数量，使节点构造简单，方便了施工，提高了效率。

供稿单位：南京長江都市建筑设计股份有限公司

沈阳南科大厦

项目名称： 沈阳南科大厦

项目地点： 沈阳市浑南新区区政府南侧约1km，所属气候区：严寒地区

开发单位： 沈阳南湖科技开发集团公司

设计单位： 中国中建设计集团有限公司

勘察单位： 沈阳市勘察测绘研究院

项目功能： 办公楼

南科大厦项目位于沈阳市浑南新区区政府旁，地理位置优越，总建筑面积为43939m^2，屋面标高99.550m。其中地上39995m^2，地下3944m^2，共23层，其中1层为大厅；2层为档案室；3层为餐厅；4～13、15～17、19～23层为办公；14、18层为会议室。预计2014年底交付使用。本工程安全等级为二级，抗震设防分类为丙类，基础设计等级为甲级，建筑物耐火等级为一级，并根据65%节能标准设计。本项目由中国中建设计集团有限公司辽宁分公司设计，PC构件也由中国中建设计集团有限公司辽宁分公司设计。

1 建筑、结构概况

建筑平、立面如图1～图4所示。建筑结构形式为装配式框架-剪力墙，4～22层采用PC先进技术设计与施工，结构抗震设防烈度为7度。

PC住宅产业化在绿色建筑的体现：

(1) 施工方便，模板和现浇混凝土作业量少，预制楼板无需支撑，叠合楼板模式很少。由于采用预制及半预制形式。现场湿作业大大减少，既有利于环境保护和减少施工扰民，又减少了材料和能源浪费。

(2) 施工作业场地需求小建造速度快，对周围生活工作影响小。相比较传通用现浇体系由于施工作业场地通常狭小，需要大量的施工材料堆场，对场地的要求大大降低，而采用PC结构体系由于其主要构件为工厂化生产，现场只需起吊安装，节省了现浇结构的支模、拆模和混凝土护养所需要的时间。既减少了人工又大大加快了施工进度，进而可大幅度减少建造周期，减少现场施工及管理人员数量，进一步减少由此带来的能源浪费问题。

(3) 在预制装配式建造的过程中可以实现全自动化生产和现代化控制，这在一定程度上可以促进建筑工厂化大生产。工业化劳动生产效率高、生产环境稳定，构件的定型和标准化有利于机械化生产，而且按标准严格检验出厂产品，因而质量保证率高。

(4) 防火性能好、外表面平整度高。建筑采用岩棉作为保温材料，在保证节能的同时又满足了外保温材料防火的要求，同时外围护幕墙采用了6中透光＋LOW-E＋12氩气＋6透明断热铝合金中空玻璃幕墙，进一步降低了建筑的能耗。

图 1　效果图

图 2　鸟瞰图

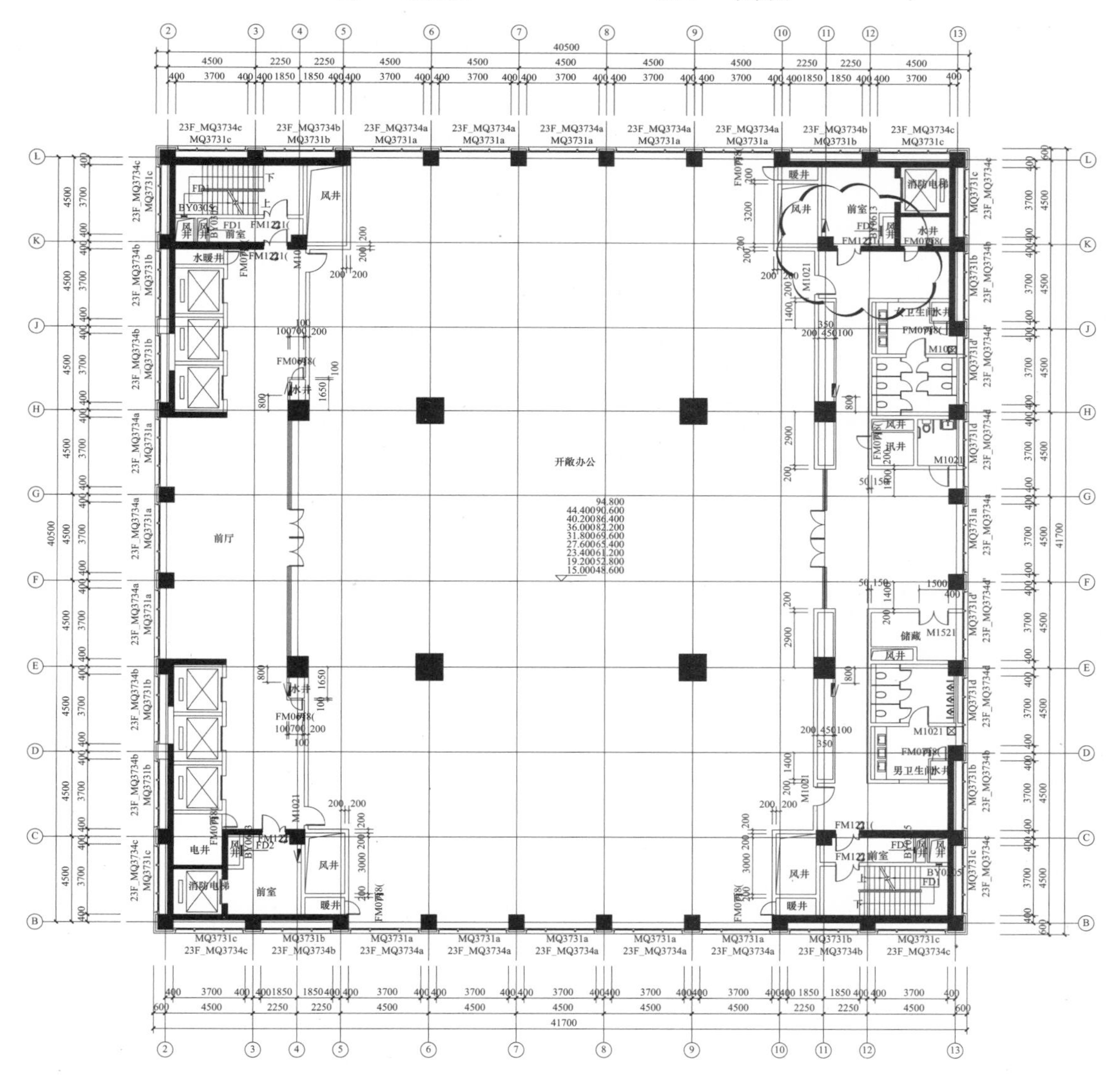

图 3　平面图

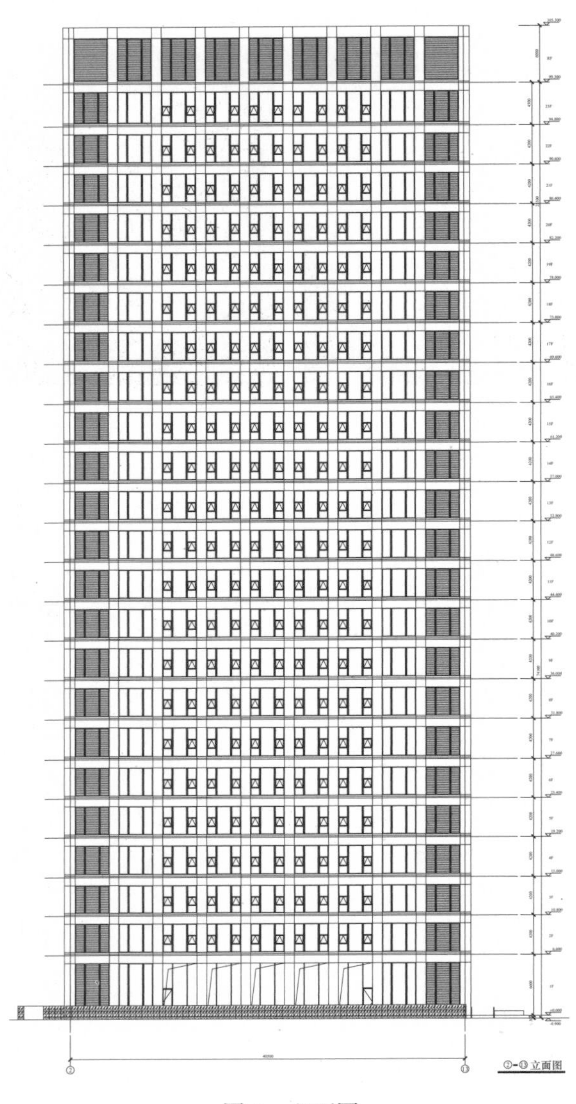

图4 立面图

2 建筑工业化技术应用情况

2.1 具体措施（表1）

建筑工业化技术应用具体措施 表1

结构构件	施工方法①		预制构件所处位置	构件体系（详细描述，可配图）	标准层重量	备注
	预制	现浇				
外墙	√				3793.1kN	外墙单元式幕墙
内墙（剪力墙核心筒）	√				2535.6kN	
楼板	√		4～22层	钢筋混凝土预应力装配式叠合板	1913.6kN	
楼梯		√				
女儿墙		√				

续表

结构构件	施工方法①		预制构件所处位置	构件体系（详细描述，可配图）	标准层重量	备注
	预制	现浇				
梁	√		4～22层	钢筋混凝土叠合梁	2161.8kN	
柱	√		4～22层	钢筋混凝土框架柱	3290.4kN	
建筑总重量（体积）				24117kN	预制构件总重量（体积）	
主体工程预制率②					57%	
其他	是否采用精装修（是/否）：否 是否应用整体卫浴（是/否）：否					

① 施工方法一栏请划√。

② 主体工程预制率＝预制构件总重量（体积）/建筑总重量（体积）。

2.2 南科大厦结构标准层预制率

本项目为框架剪力墙结构体系，采用预制钢筋混凝土墙板代替框架结构中的梁柱，外墙为单元式幕墙，外保温采用在梁、柱处贴岩棉的保温方式，建筑标准层装配率达到57%。

结构标准层预制率　　表2

类型	预制重量	预制与现浇的总重量	预制率
外墙	3793.1kN	6654.5kN	
内墙	2535.6kN	4448.4kN	
楼板	1913.6kN	3357.2kN	
梁	2161.8kN	3792.6kN	
柱	3290.4kN	5772.6kN	
合计	13694.4kN	24025.3kN	57%

2.3 成本增量分析

本项目为框架剪力墙结构体系，采用预制钢筋混凝土墙板承担各类荷载引起的内力，有效控制结构的水平力。预制钢筋混凝土墙板能承受竖向和水平力，刚度大，空间整体性好，房间内不外露梁、柱棱角，便于室内布置，方便使用，由于本项目为移动单体建筑，建筑构件及模板的可重复利用率较低，无法大规模批量生产。同时，其外饰及构造节点的安装位现场施工。所以很多现场施工的费用并没有节省，造成建筑成本仍有较大的增加，单方造价较现浇结构增加约900元/m²。

2.4 设计、施工特点与图片

2.4.1 主要构件及节点设计图（图5～图7）

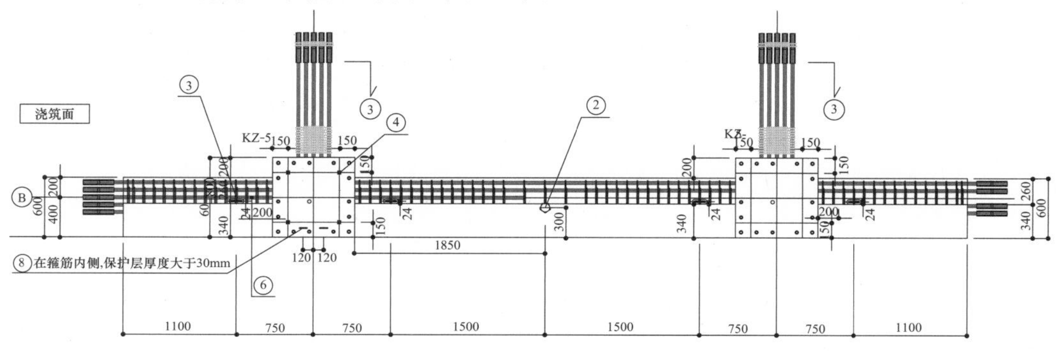

图5　连续框架梁PC莲藕梁节点图

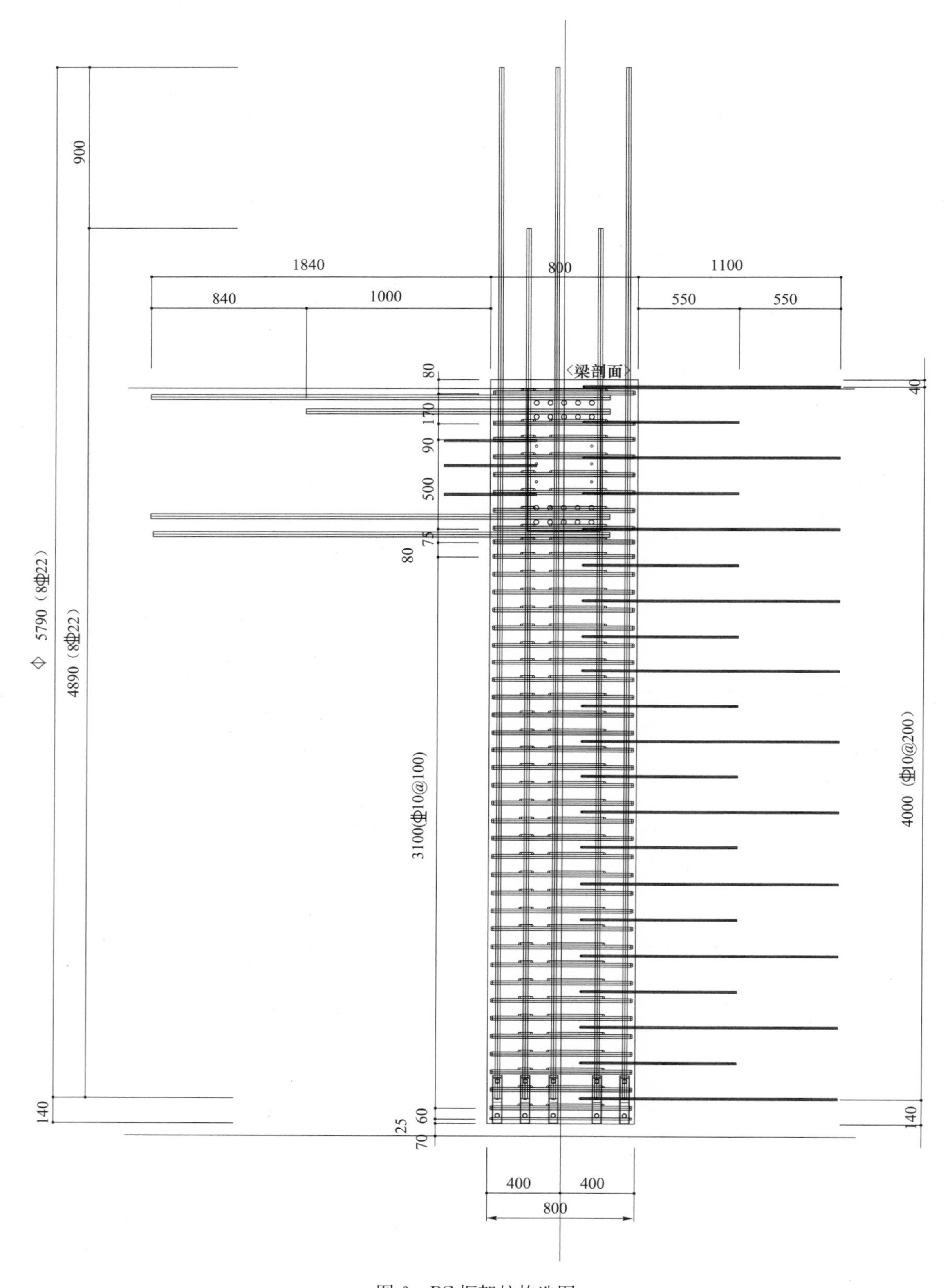
900
1840
800
1100
840
1000
550
550
<梁剖面>
80
170
90
500
75
80
40
5790（8⏀22）
4890（8⏀22）
3100(⏀10@100)
4000（⏀10@200）
140
25
60
70
140
400
400
800

图 6　PC 框架柱构造图

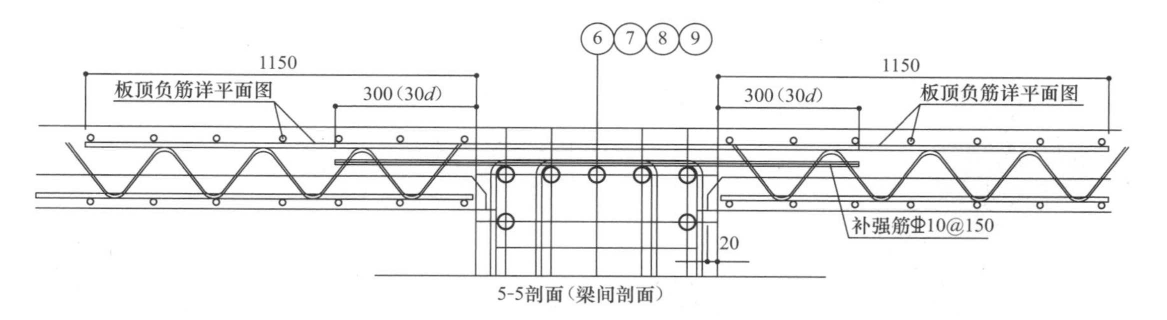

图 7　叠合楼板构造图

2.4.2　预制构件最大尺寸（长×宽×高，单位：mm）

柱子：1000×1000×3100

梁（PC 莲藕梁）：600×900×8200

楼板：2550×4100×70

2.4.3　现场施工全景、构件吊装、节点施工照片（图 8～图 14）

图 8　预制柱

图 9　节点施工

图 10　构件吊装

图 11　节点吊装

图 12　预制节点

图 13　预制柱节点

图 14　预制板吊装

3　工程科技创新与新技术应用情况

本项目结构体系采用框架剪力墙结构体系，其内装体系采用 SI 墙体与结构体系分离的技术，将设备管线特别是电气管线设置于架空地板和轻钢龙骨石膏板夹层之间，便于办公空间的升级改造和空间的适应性变化。

4　工业化应用体会

建筑业是我国重要支柱产业之一，是国民经济的先行力量。但长期以来，传统的建造方式导致了劳动效率低、建设成本高、能耗大、污染严重等问题。随着我国城镇化的迅速发展，传统的建造方式已经严重制约了建筑业的快速发展。《国家中长期科学和技术发展规划纲要（2006—2020 年）》明确提出，要改变“高资源消耗”的传统工业化发展模式、充分利用技术进步建立“效益优先型”、“资源节约型”和“环境友好型”的国家。2011 年国家科技部制定《国家十二五科学和技术发展规划》中进一步明确提出了强化绿色城镇关键技术创新，促进城市和城镇化可持续发展。《中共中央国务院关于实施东北地区等老工业基地振兴战略的若干意见》亦再次明确指出“发展节约能源、节省土地的环保型建筑和绿色建筑”。《辽宁省国民经济和社会发展第十二个五年规划纲要》更强调要打造建筑业强省，做大做强建筑业，积极发展绿色建筑，不断提高建筑业的综合竞争力。现代建筑产业化正是在此政策导向下不断地发展和推进，其预制装配式的建造可以使建筑构配件生产工厂化、现场施工机械化、组织管理科学化，具有建造速度快、建筑物质量高、节能环保等特点。此外，我国已逐渐步入人口老龄化社会，劳动力资源开始减少，成本逐步增加。因此，要保持建筑产业健康持续发展，必须以科技为先导，以现代化建造技术替代传统手工业模式。走新型建筑工业化发展道路，是我国现代建筑产业的发展目标。

伴随着以新型建筑工业化为主要内容之一的建筑产业化理念正在我国住宅建筑领域得到广泛的接受和推广，装配式混凝土结构作为一种工业化建筑结构的形式也逐渐被重新关注。预制装配式框架剪力墙结构是将剪力墙及框架柱在工厂中采用标准化制作成预制构件，楼板采用在标准化工厂中制作成预应力混凝土叠合薄板，然后在施工现场将墙体与墙体、墙体与楼板、楼板与楼板之间通过连接技术拼装成整体的结构体系。施工时楼板采用预应力混凝土薄板叠合轻质后浇层构成，其中预制预应力底板既作为后浇层施工的模板和支撑，又是楼板的一部分，在板周边叠合层中配置支座钢筋，从而使叠合楼板具有与现浇楼盖相同的整体性，用于地震区的住宅结构，具备整体性好、抗裂性高、承载力高等优点。剪力墙则是将预制剪力墙构件通过连接钢筋装配成整体墙结构，为了提高墙体的抗裂能力、提高结构的整体性和刚度，使结构具有较强的震后恢复能力，减小残余变形，方便修复，可以采用后张预应力技术。与全现浇结构相比，预制装配式剪力墙结构具有一系列的技术经济优势：

（1）工厂生产可实现结构构件标准化、加工制作精细化，便于工程质量管理，有助于住宅建筑质量的提高。

（2）安装简便、劳动强度小、施工速度快、工程质量易保证、可大幅度提高生产效率。

（3）节省能源和原材料。建造过程中可以减少模板和支撑用量；且工厂生产剪力墙质量有所保证，可以适当减小墙体厚度、降低配筋量。

（4）现场湿作业少，环境保护效果显著。

（5）能提高施工现场安全性。

（6）由于墙体和楼板在标准化工厂生产过程中已完成大部分收缩量，建成后基本不再出现收缩裂缝，结构性能和使用性能好，维护成本小，环境又好。

（7）预制剪力墙住宅结构具有良好的整体性能、抗震性能及使用性能。

因此，高层住宅结构采用预制装配式剪力墙结构是大势所趋，可使结构构件设计标准化、制造工业化、安装机械化，施工速度加快，大量节约材料和模板，节能环保，实现构件拼装和结构整体性的有机统一，走节约能源、资源和保护生态环境的住宅工业化之路，经济效益和社会效益显著。

供稿单位：中国中建设计集团有限公司

长春一汽技术中心乘用车所全装配式立体预制停车楼

项目名称： 长春一汽技术中心乘用车所全装配式立体预制停车楼
项目地点： 长春市东风大街以北，大众街以东，凯达北街以西，丙九路以南，所属气候区：寒冷地区
开发单位： 中国第一汽车集团有限公司
建筑设计单位： 中国航天建设集团有限公司第二设计研究院
深化设计单位： 北京预制建筑工程研究院有限公司
施工单位： 中国建筑第八工程局有限公司
监理单位： 长春市正清和监理有限公司
项目功能： 开敞式立体停车楼

预制停车楼为二标中的一个单体，建筑面积 78834.64m²，共 7 层，单层建筑面积约 11000m²，建筑高度 24m。一层层高为 4.5m，二～七层层高为 3.2m，楼长约 100m，宽约 100m。该楼采用全装配式钢筋混凝土剪力墙-梁柱结构体系，设防烈度为 7 度。所有竖向构件及墙和柱子采用半灌浆直螺纹套筒连接，墙体水平之间无连接，只有部分转角处墙采用角连接件连接，其他构件也均采用连接钢板或螺栓进行连接。该楼预制率达 95%以上。该楼建成后可停放约 3600 辆轿车。该停车楼预制构件有双 T 板、单 T 板、墙、柱、PL 梁、LL 梁、楼梯 8 种类型构件（表 1），共计 3788 块，除 T 板上有 80mm 厚现浇结合层外，其他都为预制，预制率达 95%以上。

各类型构件统计表 **表 1**

序号	构件类型	型号	数量	备注
1	双 T 板（TT）	218	1800	
2	单 T 板（TT）	16	56	
3	墙（Q）	775	1248	
4	柱（Z）	44	144	
5	楼梯（T）	14	50	
6	倒 T 梁（PL）	12	112	
7	连梁（LL）	53	336	
8	楼梯梁（TL）	14	42	

该预制楼连接节点涉及 87 种，构件竖向连接采用半灌浆套筒进行连接，墙体水平之间除楼梯间、墙体转角处采用角部连接件进行连接外，其他墙体之间无连接，PL 梁、LL 梁与墙柱之间连接采用钢板连接件进行连接。各构件的主要连接方式如图 1～图 10 所示。本项目 PC 结构于 2014 年 10 月 30 日封顶，叠合层、挑檐施工预定于 2015 年 6 月 1 日全部完成，2015 年 6 月 30 日通过主体结构验收，2015 年 7 月 15 日正式完成整个项目并交付使用。

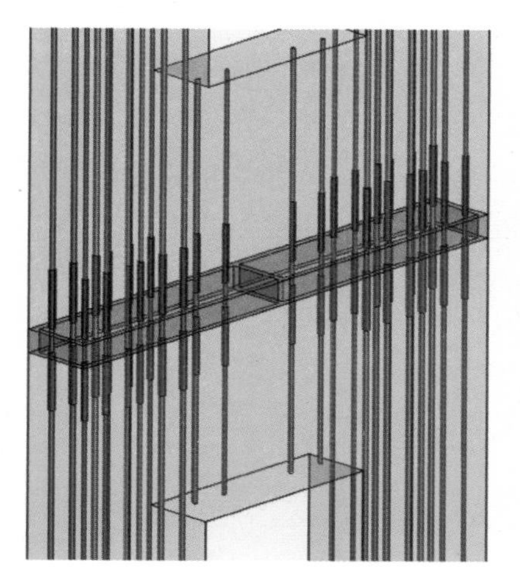

图 1　墙体竖向连接节点

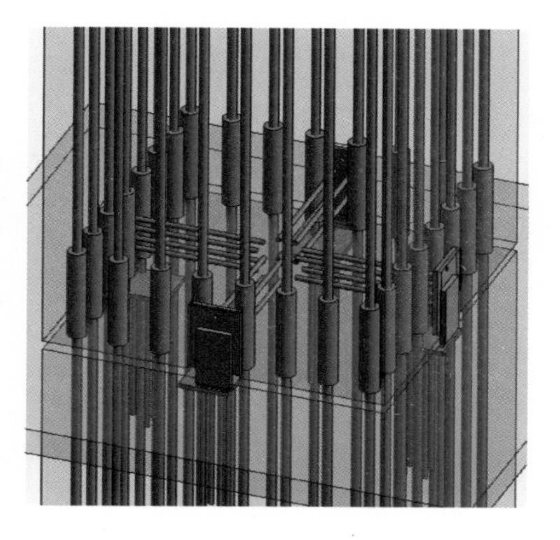

图 2　柱子竖向连接节点

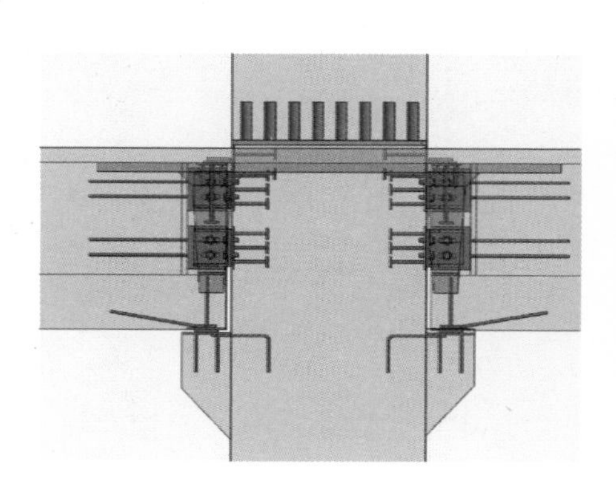

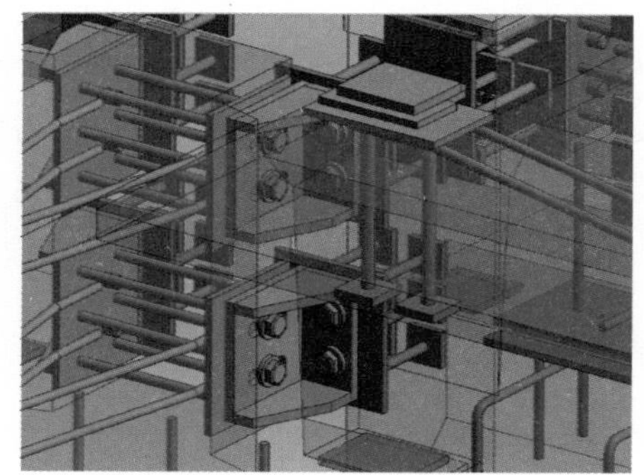

图 3　倒 T 梁与柱子连接节点

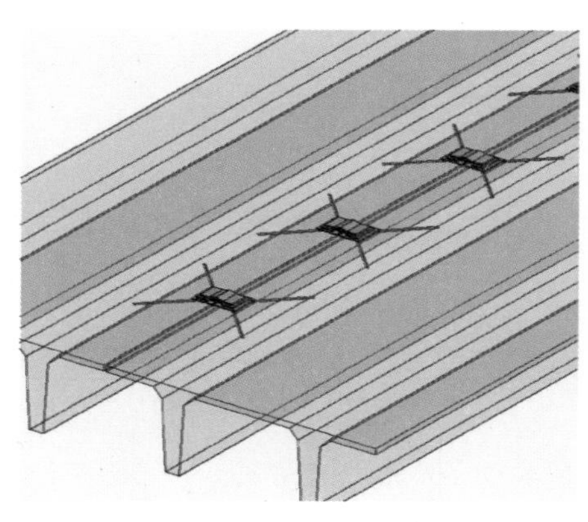

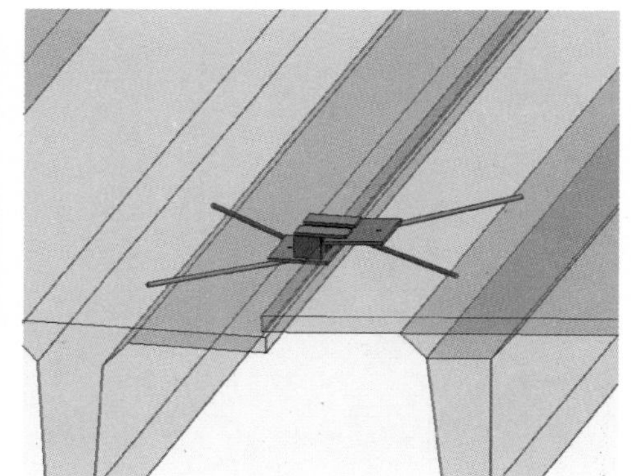

图 4　双 T 板间连接节点

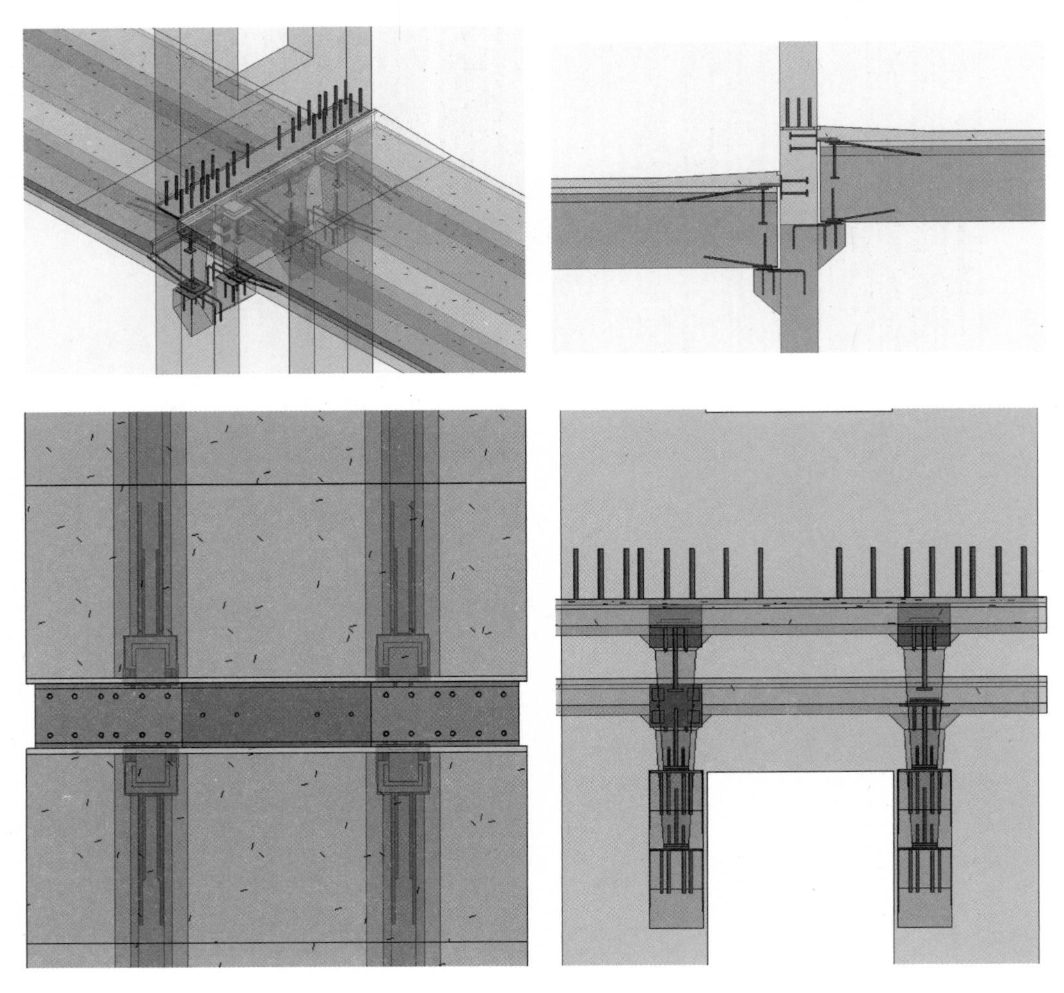

图 5　双 T 板与墙体连接节点

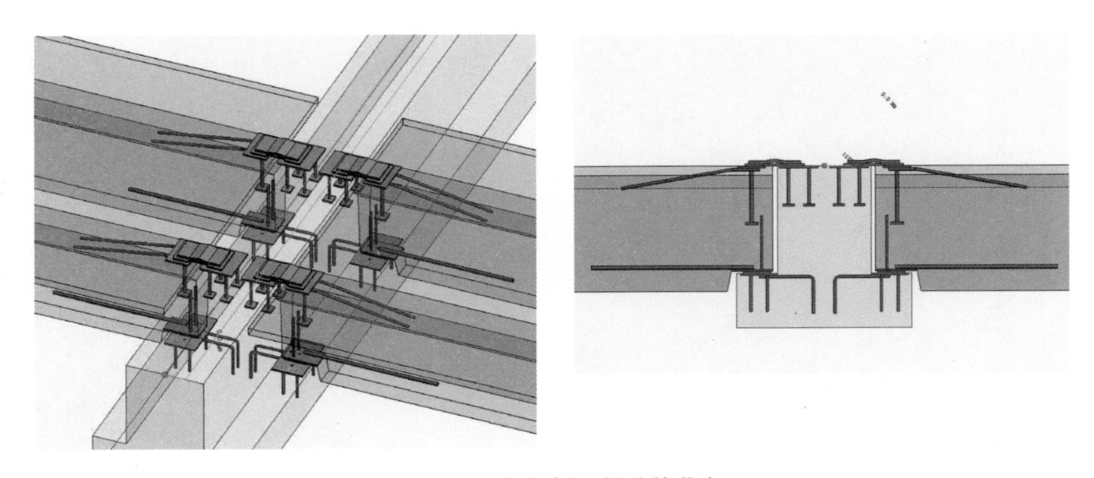

图 6　双 T 板与倒 T 梁连接节点

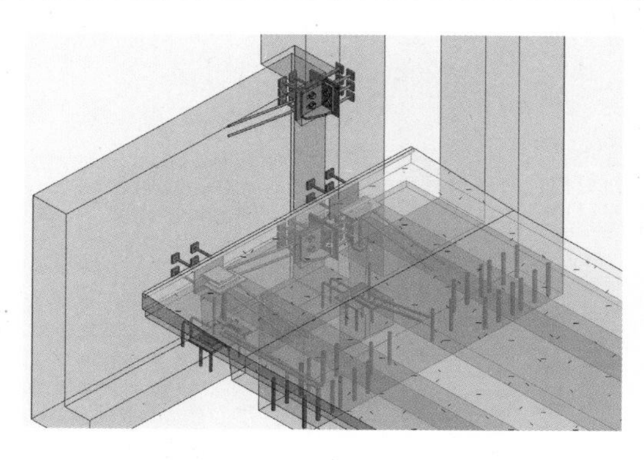

图 7　双 T 板与 LL 梁连接节点

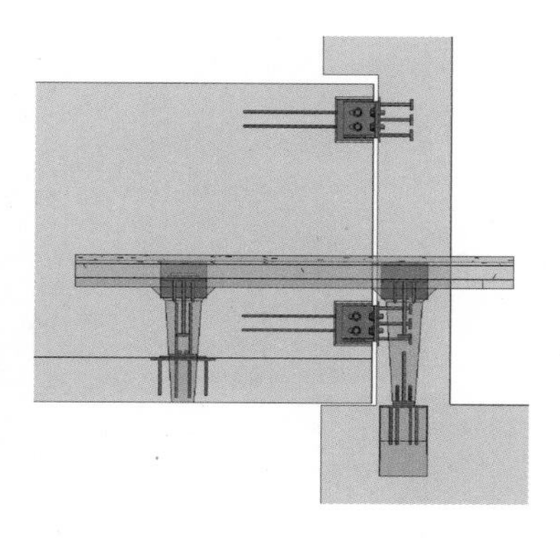

图 8　LL 梁与墙连接节点

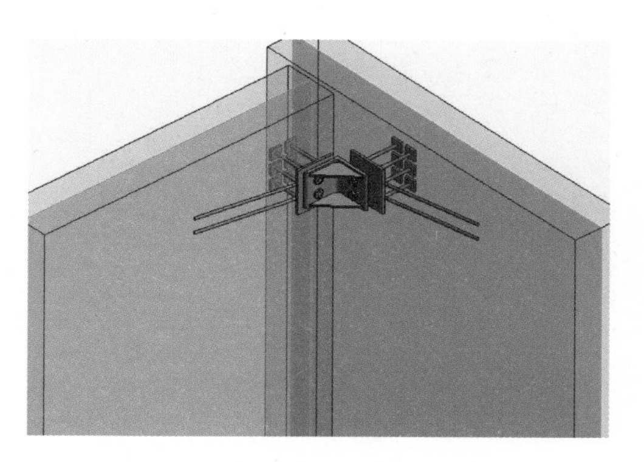

图 9　墙板与墙板连接节点

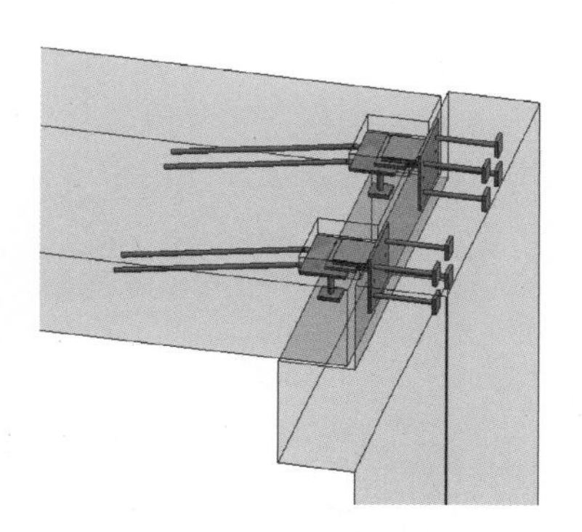

图 10　楼梯与墙连接节点

1　工程概况

该工程建筑平、立面如图 11～图 15 所示。

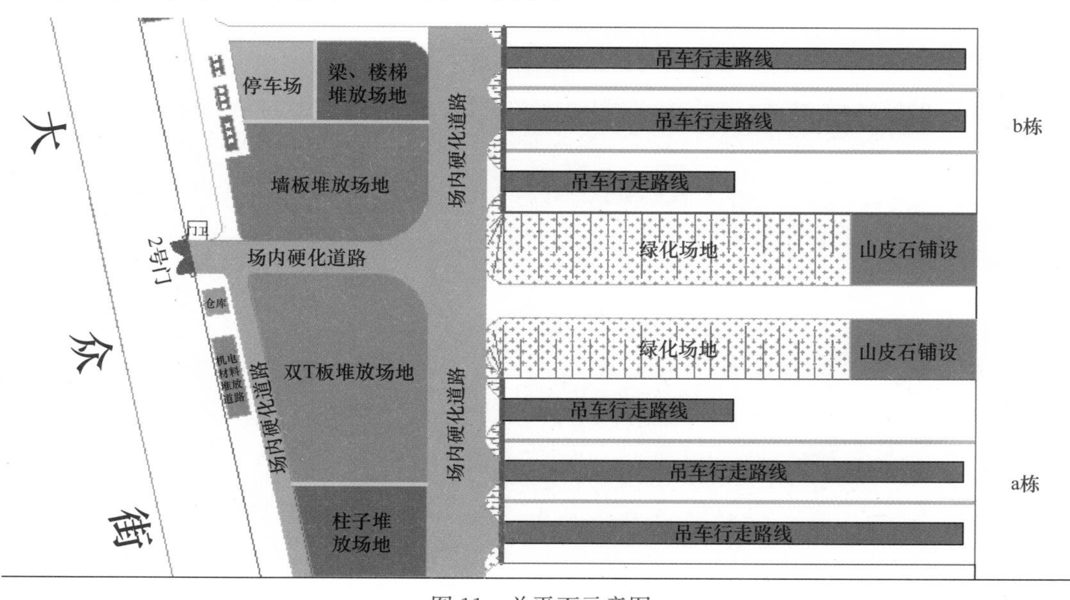

图 11　总平面示意图

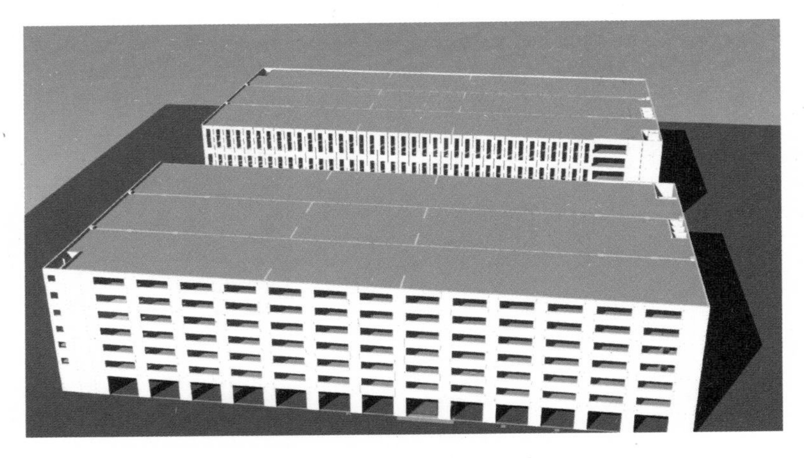

图 12　停车楼北立面整体效果图

图 13　停车楼西立面整体效果图

图 14　停车楼内部效果图

图 15　停车楼现场吊装实体图

2　建筑工业化技术应用情况

2.1　具体措施见表（表 2）

建筑工业化技术应用具体措施　**表 2**

结构构件	施工方法①		预制构件所处位置	构件体系（详细描述，可配图）	重量（或体积）	备注
	预制	现浇				
外墙 1	√		1～7 层	大型单侧带牛腿预制墙体	1022.44m^3	
外墙 2	√		1～7 层	凹凸型单侧带牛腿预制墙	1324m^3	
内墙	√		1～7 层	大型双侧带牛腿预制墙体	1427m^3	
内隔墙	√		1～7 层	异形、窗洞口平板墙	460.84m^3	
TQ 墙	√		1～7 层	楼梯处墙体	235.51m^3	
双 T 板	√		1～7 层	新型大跨度承重预应力清水混凝土双 T 板	10575.06m^3	
楼梯	√		1～7 层	整体式预制楼梯（休息平台与梯段为一体的）	145.8m^3	
梁	√		1～7 层	预制混凝土梁(包括 PL 梁、L 梁、方梁、平板梁等)	1514.3m^3	
柱	√		1～7 层	多牛腿预制异形柱子（包括标准柱子、异形柱子）	608.8m^3	
叠合层		√	1～7 层	钢筋混凝土楼板层	6400m^3	
建筑总重量（体积）			23713.75m^3	预制构件总重量（体积）		17313.75m^3
主体工程预制率②				73.01%		
其他	是否采用精装修（是/否）： 是否应用整体卫浴（是/否）： 列举其他工业化措施：					

① 施工方法一栏请划√。
② 主体工程预制率＝ 预制构件总重量（体积）/建筑总重量（体积）。

2.2 两项指标计算结果

2.2.1 主体工程预制率

主体工程预制率 表3

类型	预制体积（m^3）	预制与现浇总体积（m^3）	预制率（%）
柱	608.8	608.8	100
梁	1514.3	1514.3	100
内墙	1427	1427	100
外墙	2346.44	2346.44	100
内隔墙	460.84	460.84	100
TQ墙	235.51	235.51	100
双T/单T板	10575.06	16975.06	62.30
楼梯	145.8	145.8	100
合计	17313.75	23713.75	73.01

2.2.2 工业化产值率

工业化产值率=工厂生产产值/建筑总造价

项目总造价6600万元，工厂生产产值5370万元，工业化产值率=5370/6600=81.4%。

2.3 成本增量分析

2.3.1 直接经济效益

本项目通过探索研究，采用针对全预制装配式停车楼施工的一系列集成技术，分别在平卧组合式可调牛腿型墙模板技术、多功能组合式可调型双T板模板技术、可拆卸周转的组合双向临时支撑架、清水混凝土预制构件生产技术、倒退式阶梯型预制构件的吊装组装技术、BIM技术在停车楼深化设计及吊装模拟上的应用。

（1）平卧组合式可调型墙模板技术解决本工程双侧牛腿不一致的施工难题，标准化通用性强，节约钢模板约30t，经济成本约240万，产生经济效益为180万元。

（2）多功能组合式可调型双T板模板技术解决本工程双T板肋梁变截面种类繁杂，可模性差的技术难题，通过制作“可插入式变截面堵头板”，减少模板投入量，单套双T板模板造价约10万元，单套改模费200元。原方案：共需36套，采用优化方案，制作16套。节约成本约289万元。

（3）可拆卸周转的组合双向临时支撑架代替预制构件中的支撑点的预留预埋，节约埋件、简化深化设计工作，其经济效益达10万元。

（4）清水混凝土预制构件的生产的经济效益为250万元。

（5）倒退式阶梯型预制构件的吊装组装技术的经济效益为50万元。

（6）BIM技术在停车楼深化设计及吊装模拟上的应用大大简化了深化设计工作量，缩短了准备阶段的工期，增强了标准化通用性，优化大量的异形构件，从而使方案达到优化，其间接产生经济效益约20万元。

2.3.2 施工用工及工效分析

本项目采用全预制装配式结构体系，由于大量预制构件的使用，施工现场施工人员大大减少，通过与现浇结构对比分析，可以看出，预制装配式技术在钢筋混凝土工程和外饰面装饰工程方面均比普通现浇混凝土工程减少50%的施工时间，有利于减少施工人员工资成本，同时减少了施工过程中对环境的影响，具有较好的经济效益和环境效益。

此外，本项目采用全预制装配式构件生产，其中预制T型板可代替传统现浇结构楼板，大大避免采用现浇结构时楼板施工的难度，整个停车楼施工采用墙板模板24套、楼梯4套、双T板模板16套、梁模板6套、柱子4套，对比现浇结构，建造相同规模造型的停车楼，模板用量是本项目的50倍、木方用量是本项目的16倍，同时由于本工程取消了预制构件中的临时支撑预留预埋点，大大减少了钢板、钢管、螺栓等材料，极大地节约了周转材料的使用和消耗。

2.3.3 项目造价成本

本项目单方造价较现浇结构增加约300元/m^2，主要增量成本在预制结构构件方面，主要由于本项目仅建设2栋停车楼，预制构件的模具分摊成本较高，场地租赁费、构件堆放场地费等投入较大，随着工业化住宅的大规模推广应用，预制结构体系的成本将快速下降。

2.3.4 社会效益

长春一汽技术中心乘用车所二标段工程为一汽集团标杆项目，其中全装配式预制停车楼是全国首例工程，旨在打造一汽集团“敢为天下先”的社会责任感，积极推动“吉林省建筑工业化进程”、大力推行发展“停车楼预制化模式”，为探索预制构件产业化道路，贡献了突出的力量。停车楼工程由清水构件装配而成，整个建筑清水效果浑然天成，观感效果极佳，建成后将成为长春市标志性建筑。

2.4 设计、施工特点与图片

2.4.1 主要构件及节点设计图

1. 平卧组合式可调牛腿型墙模板

该停车楼内墙双侧带有牛腿，一层墙板和二～七层墙板高度不一，在坡道处牛腿位置随坡道逐渐变化。但这些墙体上的牛腿变化有一定的规律，其上下和左右间距是一个定值，针对这个特点我们设计了一种“平卧组合式可调牛腿型墙模板”，解决此类墙板模板，节约了模板的投入，实施的效果也非常好。

“平卧组合式可调牛腿型墙模板”，是根据“双侧带牛腿型窗洞口内墙板”的构造特点，针对于此类构件“牛腿位置不统一、长短尺寸不统一、平卧式生产吊装难度大、窗框阴阳角处拆模板难度大”等情况，由本工程自主讨论研发的模板设计制作新技术。

“平卧组合式可调牛腿型墙模板”是采用流动钢模台与可拆装活动模具相结合的方式，通过在流动钢模台开凹型牛腿洞，移动侧模板、并调节上部“可拆卸移动牛腿定位架”的位置，达到满足牛腿位置不统一的施工难题。同技术通过在窗框阴阳角处作八字分段连接，解决混凝土收缩造成拆模难度大的问题。

本钢模板系统要解决的技术问题在于建立了采用平卧式的生产方式，建立可改变模板牛腿位置，实现整体长度尺寸变化，保证模板支拆方便、施工操作简便的一整套健全的建筑模板体系，为非平板构件型式设计的多样化、可实施性提供了可操作的平台，见图16～图19。

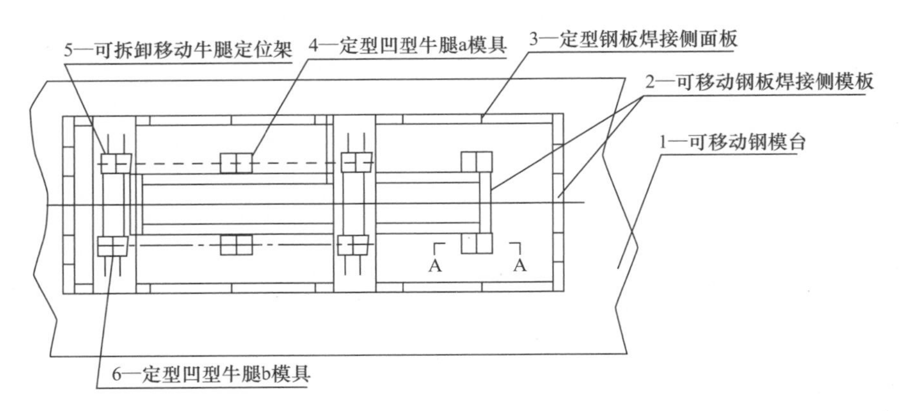

图 16　平卧组合式可调牛腿型墙模板

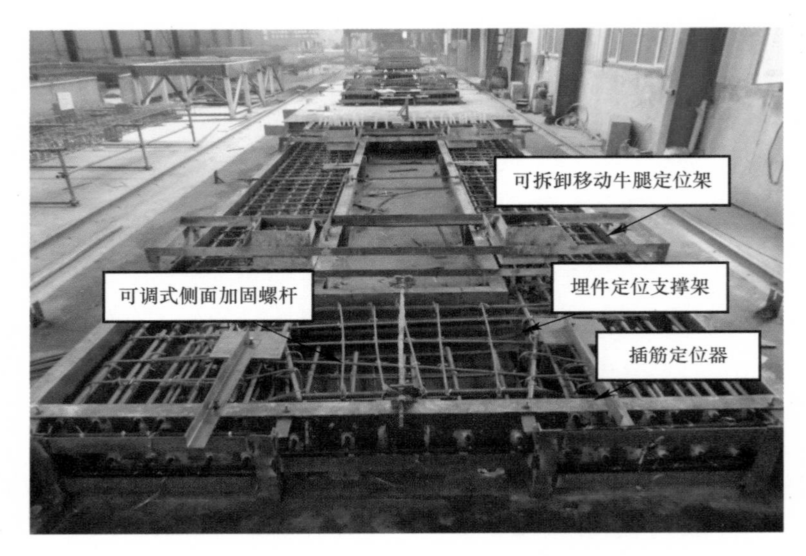

图 17　平卧组合式可调牛腿型墙模板现场实施图

图 18　平卧组合式可调牛腿型墙模板现场实施图

图 19　平卧组合式可调牛腿型墙模板现场实施图

2. 多功能组合式可调型双 T 板模板

考虑到该停车楼双 T 板“体量大、类型数量多、长短不一、板面及端部截面型式多样”等情况，此外还有部分单 T 板，在双 T 板选型设计上，借鉴国外双 T 板样式，设计了一种无横肋的双 T 板（国内标准图集双 T 板都设计有横肋），为模板的通用设计奠定了基础。针对此种双 T 板我们设计了“多功能组合式可调型双 T 板模板”。本模板体系采用固定模具与可拆装端头模具相结合的方式，可适应该楼所有类型的双 T 板生产，最大限度地提高构件生产效率，达到“一模多用，装拆自如”的目的，还可最大程度地保持模板通用性，提高模板周转效率。

为了解决新型双 T 板肋梁端头变截面型式较多、翼板截面形式复杂、双 T 变单 T 等预制生产施工难题，减少大型钢模板的投入、降低施工成本的技术问题。提供一种可插入式组合端头肋梁活动侧模板与定型模板骨架及部件完整的组合使用，从而达到快速改变双 T 板肋梁端头变截面、改变翼板截面形状、双 T 变单 T 的目的，达到消除了之前因端头截面型式多样需配备相应的侧模板的施工措施，大大减少了模板的投入量，增强施工灵活性，见图 20～图 22。

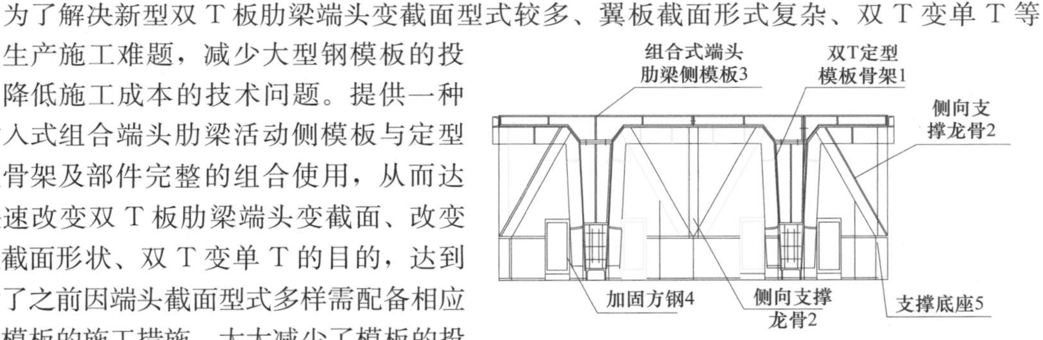

图 20　多功能组合式可调型双 T 钢模板侧视图

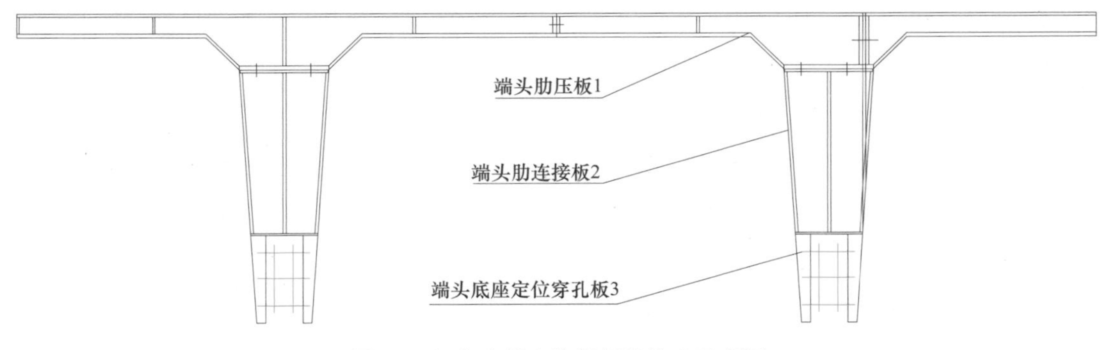

图 21　组合式端头肋梁侧模构造示意图

图 22 施工现场双 T 板组合式定型钢模

3. 可拆卸周转的组合双向临时支撑架

“可拆卸周转的组合双向临时支撑架”是通过在墙体外部设临时支撑点的方式，达到取代了传统预制构件内预留安装支撑点的目的，同时可以解决坡道处不断变化的支撑位置，见图 23～图 25。

“可拆卸周转的组合双向临时支撑架”包括横撑紧固夹具、对拉螺栓杆、斜支撑钢管、可调连接件、地脚螺栓。其特征在于：可拆卸、多次周转使用、双侧双向支撑、安装简单、便于操作，很适合停车楼带有窗口墙板的临时支撑。

图 23 BIM 三维仿真图 1

“可拆卸周转的组合双向临时支撑架”，取消了构件临时支撑点的预留，大大地节约了成本，同时提高了施工功效，通过以墙体外部设临时支撑点的方式，完全取代了传统临时支撑点这一施工工艺，具有较高的实用价值，其可拆卸、可周转的特点也是本次吊装工程的一次创新。

“可拆卸周转的组合双向临时支撑架”要解决的技术问题在于在构件外部设临时支撑预埋点，形成独立的支撑体系，并达到“可拆卸、可周转、可微调”的施工目的，同时避免了增设预制构件预留吊装支撑点的工程量，从而大大地降低了施工成本、为深化设计提供了可实施的操作平台。

图 24　BIM 三维仿真图 2

图 25　现场实施可拆卸周转的组合双向临时支撑架的应用

本技术具有“可拆卸、可周转、可微调”的特点，施工操作简单，极大地提高了吊装施工的效率，是较为实用的、调节构件垂直度的吊装负责工具，具有较高的推广价值。

4. 套筒灌浆技术

能否保证灌浆饱满，涉及整个预制结构的结构安全，是整个预制结构施工的关键环节，根据现场构件的截面尺寸特点，通过现场试灌浆，我们采用了整体灌浆的方法，及从每个竖向构件的下部灌浆孔进行灌浆，墙体选用中部的灌浆孔进行灌浆，柱子选用任意一面的一个中部灌浆孔进行灌浆，实现了从一个灌浆孔灌浆，其他所有灌浆孔出浆，节省了劳动力，也避免了分仓时内部封闭在构件安装时容易破损，从而出现串仓现象，造成灌浆无法饱满。此种不分仓灌浆需要解决好三个问题，一是灌浆料必须具有稳定的流动性；二是封堵问题避免牢靠；三是灌浆泵具有变频功能，保持恒定的灌浆压力。为此灌浆料项目采购了现预制结构应用较多的北京建茂灌浆料，每批进行后进行复试，确保灌浆料可靠的流动性，封堵材料项目也采用了北京建茂的成品灌浆料和坐浆料，20℃左右 4 个小时即可进行灌浆，可大大节约封堵后的等待时间；在灌浆泵的使用上采用了变频灌浆泵，可以稳定在 1MPa 的压力下进行连续灌浆，见图 26、图 27。

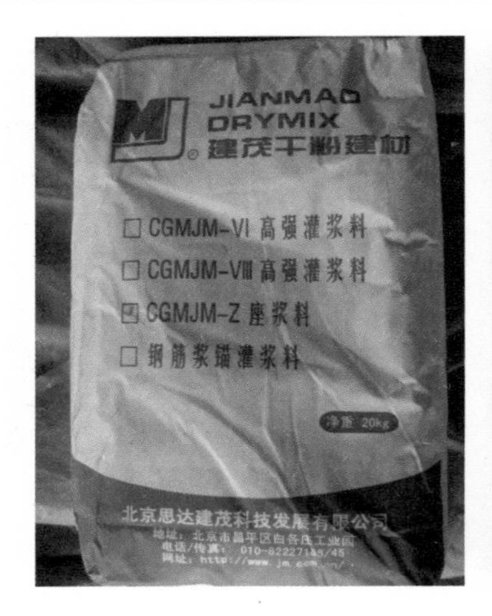

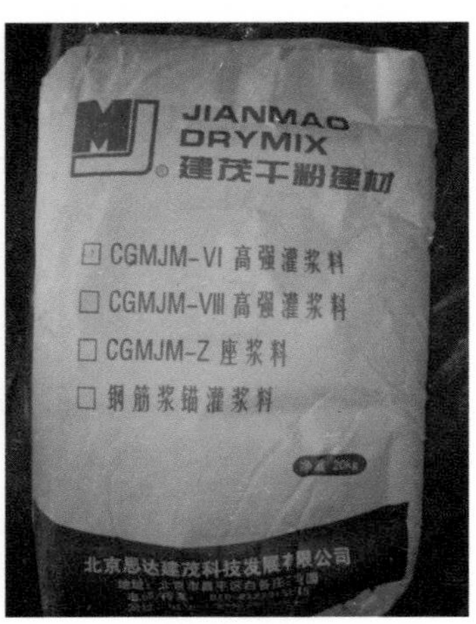

图 26　坐浆料、灌浆料

图 27　变频灌浆机

此外，在灌浆过程上也需严格控制，对灌浆工人进行培训，过程中管理人员旁站监督。现场实施灌浆工艺流程见图 28。

5. BIM 技术在停车楼深化设计及吊装模拟上的应用

利用 BIM 软件对双 T 板、墙板类等构件型式进行实体模拟，通过同类型比对，归纳板型号为构件模板的设计带来了极大的便捷，极大地节省了前期模板设计的深化工作，见图 29。

利用 BIM、3DMAX 等软件对构件进行模拟排布及吊装组合节点复核，保证了深化设计和吊装方案的合理性。

6. 预制构件修补技术

构件在预制、运输及吊装过程中难免出现表面缺陷和磕碰缺棱掉角现象，这样的构件也不可能报废，这时就涉及构件的修补，修补完后不仅要保证与原有混凝土饰面颜色统一，还必须牢固。

（1）材料准备：水泥、水、108 建筑胶、钛白粉、堵漏王。

（2）工具准备：桃形铲、接灰板、小刷子、水桶、小锤子、砂纸。

（3）工序：

图 28　现场实施灌浆工艺流程标准图

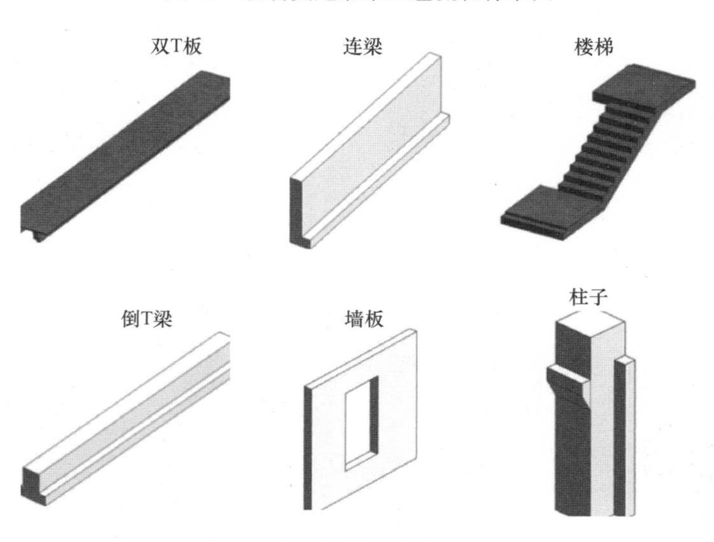

图 29　成品构件基本类型（一）

图 29　成品构件基本类型（二）

1）拌合修补浆料，见图 30～图 36。

图 30　材料准备完成后按一定比例加入钛白粉和水泥

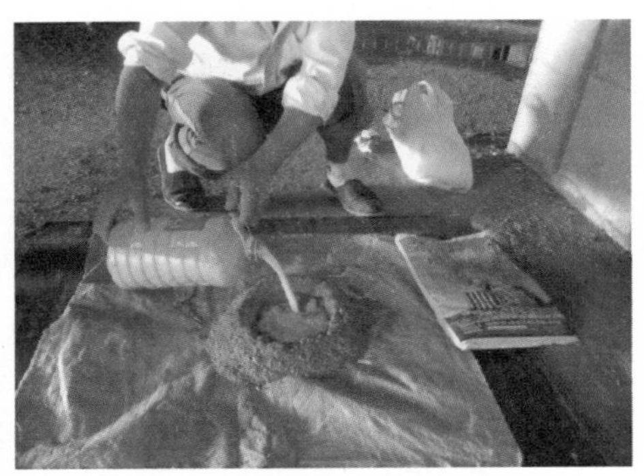

图 31　加入 108 建筑胶

图 32　加水

图 33　搅拌过程 1

图 34　搅拌过程 2

图 35　修补浆料初步完成

2）基底处理：

① 基底剔凿，清理浮灰；

② 修补处用毛刷润湿；

③ 润湿处用毛刷蘸浆料涂刷，见图 37。

图 36　浆料使用前继续拌合，按比例加入堵漏王，修补浆料完成

图 37　基底处理

3）进行修补，见图 38。

图 38　修补

4）修补 24 小时后，用砂纸打磨，采用与混凝土颜色一样涂料（涂料颜色进行多次试配，保证与原有混凝土颜色）进行色差处理。

7. 现浇基础插筋预留控制

（1）提前深化设计

在下料施工前进行深化设计，对预留插筋与现浇结构钢筋的位置进行 BIM 三维仿真模拟，解决预留插筋与现浇结构钢筋碰撞问题，见图 39、图 40。

（2）测量控制

套筒灌浆连接技术要求插筋定位精度很高，同样预制结构

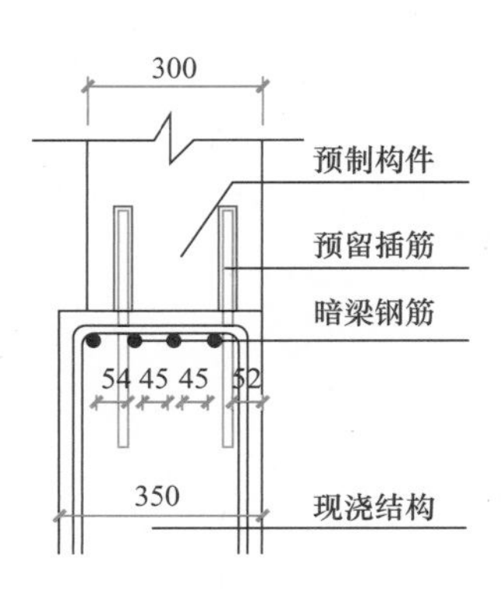

图 39　深化设计前钢筋排布

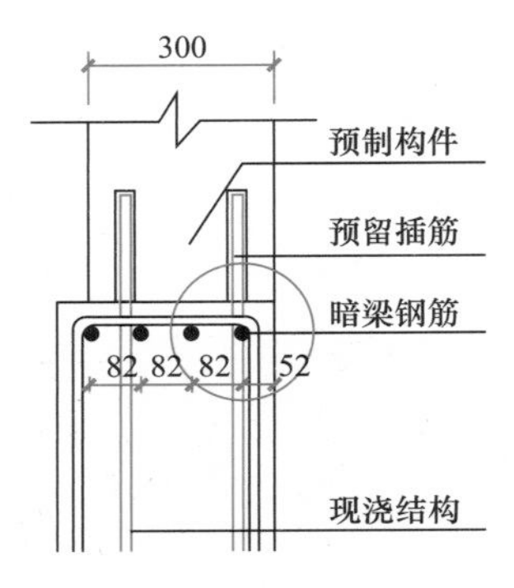

图 40 深化设计后钢筋排布

安装时对各构件的安装精度要求也非常高，因此轴线控制网的和标高控制点的建立是预制构件顺利安装的关键。确保现浇结构施工与预制构件吊装时轴网和统一，避免因控制点破坏重新补做。

(3) 现场测量

以一面墙为一个单元，利用 CAD 建立相对坐标系，确定每面墙体两侧边线定位点及坐标，用全站仪进行精确定位，避免常规拉尺做法人为产生的偏差，见图 41。再以两个定位点及轴线确定墙体各边及插筋位置。

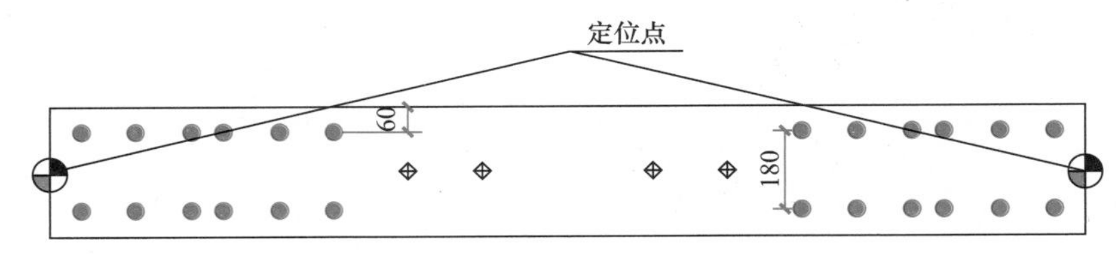

图 41 测量点选择

(4) 预留插筋定位固定

现浇结构部分插筋的定位难度较高，主要是两方面原因，一是插筋量大；二是要求精度高。采用一种插筋固定架，以每一面墙相对应的插筋为一个单元制作固定架，同时留置混凝土浇筑孔和振捣孔，此方法可很好地解决了钢筋相对位置定位，见图 42。

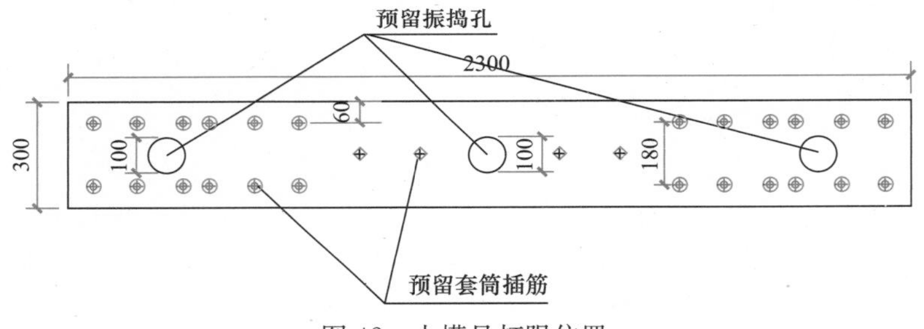

图 42 木模具打眼位置

固定架要进行可靠固定，在现浇模板支设时要提前考虑固定架的固定问题，见图 43、图 44。

(5) 采用功率小的振动棒

由于插筋定位后调整暗梁主筋间的间距，这样使钢筋的间距只有 48mm，不能使用大功率振动棒，只能使用 30mm 小动率振动棒，这样对钢筋的扰动较小，且效果也不错。

(6) 二次调整

在混凝土浇筑完，混凝土初凝前对固定架位置进行一次校正，调整因混凝土浇筑和振捣过程中造成的固定架偏位。

8. 双 T 板反拱控制

混凝土反拱控制不好，影响双 T 板的连接、双 T 板板缝的封堵以及结合层混凝土的浇筑，因此在双 T 板施工中要严格控制好双 T 板的反拱，影响双 T 板反拱的主要因素：

(1) 钢绞线弹性模量及预应力张拉力的控制；

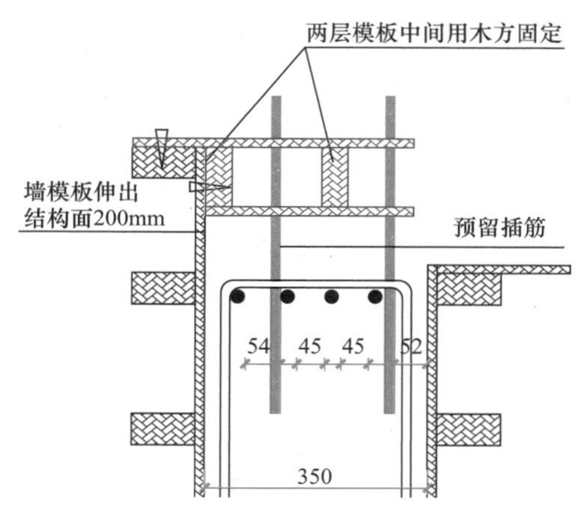

图 43　剪力墙加固示意图

图 44　条形基础模具固定示意图

(2) 构件出模时混凝土强度的控制；

(3) 混凝土原材料的控制，确保混凝土水泥、骨料、外加剂厂家不要变化。

9. 预制构件外观质量控制

本工程采用自主研制的石蜡质脱模剂，主要成分有溶剂油、石蜡、洗衣粉、水等，通过蜡质脱模剂的使用大大提高了清水混凝土的外观质量，同时降低了脱模时产生的模板吸附力，为本工程清水混凝土的一项核心技术，见图 45。

(1) 隔离剂应采用专用石蜡质脱模剂，且需时刻保证抹布（或棉丝）及脱模剂干净无污染。

(2) 隔离剂应涂刷前检查模具清理是否干净，并搅拌均匀后再取用。

(3) 涂刷隔离剂前要将模板面上的积水、杂物清理干净，粘上的灰渣必须铲除。

(4) 涂刷要均匀，不得出现明显涂痕，不漏刷或多涂，涂刷后应立即用干净棉丝擦除多余的隔离剂。

(5) 涂刷过隔离剂的板面，不得踩踏或刮蹭，否则应重新涂刷受损部分。

(6) 涂刷隔离剂后放置时间过长（超过半天）或者被雨水、灰尘污染的面板，应重新涂刷。

(7) 用干净抹布或棉丝蘸取脱模剂，拧至不自然下滴为宜，均匀涂抹在模具内腔及内外墙衬板，保证无漏涂。

(8) 涂刷脱模剂后的模具表面不准有明显痕迹。

图 45　刷脱模剂

2.4.2 预制构件最大尺寸及重量（表4）

预制构件最大尺寸及重量　　　　表4

序号	名称	体积（m^3）	数量（个）	备注
1	双T板	8767.388	1856	最长的17600mm，宽2380mm，高700mm
2	一层墙	777.5362	303	板高4420mm×300mm
3	二～五层墙体	2037.68	606	板高6380mm
4	六、七层墙	1018.84	303	板高6680mm
5	一～六层梁	1308.9	327	
6	七层梁	169.8	109	部分采用C50
7	柱子	583.968	144	
8	预制楼梯板	191.52	48	
	合计	14855.6322	3580	总体数量为预估量

构件重量如图46所示，其中最重为20.27t。

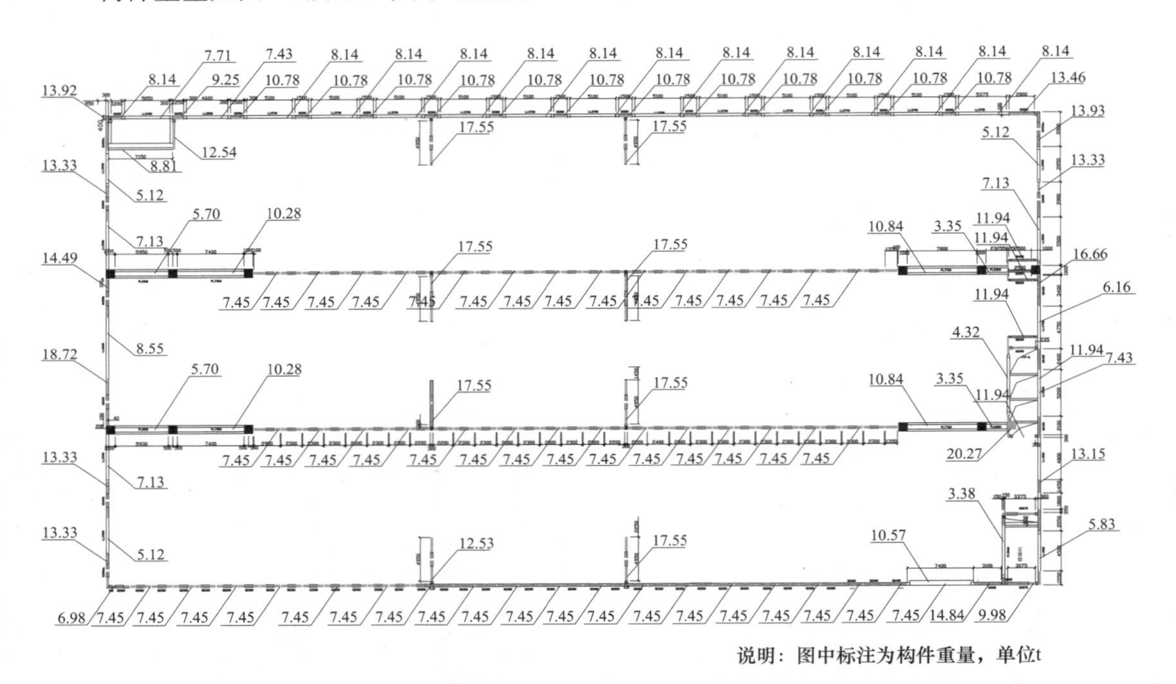

图46　标准层构件重量示意图

2.4.3 运输车辆参数、吊车参数

根据总体施工方案策划，本工程按照两个车间同时安装考虑，主要占用车间中跨作为吊装作业面，边跨主要作为构件存放区域，车间外围根据需要作为通道、临时存放构件的场地，见图11、图47。

由于受到现浇部分施工的影响，同时要考虑其他施工工序交叉的不利因素，本工程的场地安排要考虑如下因素：

（1）施工顺序，吊车站位决定了构件临时存放的位置。

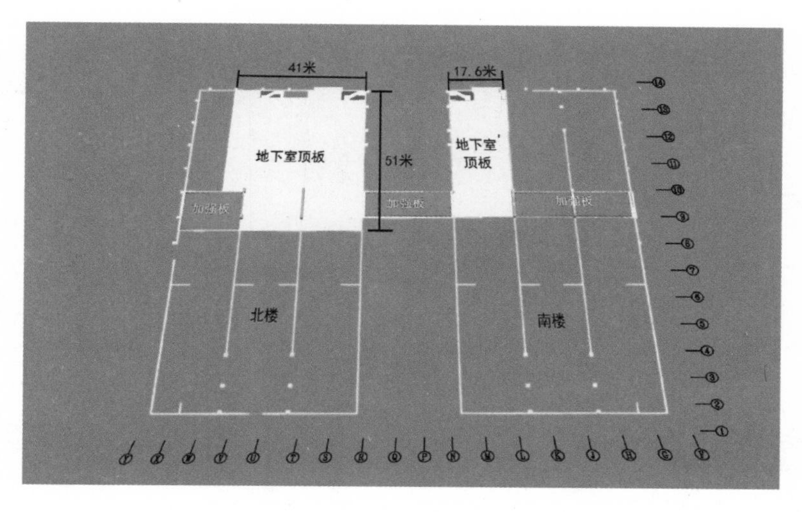

图 47　地下室顶板平面示意图

（2）已有结构的影响，主要体现在现浇插筋精度控制。

（3）道路的影响，主要是给运输构件的车辆以及工地共用道路空间。

（4）现场场地状况，主要是非硬化地面对吊装施工的影响。

图 11 中北栋为一台 220t 吊车和一台 130t 汽车吊配合吊装。南栋一台 250t 履带吊行走到外侧边跨和中间通道完成边跨相对位置构件的吊装。另外还需要配备一台 70t 汽车吊，以辅助进行构件的吊装、临时稳固和喂料。120t 吊车负责装卸倒运构件，条件允许的情况下，在边跨或者室外进行配合。

除上述吊车站位外，施工过程中还需要留出足够的构件存放场地。原则上现场存放 4 天的临时库存。按照使用位置存放在各吊车的后部空地上。随着吊装工程逐步往后退，堆放场地逐渐减小。

2.4.4　现场施工全景、构件吊装、节点施工照片（图 48～图 56）

图 48　倒退阶梯式吊装施工全景图

图 49　墙板类构件吊具

图 50　双 T 板构件吊具

图 51　吊装前出筋打磨、清理

图 52　吊装前放线及缺陷处理

图 53　构件的起吊

图 54　构件的对接及调整

图 55　构件临时支撑

图 56　构件的连接

3　工程科技创新与新技术应用情况

本工程为全国首例停车楼大型公建项目，采用全预制装配式集成技术，并结合绿色建筑技术，在设计、施工、构件生产、质量监督和工程管理整个全预制装配全过程中实现了技术的集成整合和创新。

3.1　工业化建筑集成设计技术创新

本项目不仅完成工业化主体结构设计，同时完成预制构件拆分深化设计、建筑信息化BIM、CATIA 的构件动画仿真模拟吊装施工的全过程一体化设计，将建筑工业化的设计理念贯穿于各个设计阶段中。

（1）在预制结构体系方面：本项目的 PC 结构部分预制率达到了 95%，除 T 型楼板、屋面板混凝土现浇叠合层外，其他结构部分都为预制组装而成，是目前国内，全预制装配结构高度最高、规模体量最大、预制整体式技术集成度最高的工业化开敞式停车楼，从而实现无外脚手架，无现场砌筑、无抹灰的绿色施工。

（2）在绿色建筑集成技术方面：将预制装配式技术与绿色建造技术整合与创新，全部构件进行工厂化生产，避免湿作业，达到四节一环保的绿色施工要求。

（3）在设计模式方面：在项目的设计过程采用以 BIM 技术为代表的三维数字化技术，改变传统工程设计模式，在设计全过程采用三维可视化数字技术，优化预制构件设计、优化模板设计并进行计算机动画模拟吊装组装施工，实现设计模式创新和设计精细化。

3.2 工业化建筑施工集成技术

（1）全装配结构构件定位支撑施工技术。

（2）充分发挥工业化优势，取消传统外脚手架施工技术。

（3）工业产业化全预制装配式框架-剪力墙-梁、柱结构倒退式阶梯型吊装安装施工技术。

（4）全预制装配结构套筒连接灌浆施工技术。

（5）平卧组合式可调牛腿型墙模板技术。

（6）多功能组合式可调型双T板模板技术。

（7）可拆卸周转的组合双向临时支撑架。

（8）停车楼清水混凝土预制构件生产施工技术。

3.3 预制构件生产和制作技术

本工程所采用全部预制构件由中建八局大连公司自主负责生产完成。预制构件的设计、生产为全国首例，通过自主创新优化，总结经验，在预制构件的生产质量和构件的精准度方面，采用了多种新工艺、新技术，实现了预制构件的生产和质量控制创新。预制构件生产技术在预制装配工程中是非常重要的环节，将传统现场施工构件（梁、柱、板、墙等）在现代化工厂中制作，现场吊装施工。因此对构件的精度、质量提出了更高的要求，像机械零件一样精确度达到毫米级要求，对构件生产设备、模板制作、构件养护都提出很高要求。尤其是对工厂流水线操作工人的技术要求、操作流程更加严格，这样才能达到构件精准度的要求，满足现场构件安装，提高工程效益。预制构件厂等同于汽车生产工厂的零部件配套工厂，零部件的质量、精度的好坏直接影响整辆汽车的质量。因此，构件生产质量、效益直接影响整个预制装配式项目的进度和质量。

3.4 工程质量监督合并

本项目为吉林省乃至全国首个全预制装配框架-剪力墙-梁柱结构，在工程质量监督和验收方面还存在空白，质监单位根据项目的特点，在建设过程中采取了驻现场、驻工厂全过程跟踪的创新监督模式，参与项目构件生产、吊装施工每一个阶段的质量监督，并与构件生产单位、施工单位共同制定质量控制体系和验收标准。驻场质量监督人员对全预制装配停车楼的技术研究和实施进行了全过程参与和质量控制，期间发挥了关键性的作用。

除质量监督人员日常对预制构件生产制作全过程加强技术指导和质量监督控制外，站领导也亲临现场对预制构件的生产制作进行检查指导，确保了预制构件的质量和生产制作技术的科学性。

3.5 全过程项目管理

本项目是中国第一汽车集团建设的第一栋全预制装配立体式停车楼公用建筑，无论是构件制作、吊装施工，还是项目现场管理都是一个全新的过程，整个组织实施过程不同于传统的工程项目，需要统筹设计、施工、构件生产、质量监督、工程验收等全过程，本工程项目管理上采用了全新的工程管理方法，在设计、施工进度、质量、环境保护控制等各方面的精细化都比传统项目有较大的提升。并在项目实施的各个阶段，统筹召开“全预制装配技术方案论证会”、“PC 结构施工方案论证会”等技术论证会，保证项目了的顺利实施，为停车主体结构构件的吊装施工积累了可靠的经验。

3.6 与国内外同类技术比较

国内应用的预制装配整体式框架体系主要有：世构体系、润泰体系，沈阳的日本鹿岛预制装配技术体系。本项目为全预制装配式框架-剪力墙-梁、柱体系，国内尚无类似可借鉴的工程案例及经验，本工程创新点主要体现在以下几点：

（1）采用全新的预制装配框架-剪力墙-梁柱体系，其中外墙、内墙、梁柱为主要承重构件除 T 型楼板现浇叠合层，其他构件均为预制，提高了预制装配率，可达 95%以上。

（2）采用北京建茂的套筒灌浆浆锚连接技术，用于竖向构件的连接。

（3）对预制构件及节点进行优化设计，实现了无抹灰、无外脚手架的绿色施工。

本项目采用的全预制装配式框架剪力墙-梁、柱结构体系，为国内首次在立体停车楼建筑中的应用，是目前国内全预制装配结构高度最高、预制装配式技术集成度最高的工业化立体停车楼。达到了国内先进水平。

4 工程获奖情况

在项目实践研究基础上，本项目已经开始进入“全预制装配式预制停车楼综合技术”课题研究，开始总结了全预制装配式建筑施工创新技术，目前已完成初稿吉林省省级工法、中建总公司工法各 2 项，获得实用新型专利 3 项，申请发明专利 3 项，课题研究论文 6 篇。

5 工业化应用体会

5.1 设计体会

立体式预制停车楼的工业化推广是以建筑设计标准化，构件部品生产工厂化，建造施工装配化和生产经营信息化为特征，在研究、设计、生产、施工和运营等环节，形成成套集成技术，实现建筑产品健康、舒适、节能、环保、全寿命期价值最大化的可持续发展的新型建筑。

立体式预制停车楼工业化必须以科技创新为支撑、以新型结构体系为基础、以标准化建筑设计做引导、把新型的建筑结构体系，标准化的建筑设计和节能环保的通用部品体系，集成整合，充分发挥建筑产业化整体效能。以降低成本，提高效率，以全面提高建筑质量与性能为原则，通过科技创新和成套新技术集成应用，达到建筑行业持续发展的目标。

立体式预制停车楼工业化建筑从设计、研发到构件生产、构件安装，都是一个全新的课题。工程设计是龙头，工程设计是建筑产业现代化技术系统的集成者，各项先进技术的应用首先应在设计中集成优化，设计的优劣直接影响各项技术的应用效果。工业化建筑的设计主要包括结构主体设计和预制构件深化设计两个阶段。结构主体设计要充分考虑到预制构件深化设计、施工等后续一系列问题，同时，预制构件的深化设计也要以结构主体设计为基础，必须考虑构件生产、运输、吊装、安装等问题，并与装修设计相协调。

5.2 施工体会

本项目在吸取国外先进技术的基础上，大胆创新，自主研究总结，在预制装配式结构施工领域形成了具有中国特色的创新施工技术和施工方法。现场施工环节是最能体现建筑产业现代化技术优势的环节，装配式建筑施工方式的特点是现场湿作业和模板支撑、钢筋绑扎等工作量大大减少，而预制构件吊装、拼装的工作量增加，对施工人员、施工机械和施工组织提出了更高的要求。工业化建筑与传统现浇建筑最大的区别在于施工，施工环节也是最能体现建筑产业现代化技术速度快、污染少、节约资源等优势的环节。装配式建筑施工相比传统需要更先进的管理、更高的施工精度，预制装配式工程施工现场等同于汽车生产的总装工厂，施工精度必须达到毫米级才能保证预制构件的吊装拼装要求，因此需要更有经验的技术人员、更专业的施工设备以及信息化的施工管理，其施工难度大大高于现浇施工难度。

供稿单位：中国建筑工程总公司

三星（中国）半导体有限公司新建项目之FAB厂房主体工程

项目名称： 三星（中国）半导体有限公司新建项目之FAB厂房主体工程
项目地点： 陕西省西安市长安区西太路西南方（综合保税区），所属气候区：夏热冬冷地区
建设单位： 三星（中国）半导体有限公司
设计单位： 世源科技工程有限公司
监理单位： 陕西中建西北工程监理有限责任公司
施工单位： 中建一局集团建设发展有限公司
项目功能： 大型电子厂房
开工时间： 2013年1月7日
竣工时间： 2013年7月31日
运营时间： 2014年5月9日

本工程位于陕西省西安市长安区西太路西南方（综合保税区）。本工程为大型高科技电子厂房，厂房建筑面积25.2万m^2，占地面积8万m^2。生产厂房按功能划分为核心区（FAB区）、支持区和办公区，其中FAB区（核心区）：地上3层，最高点25.87m。三星（中国）半导体有限公司新建项目建成后将生产世界最先进的半导体——10纳米级NAND Flash（闪存）。

1 建筑、结构概况

该项目总平面图、标准层平面图、立面图如图1～图3所示，实景见图4。结构类型为装配式框架-预制混凝土结构、钢支撑结构。

本项目抗震设防烈度为7度。

图1 三星（中国）半导体有限公司新建项目之FAB厂房主体工程总平面图

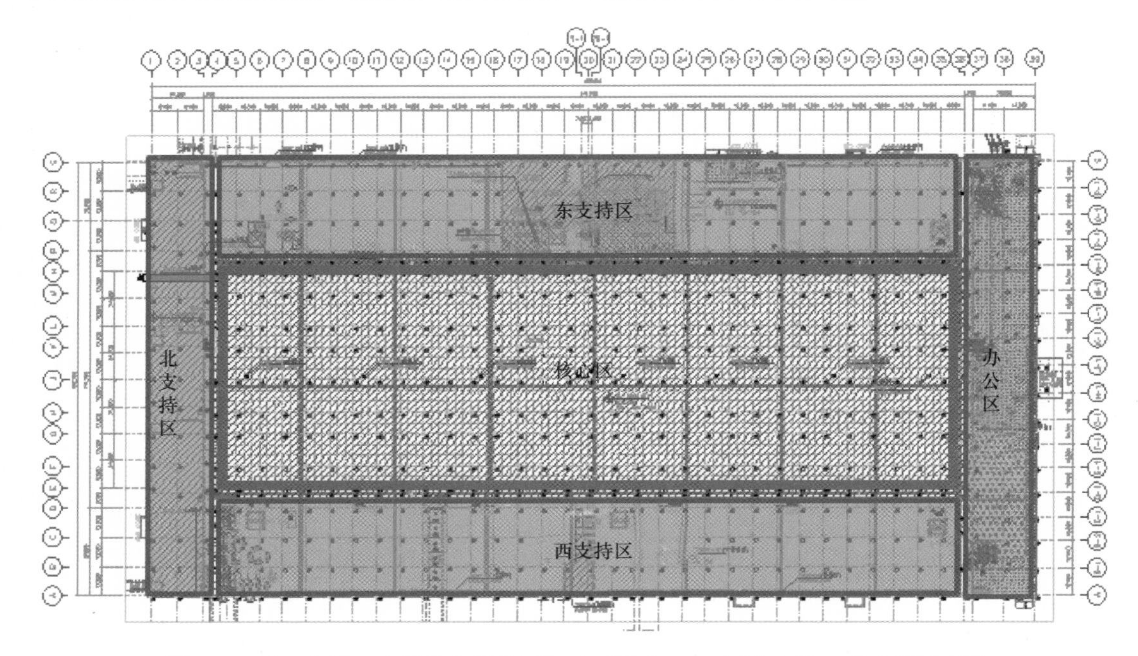

图 2　三星（中国）半导体有限公司新建项目之 FAB 厂房主体工程建筑平面图

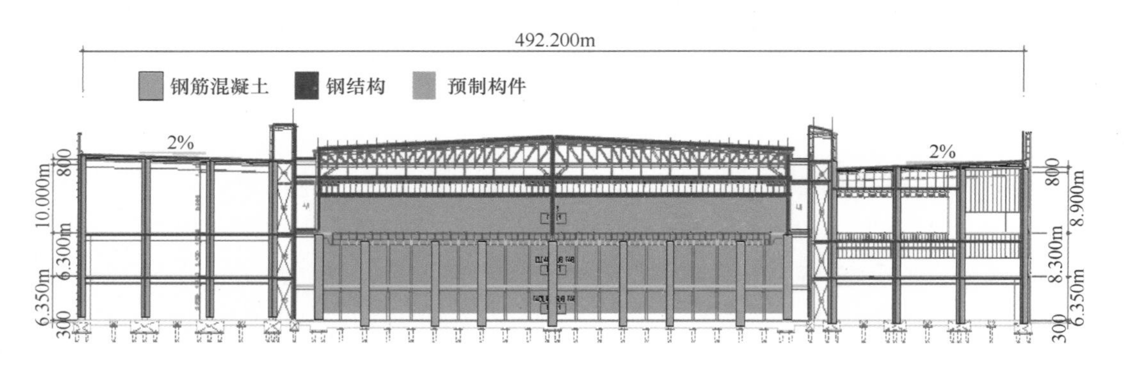

图 3　三星（中国）半导体有限公司新建项目之 FAB 厂房主体工程建筑剖面图

图 4　项目实景图片

2 建筑工业化技术应用情况

2.1 具体措施（表1）

建筑工业化技术应用具体措施 **表1**

<table>
<tr><th rowspan="2">结构构件</th><th colspan="2">施工方法①</th><th rowspan="2">预制构件所处位置</th><th colspan="2" rowspan="2">构件体系（详细描述，可配图）</th><th rowspan="2">重量（或体积）</th><th rowspan="2">备注</th></tr>
<tr><th>预制</th><th>现浇</th></tr>
<tr><td>外墙</td><td></td><td></td><td></td><td colspan="2"></td><td></td><td></td></tr>
<tr><td>内墙</td><td></td><td></td><td></td><td colspan="2"></td><td></td><td></td></tr>
<tr><td>楼板</td><td>√</td><td></td><td>3层</td><td colspan="2">预制混凝土叠合板</td><td>207.7m³</td><td></td></tr>
<tr><td>楼梯</td><td></td><td></td><td></td><td colspan="2"></td><td></td><td></td></tr>
<tr><td>阳台</td><td></td><td></td><td></td><td colspan="2"></td><td></td><td></td></tr>
<tr><td>女儿墙</td><td></td><td></td><td></td><td colspan="2"></td><td></td><td></td></tr>
<tr><td>梁</td><td>√</td><td></td><td>2～3层</td><td colspan="2">预制混凝土叠合梁；预制混凝土格构梁</td><td>17191.1m³</td><td></td></tr>
<tr><td>柱</td><td>√</td><td></td><td>1～3层</td><td colspan="2">预制柱</td><td>3676.1m³</td><td></td></tr>
<tr><td colspan="4">建筑总重量（体积）</td><td>29065.4m³</td><td colspan="2">预制构件总重量（体积）</td><td>21074</td></tr>
<tr><td colspan="5">主体工程预制率②</td><td colspan="3">73%</td></tr>
<tr><td>其他</td><td colspan="7">是否采用精装修（是/否）：无此项
是否应用整体卫浴（是/否）：无此项
列举其他工业化措施：混凝土结构无脚手架</td></tr>
</table>

① 施工方法一栏请划√。
② 主体工程预制率＝预制构件总重量（体积）/建筑总重量（体积）。

2.2 两项指标计算结果

2.2.1 主体工程预制率（表2）

主体工程预制率 **表2**

类型	预制体积（m³）	预制与现浇的总体积（m³）	预制率
预制柱	3676.1	10080.0	36.4%
预制叠合梁	8403.7	9710.9	86.5%
预制格构梁	8787.4	8901.6	98.1%
预制叠合板	207.7	373.4	55.6%

2.2.2 工业化产值率

工业化产值率＝工厂生产产值/建筑总造价

项目总造价6.7亿元，工厂生产产值0.71亿元，工业化产值率＝0.71/6.7＝10.5%。

2.3 成本增量分析

核心区预制P.C梁、柱、板构件减少了水平模板及架料用量，相对传统结构模板用量减少约123500m²，木方用量减少约2223m³，架料用量减少约3120t，节约材料效果显著。

加工完成的预制构件运至现场直接进行吊装，现场作业人员需求量大幅降低，高峰期现场作业人数总数为1600～1800人，而同规模厂房如采取现浇作业则需要2800～3200

人，采用P.C预制结构吊装作业较传统现浇结构作业减少了1200～1400人，节省了大量人力。

与传统现浇施工工艺相比，成本情况对比如表3所示。

传统施工模式与新施工模式成本对比 **表3**

序号	名称	单位	工程量	单价（元）	合计（元）	备注
一	传统施工模式					
1	模板材料	m^2	123500	45	5557500.00	工期紧，满投入
2	模板人工	m^2	123500	80	9880000.00	层高较高，人工费支出多
3	木方	m^3	2223	1900	4223700.00	
4	架料	t	3120	580	1809600.00	最短租期4个月
	小计				21470800.00	
二	新施工工艺—预制构件					
1	梁柱等预制构件	m^3	15000	1000	15000000.00	
2	梁柱等预制构件	块	8000	200	1600000.00	
	小计				16600000.00	
三	节约造价				4870800.00	

2.4 设计、施工特点与图片

2.4.1 主要构件及节点设计

（1）预制柱

该项目预制柱采用化学锚栓与构建锚固连接，并使用高强灌浆料浇筑成为一体。该方法针对预制柱连接的结构形式，使预制柱吊装就位方便快捷。节点部位灌浆加强了柱与基础间的连接，保证了预制柱安装的整体性，见图5。

图5 预制柱安装

（2）预制叠合梁

预制叠合梁上口为叠合面，外露箍筋，与预制柱搭接安装完成后，现浇部位与同层

DECK 楼板同时浇筑形成整体，见图 6。

现场使用 DECK 板进行楼板铺设施工，减少水平模板的支设，简化了施工工序，增加了施工空间。

图 6　预制梁安装

吊装完成后，梁柱拼缝处进行打胶封堵，并在接缝中间进行砂浆灌注施工，见图 7。

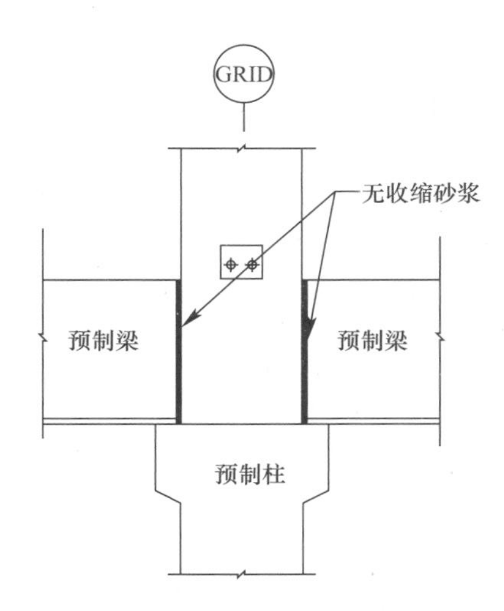

图 7　梁柱节点打胶灌浆施工

（3）预制格构梁

预制格构梁设计复杂，施工难度较大。传统施工过程中，预制格构梁在支模板、浇筑混凝土以及拆模板等工序中，材料使用量投入加大，木模板的浇筑质量较差。本项目使预制混凝土格构梁进行安装技术，相对于传统结构做法减少了 97％的湿作业量，安装速度快、施工质量高，提高了整体的施工效率。

在预制格构梁堆放过程中，专业队伍进行环氧涂料的涂刷，穿插作业减少了安装完成后装饰施工的时间。

本项目预制格构梁类型为 6 孔格构梁和 24 孔格构梁。格构梁结构尺寸均为 4800mm×

3600mm×800mm，平面面积较小且预留孔洞较多，传统施工方式在控制格构梁孔洞的尺寸、位置以及孔洞之间混凝土厚度等方面施工难度很大。本项目使用工厂预制，针对格构梁的结构形式对模具进行了特殊的加工，满足其孔洞数量的需要，并且预制构件保证了预制格构梁表面压光平整度以及孔洞尺寸位置的精准度，见图 8。

图 8 预制格构梁

格构梁之间使用高强度螺栓进行连接（图 9）。格构梁底部缝隙使用建筑密封胶进行封堵，上部缝隙处进行灌浆处理，灌浆上表面与格构梁上表面平齐。

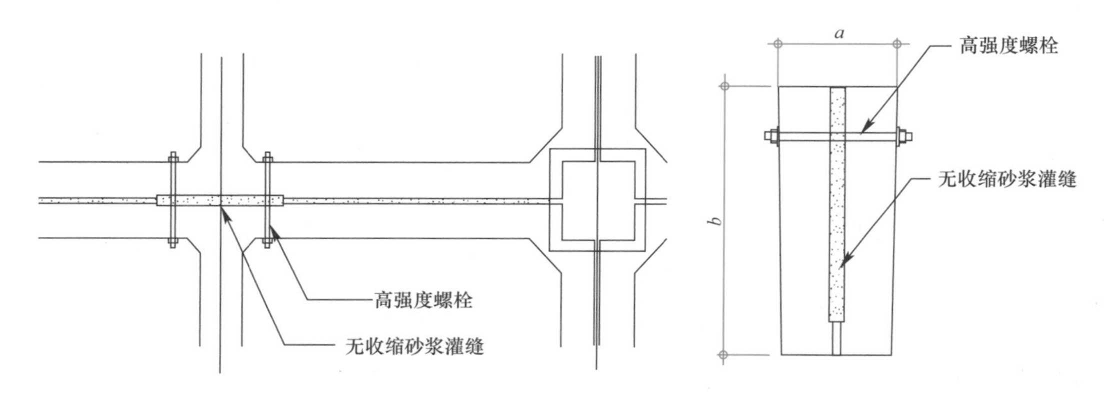

图 9 格构梁灌浆连接节点图

（4）预制叠合板

施工工艺：预制叠合板安装准备→预制叠合板起吊、就位→叠合板校正→板上铁钢筋绑扎→混凝土浇筑。

吊装准备：叠合板吊装前，将与叠合板进行搭接部位的构件提前弹好安装控制线；沿控制线内边粘贴 10mm 宽双面胶，防止漏浆，见图 10。

图 10 预制叠合板安装

2.4.2 预制构件最大尺寸（长×宽×高）

叠合板：3230mm×1675mm×100mm

预制叠合梁：9350mm×700mm×800mm

预制柱：11000mm×450mm×450mm

预制格构梁：4800mm×3600mm×800mm

2.4.3　运输车辆参数、吊车选择

1. 车辆要求及运输要求

本项目构件运输车辆为载重24t的平板车，车斗长约13m，车宽约2.3m。

（1）预制柱运输

柱子最大尺寸为450mm×450mm，而车宽约为2300mm，柱子需分两层叠放，为保证安全和稳定性，底层装3根柱子，上层装1根柱子，柱轴线与车长向一致。柱子层间用250mm×250mm枕木支垫，柱子与车体之间用木方垫护，以保护成品柱在运输过程中不受破坏，以保护构件不受垫木污染，见图11。

图11　预制柱运输示意图

（2）格构梁运输

格构梁有三种型号，3580mm×4780mm×800mm、3580mm×1770mm×800mm、3580mm×1170mm×800mm，重大格构梁超宽不可避免，运输此类构件时特别小心，慢速行驶；运输时间要精心选择，尽量避开道路车流量大的时候，如有必要，可到交通部办理特殊构件运输许可证，见图12。

图12　预制格构梁运输示意图

（3）预制梁运输

预制梁有三种型号，550mm×1000mm×9350mm、350mm×700mm×4330mm、

200mm×700mm×3110mm 为小梁。构件之间用木方支护。具体运输组合也可根据实际生产情况决定，但需保证车辆不超重，见图 13。

图 13　预制梁运输示意图

（4）叠合板运输

叠合板尺寸 1600mm×3300mm×100mm；构件之间用 100mm×100mm 的木方支垫。叠合板运输示意图见图 14。

图 14　预制叠合板运输示意图

2. 吊装机械要求

预制混凝土装配式电子厂房核心区使用了预制柱、预制梁、预制格构梁和预制叠合板这四类混凝土构件，屋面使用钢桁架和彩钢屋面板组合屋面装配而成。

对于如此大量预制构件及钢结构吊装作业的工程，机械的选择和布置将是影响整个工程工期和成本的最关键因素。

针对本工程结构特点和周边场地情况，项目聘请相关领域的资深专家，召开专题研究和技术方案论证会，采用了 15 台固定塔、4 台行走塔的布置方案（图 15），在满足现场使用要求的情况下节省了塔吊资源和场地占用。

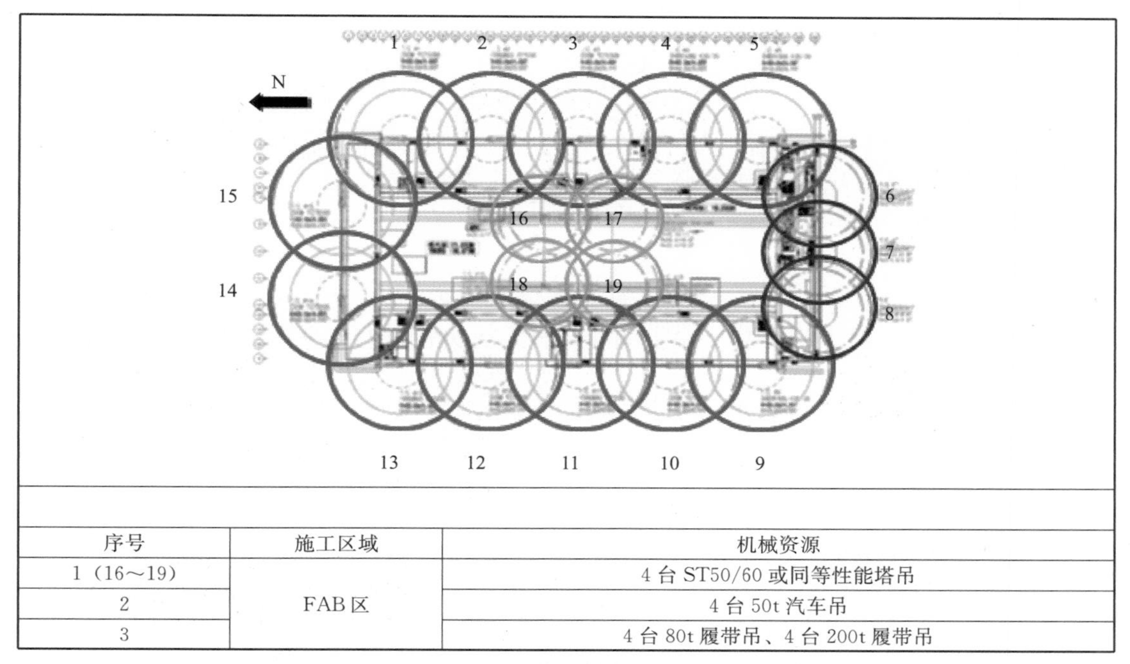

序号	施工区域	机械资源
1（16～19）	FAB 区	4 台 ST50/60 或同等性能塔吊
2		4 台 50t 汽车吊
3		4 台 80t 履带吊、4 台 200t 履带吊

图 15　吊装机械布置方案

2.4.4　现场施工全景、构件吊装、节点施工照片

施工全景见图 16。

图 16　施工全景

预制柱施工见图 17。

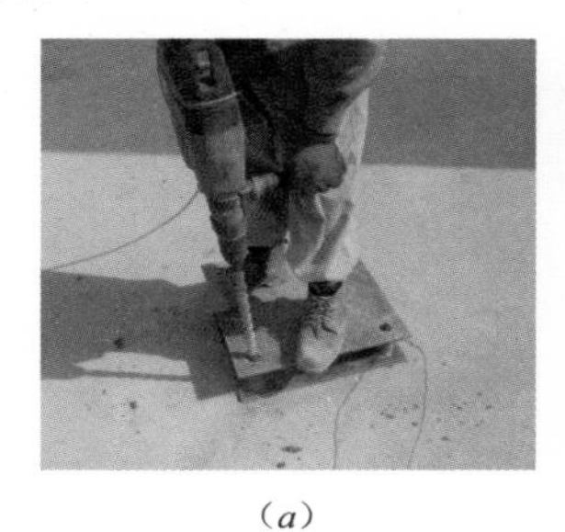

（*a*）

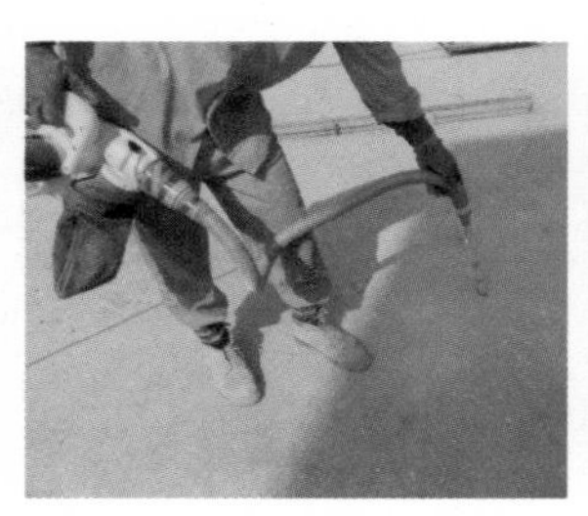

（*b*）

（*c*）

图 17　预制柱施工（一）

（*a*）放线钻孔；（*b*）清理孔洞；（*c*）孔洞检查

图 17 预制柱施工（二）

（d）孔洞保护；（e）垫片标高测量；（f）垫片放置；（g）化学锚栓植入；（h）PC 柱放线；（i）检查吊点；（j）起吊前准备工作；（k）PC 柱起吊；（l）落地前微调；（m）斜支撑安装；（n）柱脚校正；（o）垂直度微调；（p）柱脚支模；（q）柱脚砂浆调配；（r）预制柱安装完成

预制梁安装见图 18。

(a) (b) (c) (d) (e) (f)

图 18　预制梁施工

(a) 安装防护措施；(b) 上铁钢筋绑扎；(c) 使用溜绳确保安全；(d) 安装校正；(e) 安装微调；(f) 打胶施工

预制格构梁吊装见图 19。

(a) (b) (c) (d) (e)

图 19　预制格构梁吊装

(a) 安装安全防护到位；(b) 格构梁起吊；(c) 安装位置微调；(d) 直螺纹套筒连接；(e) 高强度螺栓连接

叠合板吊装见图20。

（a） （b） （c）

图20 叠合板吊装

（a）叠合板搭接位置粘贴海绵条；（b）叠合板吊装；（c）叠合板安装完成

3 工程科技创新与新技术应用情况

本项目采用全预制装配式集成技术，并结合绿色建筑技术，在设计、施工、构件生产、质量监督和工程管理整个全预制装配全过程中实现了技术的集成整合和创新。

3.1 预制混凝土装配整体式结构施工技术

（1）工程概况

本工程预制构件包括预制P.C柱1612根，预制P.C梁4086根，预制格构梁1956块，预制叠合板384块，预制构件共8038件（图21）。同类型构件截面尺寸和配筋进行统一设计，保证构件生产标准化。通过工厂化生产，预制构件截面尺寸、连接钢筋位置、预埋件位置及构件的平整度、垂直度等生产精度达到毫米级偏差水平。

图21 工程全景

（2）应用效果分析

本工程的成功实例验证了装配式预制混凝土电子厂房节约成本、节省工期、减少安全隐患、绿色环保等特点，并将装配式预制混凝土电子厂房带入国内施工领域，为日后装配式电子厂房施工打下良好基础。

框架预制构件吊装完成后即可为下道工序提供作业环境，提前了设备入场、装饰装修等后续工序插入的节点时间，缩短工期约 45 天。

3.2 预制工业化构件生产中混凝土管控技术

（1）研究目的及出发点

对采用商品混凝土生产预制构件进行研究，是为了提高装配式电子厂房预制构件生产质量，确保作为构件主要材料混凝土的各项指标受控，最终为项目的正常实施作出贡献。

（2）主要技术内容

1）混凝土工程工作流程（图 22）

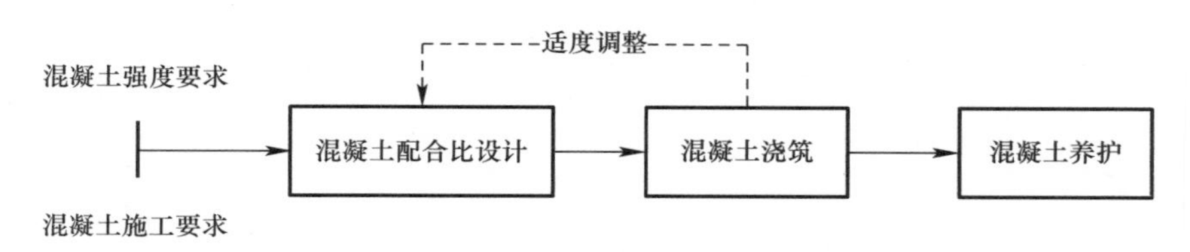

图 22　混凝土施工流程

2）配合比设计及生产管理

① 强度要求

本工程中 PC 构件混凝土强度等级要求为 C45，在配合比计算时，除考虑概率离散性外，还需考虑蒸汽养护对混凝土后期强度的削弱作用影响，避免蒸汽养护后的构件 28d 实际强度达不到设计要求。

② 和易性要求

现场混凝土浇筑方式为龙门吊浇筑，与塔吊浇筑方式相同，混凝土经过混凝土输送车和料斗两次倒运后浇筑入模，因此混凝土的和易性保持也应考虑在配合比设计中，例如选用同时具有缓凝作用的减水剂。根据本工程现场实际施工来看，由于混凝土需经过三次倒运（由搅拌罐入罐车，由罐车入料斗，由料斗入模具），故混凝土入厂时的坍落度应控制在 160～200mm 范围内为宜，且不得有离析、泌水等。

3）混凝土生产管理

① 不能忽视矿物掺合料原材料检验

在商品混凝土站的生产控制过程中，粉煤灰和矿渣原材料质量控制也会对混凝土和易性有较大影响。以Ⅱ级粉煤灰为例，根据其生产工艺的不同，还分为原状灰和磨细灰，这两种生产工艺的粉煤灰对混凝土和易性的改善作用有明显区别，原状灰与磨细灰的相对关系和卵石与碎石的关系类似。而在市场上，还有不良商贩在粉煤灰等矿物掺合料内掺入石粉等，在未加区别即投入生产将严重地影响所生产混凝土的和易性指标，务必严控（可通过烧失量、需水量比等指标测定进行检验）。

② 减水剂优选

减水剂与水泥的适应性优选在混凝土成本控制方面是一个较重要的因素，适应性的好坏在减水剂的用量上甚至会相差一倍以上。在设计流程中提到的“通过适应性实验确定最佳减水剂的品种及用量”实际上包括两个实验，一为在几种减水剂中进行适应性实验选择同等掺量条件下减水效果最佳的减水剂品种，二为在几种减水剂分别的掺量与减水量的曲线，在这两个交叉实验中可以确定在何种减水要求下哪种减水剂为最佳，从而有效地控制生产成本。以上为理论分析，在实际生产中，由于搅拌设备的唯一性，一般仅选用一种或两种可复掺的减水剂作为生产备用项。

减水剂的发展从传统理解上已经过三个阶段：第一阶段以木质素为代表；第二阶段以萘系为代表；第三代以聚羧酸系为代表。现阶段西安市场中仍以二代为主，其成本低廉，可复掺，减水率可满足要求，占据着较多的商品混凝土市场。三代减水剂的减水效果比二代更好，可达到30%以上的减水率，且相对成本并不输于二代减水剂，但由于其复掺效果不够稳定的原因并没能迅速占领市场。同时，由于在商品混凝土站的工程师对二代减水剂更为熟悉，三代减水剂不能得到选用。所以仅在二代减水剂难以满足要求的高性能混凝土领域方可见到三代减水剂的身影。而可预见的是，三代减水剂的发展正如历史的车轮不断前进一样，相信在将来其必将逐步占领普通混凝土市场。

根据本工程商品混凝土搅拌站施工经验，萘系减水剂对于蒸汽养护适应性较好，对于预制构件生产无明显不良影响。因此本工程混凝土生产选用以此类减水剂为主。

③ 骨料管理及其与配合比调整的关系

从配合比到实际生产需根据骨料实际含水量对拌合水用量进行扣除。另外由于减水剂一般为溶液形式，其中的溶剂即水的质量也需扣除，扣除的计算方法比较简单。根据骨料实际含水量和减水剂量确定实际生产加水量，即可进行生产。

粗细骨料即砂、石的级配和含泥量都会影响到混凝土的和易性，因而在生产中应选择级配合理、含泥量满足规范要求的粗细骨料。不合理级配将造成的影响主要有：砂率过大；离析；浆“托”不起石等。含泥量过大则会造成需水量加大，如加水则影响混凝土强度，如不加水则影响混凝土和易性。

4）生产线混凝土管理

① 混凝土浇筑

混凝土浇筑方式为龙门吊浇筑。使用振动棒进行振捣施工来使混凝土密实并排出其中气泡，振动棒分30式和50式，普通情况下均使用50式进行振捣施工，只有当混凝土坍落度较低时，需用30式对柱、梁等保护层位置进行细部振捣，见图23。

图23 现场混凝土浇筑

混凝土浇筑完成后需进行三至四次收光后方可覆盖苫布预备蒸养，见图24。

图 24　构件外露表面收光

混凝土表面收光工序为先用木抹将表面搓毛，再用铁抹收光。

在混凝土水化过程中，在内部微观结构上必将因各个点水化速度不同而产生分散的局部应力，当这种应力经过一定时间的发展后，会发展为应力集中现象。在与模板接触的各个面上由于通过摩擦力受模板约束，可以防止出现裂纹现象；但在构件上表面，如不对其进行处理，应力集中必将自然发展为肉眼可见的裂纹，从而影响构件质量。而在收光的过程中，通过搓毛将已产生的局部应力打破，使之恢复到应力为零的状态，而后再次抹平使混凝土表层保持外观上的观感度。多次重复这一“破坏—恢复”过程，直至混凝土自身强度足以抵抗因水化作用而产生的应力，不会再出现裂纹为止。

根据国家及地方相关质量验收标准，在混凝土施工时必须按规定进行足够数量的混凝土试块留置。

② 混凝土养护

预制构件由于其模具生产周转周期的原因必须采用快速养护方式，本工程采用的是蒸汽养护。共设置两部锅炉，一用一备，经过前期试验调整，确定现在的养护参数为：锅炉蒸汽压力达到 0.42MPa 时停炉，锅炉压力降至 0.15MPa 时启炉，构件恒温阶段其温度保持在 40℃。现场根据此温度要求调节各构件蒸汽进口阀门。

蒸汽养护时间为夜晚，如天气寒冷，为防止混凝土受冻则在白天也可通以少量蒸汽（图 25）。常规的蒸汽通放原则为：2 小时升温，4 小时恒温，2 小时降温。

图 25　构件进行蒸汽养护

根据已有科研结论和本工程商品混凝土供应商——鸿业天成搅拌站的实测实验表明，

蒸汽养护在提高混凝土 1d 强度表现的同时，对其 28d 强度有所削弱（参考标准均为标养条件下的相同混凝土试件）。因而在混凝土配合比设计时的预配强度应预留出足够的富余强度。

③ 拆模、修补

预制构件通过 8 小时高温养护后，可以达到足够的拆模强度（图 26、图 27）。

图 26　现场拆模施工（格构梁）

图 27　构件打磨

5）混凝土管控总结与展望

① 预制构件生产中混凝土管控方式与现浇结构类似，但并非完全相同。在预制构件生产中，应切实分析生产特点和生产要求，有针对性地对混凝土生产过程和施工过程进行有效控制。

② 总承包单位或预制构件生产单位如采用商品混凝土进行预制构件生产，应与商品混凝土站共同进行技术开发和科技攻关，将混凝土生产与现场施工综合考虑，共同完成预制构件生产。

③ 预制构件混凝土配合比设计应在传统混凝土配合比设计的基础上，增加突出对胶凝材料用量、砂率变化等方面的研究，探索蒸汽养护对预制构件混凝土强度生长方面的优势所在，达到降低经济成本和技术创新的目的，提动混凝土产业的发展。

4　获奖情况

本工程作为我国首例装配式高新电子厂房，成功应用了预制混凝土装配整体式结构施工技术，标志着本工程的技术水平在大型电子厂房的施工领域已走在国内建筑行业的前端，科技成果显著，为绿色施工的开展提供了新思路。截至目前，本工程已取得了三项实用新型专利并已申报发明专利、两项局级工法、一项企业施工标准及一系列技术奖项，并荣获“西安市结构示范工程”及“陕西省安全文明示范工地”等荣誉，并正在申报西安市建筑优质工程“雁塔杯”。

5 工业化应用体会

5.1 设计体会

新型建筑工业化必须以科技创新为支撑、以新型结构体系为基础、以标准化建筑设计做引导、把新型的建筑结构体系，标准化的建筑设计和节能环保的通用部品体系，集成整合，充分发挥建筑产业化整体效能。以降低成本，提高效率，以全面提高建筑质量与性能为原则，通过科技创新和成套新技术集成应用，达到建筑行业持续发展的目标。

工业化建筑从设计、研发到构件生产、构件安装，都是一个全新的课题。工程设计是龙头，工程设计是建筑产业现代化技术系统的集成者，各项先进技术的应用首先应在设计中集成优化，设计的优劣直接影响各项技术的应用效果。

5.2 施工体会

采用装配式电子厂房施工，通过高度集成化的设计方案，提高了电子厂房的集成化水平，从根本上为装配式施工的高效、便捷打下了基础；通过工厂集中生产，依托工厂生产效率高、质量稳定、损耗率低的特点，提高了单位构件生产用工效率、降低了建筑材料损耗率、提高了电子厂房质量水平，奠定了工业化厂房节能环保的基础；通过现场施工装配化的特点，大量应用机械、安装工具，提高了施工效率，减少了资源投入，降低了施工安装成本，也保证了施工质量、降低了环境污染水平，并由于构件高度集成化的特点，缩短了施工周期。综上所述，工业化厂房的实施具有典型的节能、环保、绿色、低碳的特点。大幅度降低了施工难度。

装配式电子厂房的不断实施，也是协调厂房建造产业链、促进建筑业产业升级的过程。告别现场浇筑时代，就要以装配式施工入手，通过工业化厂房具有的标准化设计、工厂化生产、装配化施工、物流化配送等特点，以标准化为基准，协调厂房建造产业化，实现整个电子厂房产业的升级，才是发展工业化电子厂房的根本目的。

供稿单位：中国建筑工程总公司